SHIZHENG GONGCHENG SHIGONG JISHU
YU XIANGMU ANQUAN GUANLI

市政工程施工技术
与项目安全管理

郝　银　王清平　朱玉修　主编

华中科技大学出版社
http://www.hustp.com
中国·武汉

图书在版编目(CIP)数据

市政工程施工技术与项目安全管理/郝银,王清平,朱玉修主编. —武汉:华中科技大学
出版社,2022.7(2025.1重印)
ISBN 978-7-5680-8263-1

Ⅰ.①市… Ⅱ.①郝… ②王… ③朱… Ⅲ.①市政工程-工程施工 ②市政工程-
工程项目管理 Ⅳ.①TU990.05

中国版本图书馆 CIP 数据核字(2022)第 125240 号

市政工程施工技术与项目安全管理　　　　　　郝　银　王清平　朱玉修　主编
Shizheng Gongcheng Shigong Jishu yu Xiangmu Anquan Guanli

策划编辑:周永华
责任编辑:周江吟
封面设计:王　娜
责任监印:朱　玢
出版发行:华中科技大学出版社(中国·武汉)　　　电话:(027)81321913
　　　　　武汉市东湖新技术开发区华工科技园　　　邮编:430223
录　　排:华中科技大学惠友文印中心
印　　刷:武汉邮科印务有限公司
开　　本:710mm×1000mm　1/16
印　　张:22.5
字　　数:392千字
版　　次:2025 年 1 月第 1 版第 2 次印刷
定　　价:98.00 元

编　委　会

主　编　郝　银（中交基础设施养护集团有限公司华中分公司）

　　　　　王清平（成都华川公路建设集团有限公司）

　　　　　朱玉修（重庆渝泓土地开发有限公司）

副主编　汪胜义（中铁大桥勘测设计院集团有限公司）

　　　　　郭海鸥（中国市政工程西南设计研究总院有限公司）

　　　　　李　唯（广东悦荟建设工程有限公司）

编　委　张新宇（深圳市广汇源环境水务有限公司）

　　　　　董春建（中铁五局集团路桥工程有限责任公司）

　　　　　杨明义（中铁五局集团路桥工程有限责任公司）

　　　　　管文中（中国市政工程中南设计研究总院有限公司）

　　　　　钱　城（福州市建设发展集团有限公司）

　　　　　徐耀杰（浙江交工集团股份有限公司铁路分公司）

　　　　　李　熠（广东省高速公路有限公司深汕西分公司扩建管理处）

　　　　　何茂维（中国市政工程西南设计研究总院有限公司）

前　言

　　市政工程建设所包含的城市道路、桥梁、给水排水、燃气热力及绿化等是城市的重要基础设施，是城市必不可少的物质基础，是城市经济发展和实行对外开放的基本条件。国家的工业化都是以大力发展基础设施为前提，并伴随着市政工程的各个领域发展起来的。建设现代化的城市，必须有相应的基础设施，使之与各项事业的发展相适应，创造良好的生活环境，提高城市的经济效益和社会效益。随着国民经济的快速发展和科技水平的不断提高，市政工程建设领域的技术也得到了迅速发展。在快速发展的科技时代，市政工程建设标准、功能设备、施工技术等在理论与实践方面也有了长足的发展，并日趋全面、丰富。为更好地促进市政工程建设行业的发展，本书以"突出重点、注重实用、避免重复"为编写原则，对市政工程中道路、桥梁、给水排水、燃气热力、垃圾处理、污水处理、土壤修复、绿化等施工技术进行科学合理的整合，使其更加具有系统性，同时对竣工验收、项目安全管理相关的内容进行了拓展探索。

　　本书在编写时，注意联系相关学科基本理论，注意反映新技术、新材料、新工艺、新标准在生产中的运用，注意突出对解决工程实践问题的能力培养，力求做到层次分明、条理清晰、结构合理。本书引用了大量的规范、专业文献等资料，恕未在书中一一注明。在此，对有关作者表示诚挚的谢意。

　　本书可作为土建类专业和工程管理类专业教材，也可作为工程技术人员和管理人员学习施工管理知识、进行施工组织管理工作的参考资料。对书中存在的疏漏，恳请广大读者批评指正。

目　　录

第1章 市政工程概述

市政工程是在以城市(城、镇)为基点的范围内,为满足政治、经济、文化、生产、人民生活的需要并为其服务的公共基础设施的建设工程。

1.1 市政工程的内容及特点

1.1.1 市政工程的内容

市政工程是指市政设施建设工程。市政设施是指在城市区、镇(乡)规划建设范围内设置、基于政府责任和义务为居民提供有偿或无偿公共产品和服务的各种建筑物、构筑物、设备等。

市政工程主要包括城镇道路工程、桥梁工程、给水排水工程、燃气热力工程、绿化及园林附属工程等。这些工程都是国家投资(包括地方政府投资)兴建的,是城市的基础设施,社会发展的基础条件,供城市生产和人民生活的公用工程,故又称市政公用工程,简称市政工程。

1.1.2 市政工程建设的特点

市政工程建设的特点,主要表现在以下几个方面。

(1)单项工程投资大,一般工程投资为几千万元,较大工程投资在一亿元以上。

(2)产品具有固定性,工程建成后不能移动。

(3)工程类型多,工程量大。如道路、桥梁、隧道、水厂、泵站等类工程,以及逐渐增多的城市快速路、大型多层立交、千米桥梁。

(4)涵盖点、线、片形工程。如桥梁、泵站是点形工程,道路、管道是线形工程,水厂、污水处理厂是片形工程。

(5)结构复杂。每个工程的结构不尽相同,特别是桥梁、污水处理厂等工程结构更是复杂。

1

(6)干、支线配合,系统性强。如道路、管网等工程的干线要解决支线流量问题,而且成为系统,否则相互堵截排流不畅。

1.1.3 市政工程施工的特点

市政工程施工特点,主要表现在以下几个方面。

(1)施工生产的流动性。

(2)施工生产的一次性。产品类型不同,设计形式和结构不同,再次施工生产各有不同。

(3)工期长,工程结构复杂,工程量大,投入的人力、物力、财力多。由开工到最终完成交付使用的时间较长,一个单位工程少则要施工几个月,多则要施工几年才能完成。

(4)施工的连续性。开工后,各个工序必须根据生产程序连续进行,不能间断,否则会造成很大的损失。

(5)协作性强。需有地上、地下工程的配合,材料、供应、水源、电源、运输以及交通的配合,与附近工程、市民的配合,彼此需要协作支援。

(6)露天作业多。由于产品的特点,大部分施工属于露天作业。

(7)季节性强。气候影响大,不同的季节、天气和温度,都会为施工带来很大困难。

总之,由于市政工程的特点,在基本建设项目的安排或施工操作方面,特别是在制定工程投资或造价方面,都必须尊重市政工程的客观规律,严格按照程序办事。

1.1.4 市政工程在基本建设中的地位

市政工程是国家的基本建设工程,是城市的重要组成部分。市政工程包括城市的道路、桥涵、隧道、给水排水、路灯、燃气、集中供热、绿化等工程。这些工程都是国家投资(包括地方政府投资)兴建的,是城市的基础设施,是供城市生产和人民生活的公用工程,故又称城市公用设施工程。

市政工程有着建设先行性、服务性和开放性等特点,在国家经济建设中起重要的作用,它不但解决城市交通运输、排泄水问题,促进工农业生产发展,而且大大改善了城市环境卫生,提高了城市的文明程度。改革开放以来,我国各级政府大量投资兴建市政工程,不仅使城市林荫大道成网、给水排水管道成为系统、绿地成片、水源丰富、电源充足、堤防巩固,而且逐步兴建煤气、暖气管道,集中供热、供气,使市政工程起到了为工农业生产服务、为人民生活服务、为交通运输服务、为城市文明建设服务的作用,有效地促进了工农业生产的发展,改善了城市环境,使城市面貌焕然一新,经济效益、环境效益和社会效益不断提高。

1.2 市政工程施工的发展趋势

市政工程按照城市总体规划发展的要求,必须坚持为生产和人民生活服务,又必须按照本地区的方针,切实做好市政的新建、管理、养护与维修工作,既要求高质量、高速度,又要求高经济效益。这是对市政工程提出的新课题,这无疑将有力地推动这门学科的进步。市政工程的发展趋势体现在以下几个方面。

(1)建筑材料方面。对传统的砂、石等建筑材料的使用有了新的突破;对电厂废料、粉煤灰的利用不断加强。如利用多种废渣做基础的试验正在进行;沥青混凝土的旧料再生正逐步推广;水泥混凝土外加剂被广泛重视等。建筑材料的研发虽取得了显著成果,但仍需加快研制进度,就地取材,降低造价。

(2)机械化方面。低标准的道路、一般跨度的桥梁、小管径给水、排水上下水等继续沿用简易工具建造,繁重的体力劳动当前阶段不能抛弃。高标准的道路结构、复杂的桥梁、大管径给水、排水等必须采用较为先进的机械设备,才能达到优质、高速、低耗的要求。要增强机械化施工的意识,加速培养机械化操作人员和机械化管理人员,这样才能适应市政工程飞速发展的需要。

(3)施工管理方面。建筑材料的更新,机械化程度的提高,促进了施工管理水平的提高。只有管理人员心中有数是不够的,必须发挥广大工作人员的才智,群策群力。深化改革,实行岗位责任制,必须解放思想,不断实践。绘制进度计划的横道图逐步被统筹法的网络代替;经济核算由工程竣工后算总账,已经改为预算中各项经济分析超前控制;大型工程的施工组织管理开始应用系统工程的理论方法,从而日益趋向科学化。这样不仅可以提高工程质量,缩短工期,提高劳动生产效率,降低成本,而且可以解决某些难以处理的技术难题。

现代市政工程施工已成为一项十分复杂的生产活动,需要组织各种专业的建筑施工队伍和数量众多的各类建筑材料、建筑机械和设备有条不紊地投入建筑产品的建造;组织好种类繁多的、数以百万甚至数以千万吨计的建筑材料、制品及构配件的生产、运输、储存和供应工作;组织好施工机具的供应、维修和保养工作;组织好施工用临时供水、供电、供气、供热以及安排生产和生活所需的各

种临时建筑物;协调好各方面的矛盾。总之,现代市政工程施工涉及的问题点多面广、错综复杂,只有认真制定施工组织设计,并认真贯彻,才能有条不紊地施工,并取得良好的效果。

1.3 市政工程施工准备工作

1.3.1 施工准备工作概述

1. 施工准备工作的概念

以道路工程施工为例,道路工程项目总的程序按照决策、设计、施工和竣工验收四大阶段进行。

施工准备工作是指施工前为了保证整个工程能够按计划顺利完成,事先必须做好的各项准备工作,具体内容包括为施工创造必要的技术、物资、人力、现场和外部组织条件,统筹安排施工现场,以便施工得以"好、快、省"并安全地进行,是施工程序中的重要环节。

2. 施工准备工作的意义

施工准备工作是企业做好目标管理、推行技术经济责任制的重要依据,同时又是土建施工和设备安装顺利进行的根本保证。因此,认真做好施工准备工作,对于发挥企业优势、合理供应资源、加快施工速度、提高工程质量、降低工程成本、增加企业经济效益、赢得社会信誉、实现企业管理现代化等具有重要意义。

不管是整个建设项目,还是单项工程,或者是其中的单位工程,甚至单位工程中的分部、分项工程,在开工之前,都必须进行施工准备。施工准备工作是施工阶段的一个重要环节,是施工项目管理的重要内容。施工准备的根本目标是为正式施工创造良好的条件。

施工准备工作不只限于开工前的准备,而应贯穿整个施工过程中。随着施工生产活动的进行,在每一个施工阶段,都要根据各阶段的特点及工期等要求,做好各项施工准备工作,才能确保整个施工任务的顺利完成。

施工准备工作需要花费一定的时间,似乎推迟了建设进度,但实践证明,施工准备工作做好了,施工不但不会慢,反而会更快,而且也可以避免浪费,有利于保证工程质量和施工安全,对提高经济效益也具有十分重要的作用。

3. 施工准备工作的分类

1)按施工项目施工准备工作的范围不同分类

施工项目的施工准备工作按范围的不同,一般可分为全场性施工准备、单位工程施工条件准备和分部分项工程作业条件准备三种。

(1)全场性施工准备。

全场性施工准备是以整个建设项目或一个施工工地为对象而进行的各项施工准备工作。其特点是施工准备工作的目的、内容都是为全场性施工服务的。它不仅要为全场性施工活动创造有利条件,而且要兼顾单位工程的施工条件准备。

(2)单位工程施工条件准备。

单位工程施工条件准备是以单位工程为对象而进行的施工条件准备工作。其特点是施工准备工作的目的、内容都是为单位工程施工服务的。它不仅要为该单位工程在开工前做好一切准备,而且还要为分部分项工程做好作业条件准备工作。

(3)分部分项工程作业条件准备。

分部分项工程作业条件准备是以一个分部分项工程或冬雨期施工项目为对象而进行的作业条件准备,是基础的施工准备工作。

2)按施工阶段分类

施工准备工作按拟建工程所处的不同施工阶段,一般可分为开工前的施工准备和各分部分项工程施工前的准备两种。

(1)开工前施工准备。

开工前施工准备是在拟建工程正式开工之前所进行的一切施工准备工作。其目的是为拟建工程正式开工创造必要的施工条件。它既可以是全场性的施工准备,也可以是单位工程施工条件准备。

(2)各分部分项工程施工前的准备。

各分部分项工程施工前的准备是在拟建工程正式开工之后,在每一个分部分项工程施工之前所进行的一切施工准备工作。其目的是为各分部分项工程的顺利施工创造必要的施工条件。它又称为施工期间的经常性施工准备工作,也称为作业条件的施工准备。它具有局部性和短期性,又具有经常性。

综上所述,施工准备工作不仅在开工前的准备期进行,还贯穿于整个施工过程中,随着工程施工的进行,在各个分部分项工程施工之前,都要做好施工准备

工作。施工准备工作既要有阶段性,又要有连贯性。因此,施工准备工作必须有计划、有步骤、分阶段进行,它贯穿整个工程项目建设。在项目施工过程中,首先,要求准备工作达到开工所必备的条件方能开工;其次,随着施工的进程和技术资料逐渐齐备,应不断完善施工准备工作的内容,加深深度。

1.3.2 技术准备

施工技术准备工作是工程开工前期的一项重要工作,其主要工作内容有以下几方面。

1. 图纸会审,技术交底

图纸会审、技术交底是基本建设技术管理制度的重要内容。工程开工前,在总工程师的带领下集中有关技术人员仔细审阅图纸,将不清楚或不明白的问题汇总通知业主、监理及设计单位及时解决。图纸会审由建设单位(监理单位)负责召集,是一次正式会议,各方可先审阅图纸,汇总问题,在会议上由设计单位解答或各方共同确定。测量复核成果,对所有控制点、水准点进行复核,与图纸有出入的地方及时与设计人员联系解决。

技术交底一般分为设计技术交底、施工组织设计交底、试验专用数据交底、分部分项或工序安全技术交底等几个层次。工程开工后,对每一工序由总工程师组织技术人员向施工人员及作业班组交底。

2. 调查研究,收集资料

市政工程涉及面广,工程量大,影响因素多,所以施工前必须对所在地区的特征和技术经济条件进行调查研究,并向设计单位、勘测单位及当地气象部门收集必要的资料。主要包括以下几方面。

(1)有关拟建工程的设计资料和设计意图、测量记录和水准点位置、原有各种地下管线位置等。

(2)各项自然条件资料,如气象资料和水文地质资料等。

(3)当地施工条件资料,如当地材料价格及供应情况,当地机具设备的供应情况,当地劳动力的组织形式、技术水平,交通运输情况及能力等资料。

3. 编制施工组织设计

施工组织设计是施工前准备工作的重要组成部分,又是指导现场准备工作、全面部署生产活动的依据,对于能否全面完成施工生产任务起着决定性作用,因此,在施工前必须收集有关资料,编制施工组织设计。

1)道路施工组织设计的特点

(1)道路工程要用多种材料混合加工,因此,道路的施工必须和采掘、加工、储存材料的基地工作密切联系。组织路面施工时,也应考虑混合料拌和站的情况,包括拌和站的规模、位置等。

(2)在设计路面施工进度时必须考虑路面施工的特殊要求。例如,沥青类路面不宜在气温过低时施工,这就需安排在温度相对适宜的时间内施工。

(3)路面施工的工序较多,合理安排工序间的衔接是关键。垫层、基层、面层以及隔离带、路缘石等工序的安排,在确保养护期要求的条件下,应按照自下而上、先主体后附属的顺序进行。

2)道路施工组织设计的编制程序

(1)根据设计道路的类型,进行现场勘察与选择,确定材料供应范围及加工方法。

(2)选择施工方法和施工工序。

(3)计算工程量。

(4)编制流水作业图,布置任务,组织工作班组。

(5)编制工程进度计划。

(6)编制人、材、机供应计划。

(7)制定质量保证体系、文明施工及环境保护措施。

3)编制施工预算

施工预算是施工单位内部编制的预算,是单位工程在施工时所需人工、材料、施工机械台班消耗数量和直接费用的标准,以便有计划、有组织地进行施工,从而达到节约人力、物力和财力的目的。其内容主要包括以下两方面。

(1)编制说明书。包括编制的依据、方法、各项经济技术指标分析,以及新技术、新工艺在工程中的应用等。

(2)工程预算书。主要包括工程量汇总表、主要材料汇总表、机械台班明细表、费用计算表、工程预算汇总表等。

1.3.3　组织准备

1.组建项目经理部

施工项目经理部是指在施工项目经理领导下的施工项目经营管理层,其职

能是对施工项目实行全过程的综合管理。施工项目经理部是施工项目管理的中枢,是施工企业内部相对独立的一个综合性的责任单位。

1)项目经理部的设置原则

项目经理部的机构设置要根据项目的任务特点、规模、施工进度、规划等方面的条件确定,其中要特别遵循3个原则。

(1)项目经理部功能必须完备。

(2)项目经理部的机构设置必须根据施工项目的需要实行弹性建制,一方面要根据施工任务的特点确定设立部门类型,另一方面要根据施工进度和规划安排调节机构的人数。

(3)项目经理部的机构设置要坚持现代组织设计的原则:首先,要反映施工项目的目标要求;其次,要体现精简、效率、统一的原则,分工协作的原则和责任权利统一原则。

2)项目经理部的机构设置

施工项目经理部的设置和人员配备要根据项目的具体情况而定,一般应设置以下几个部门。

(1)工程技术部门:负责执行施工组织设计,组织实施,计算统计,施工现场管理,处理工程进展中随时出现的技术问题,调度施工机械,协调各部门之间以及与外部单位之间的关系。

(2)质安环保部门:负责施工过程中质量的检查、监督和控制工作,以及安全文明施工、消防保卫和环境保护等工作。

(3)材料供应部门:开工前应提出材料、机具供应计划,包括材料、机具计划量和供应渠道;在施工过程中,要负责施工现场各施工作业层间的材料协调,以保证施工进度。

(4)合同预算部门:主要负责合同管理、工程结算、索赔、资金收支、成本核算、财务管理和劳动分配等工作。

2. 组建专业施工班组

1)选择施工班组

如在路面施工中,面层、基层和垫层除构造有变化外,工程量基本相同。因此,可以根据不同的面层、基层、垫层,选择不同的施工队伍,按均衡的流水作业施工。

2）劳动力的调配

劳动力的调配一般应遵循如下规律:开始时调用少量工人进入工地做准备工作,随着工程的开展,陆续增加工作人员,工程全面展开时,可将工人人数增加到计划需要量的最高额,然后尽可能保持人数稳定,直到工程部分完成后,逐步分批减少人员数量,最后由少量工人完成收尾工作。尽可能避免工人数量骤增、骤减现象的发生。

1.3.4　其他准备工作

1.施工现场准备

施工现场是参加道路施工的全体人员为优质、安全、低成本和高速度完成施工任务而进行工作的活动空间。施工现场准备工作是为拟建工程施工创造有利的施工条件和提供物质保证。其主要内容如下:

(1)拆除障碍物,做好"三通一平"工作;

(2)做好施工场地的控制网测量与放线;

(3)搭设临时设施;

(4)安装调试施工机具,做好建筑材料、构配件等的存放工作;

(5)做好冬、雨季施工安排;

(6)设置消防、保安设施和机构。

另外,路基、路面的施工均为长距离线形工程,受季节的影响很大,为使工程施工能保证质量、按期开工,必须做好线路复测、查桩、认桩工作,高温季节要做好降温防暑等工作。

2.施工物资准备

1）物资准备工作的内容

(1)材料的准备;

(2)配件和制品的加工准备;

(3)安装机具的准备;

(4)生产工艺设备的准备。

2）物资准备的注意事项

(1)无出厂合格证明或没有按规定进行复验的原材料、不合格的配件,一律

不得进场和使用。严格执行施工物资的进场检查验收制度,杜绝假冒伪劣产品进入施工现场。

(2)施工过程中要注意查验各种材料、构配件的质量和使用情况,对不符合质量要求、与原试验检测品种不符或有怀疑的,应提出复试或化学检验的要求。

(3)进场的机械设备必须进行开箱检查验收,产品的规格、型号、生产厂家、生产地点和出厂日期等必须与设计要求完全一致。

1. 施工准备工作的实施

1)施工准备中各种关系的协调

项目施工涉及许多单位、企业、工程的协作和配合,因此,施工准备工作也必须将各专业、各工种的准备工作统筹安排,取得建设单位、设计单位、监理单位以及其他有关单位的大力支持,分工协作,才能顺利有效地实施。

2)编制施工准备工作计划

为较好地落实各项施工准备工作,应根据各项准备工作的内容、时间和人员编制施工准备工作计划,责任落实到人,并加强对计划的检查和监督,保证准备工作如期完成。

3)建立严格的施工准备工作责任制

施工准备工作范围广、项目多、时间长,故必须有严格的责任制,使施工准备工作得以真正落实。在编制了施工准备工作计划以后,就要按计划将责任明确到有关部门甚至个人,以便按计划要求的时间完成工作内容。各级技术负责人在施工准备工作中应负的领导责任应予以明确,以促使各级领导认真做好施工准备工作。现场施工准备工作应由项目经理部全权负责。

4)建立施工准备工作检查制度

在施工准备工作实施的过程中,应定期进行检查,可按周、半月、月度进行检查。检查的目的是考察施工准备工作计划的执行情况。如果没有完成计划要求,应进行分析,找出原因,排除障碍,协调施工准备工作进度或调整施工准备工作计划。检查的方法包括:将实际与计划进行对比,即"对比法";还有会议法,即相关单位或人员在一起开会,检查施工准备工作情况,当场分析产生问题的原因,提出解决问题的办法。后一种方法见效快,解决问题及时,可在制度中做相关规定,多予采用。

5）坚持按建设程序办事，实行开工报告和审批制度

当施工准备工作完成，且具备开工条件后，项目经理部应及时向监理工程师提出开工申请，经监理工程师审批，并下达开工令后，及时组织开工，不得拖延。

第2章　城市道路工程施工技术

2.1　城市道路的功能与分类

2.1.1　城市道路的功能

道路是供各种车辆和行人等通行的工程设施。按其所处位置、交通性质、使用特点分为公路、城市道路、厂矿道路、林区道路及乡村道路等。它主要承受车辆荷载的重复作用和各种自然因素的长期影响。根据道路的不同组成和功能特点，道路分为两大类：公路与城市道路。位于城市郊区及城市以外、连接城市与乡村，主要供汽车行驶的具备一定技术条件和设施的道路，称为公路。而在城市范围内供车辆及行人通行的具备一定技术条件和设施的道路，称为城市道路。

作为文化、政治和经济中心的城市，是在与它周围地区（空间）进行密切不断的联系中存在的。因此，一个城市对外交通的运输是促使这个城市产生、发展的重要条件，也是构成城市的主要物质要素。城市对外交通的方式是多种多样的，如航空、水运、铁路、道路等交通运输。而道路是"面"的交通运输，它比"点"和"线"的交通运输方式具有更大的机动灵活性，能够深入各个领域。

在城市里，道路交通的运输功能更加明显。以汽车为主要工具的道路运输，无论在时间上或地区上都能随意运行。一方面，道路运输在货物品种、运输地段、运距以及包装形式等方面有较高的机动性，迅速、准确、直接到位；另一方面，随着人们生活方式的变化，道路运输有快捷、舒适、直达家门、机动评价高、尊重私人生活等优点。

道路按空间论有四种功能：一是把城市各个不同功能的组成部分，如市中心区、工业区、居住区、机场、码头、车站、货物、公园、体育场（馆）等，通过城市道路连接起来，具有联系功能；二是把不同的区域，按用地分区，使其形成具有不同使用要求区域的区划功能；三是敷设各种设施的容纳功能；四是由城市道路网构成的城市美化功能。把这些功能有机地组成，道路空间便有种种作用。道路空间按作用可分为四种空间：交通空间、环境空间、服务设施的容纳空间和防灾空间。

　　城市的各个功能组成部分，通过道路的连接，形成城市道路网（包括快速路、主干路、次干路和支路），构成统一的有机体，并表现城市建筑各个方位的立面，以及建筑群体之间组合的艺术。在道路上律动的视点，把建筑这种"凝固的诗"变为"有节奏的乐章"，可以使人获得丰富的环境感受。因此，城市道路除了承担基本的交通运输任务，同时还成为反映城市面貌与建筑风格的手段之一。

2.1.2　城市道路分类

　　城市道路的功能是综合性的，为发挥其不同功能，保证城市中的生产、生活正常进行，交通运输经济合理，应对道路进行科学的分类。

　　道路分类方法有多种形式：根据道路在城市规划道路系统中所处的地位划分为主干路、次干路及支路；根据道路对交通运输所起的作用分为全市性道路、区域性道路、环路、放射路、过境道路等；根据承担的主要运输性质分为客运道路、货运道路、客货运道路等；根据道路所处环境划分为中心区道路、工业区道路、仓库区道路、文教区道路、行政区道路、住宅区道路、风景游览区道路、文化娱乐性道路、科技卫生性道路、生活性道路、火车站道路、游览性道路、林荫路等。在以上各种分类方法中，主要是满足道路在交通运输方面的功能。《城市道路工程设计规范》(CJJ 37—2012)中以道路在城市道路网中的地位和交通功能为基础，同时也考虑对沿线的服务功能，将城市道路分为四类，即快速路、主干路、次干路与支路。

1. 快速路

　　快速路完全为交通功能服务，是解决城市大容量、长距离、快速交通的主要道路。快速路要有平顺的线型，与一般道路分开，使汽车交通安全、通畅和舒适。与交通量大的干路相交时应采用立体交叉，与交通量小的支路相交时可采用平面交叉，但要有控制交通的措施。两侧有非机动车时，必须设完整的分隔带。横过车行道时，需经由控制的交叉路口或地道、天桥。

2. 主干路

　　主干路为连接城市各主要分区的干路，是城市道路网的主要骨架，以交通功能为主。主干路上的交通要保证一定的行车速度，故应根据交通量的大小设置相应宽度的车行道，以供车辆通畅地行驶。线形应顺捷，交叉口宜尽可能少，以减少相交道路上车辆进出的干扰，平面交叉要有控制交通的措施，交通量超过平

面交叉口的通行能力时,可根据规划采用立体交叉。机动车道与非机动车道应用隔离带分开。交通量大的主干路上的快速机动车如小客车等,也应与速度较慢的卡车、公共汽车等分道行驶。主干路两侧应有适当宽度的人行道,应严格控制行人横穿主干路。主干路两侧不宜建筑吸引大量人流、车流的公共建筑物,如剧院、体育馆、大商场等。

3. 次干路

次干路是城市区域性的交通干道,为区域交通集散服务,兼有服务功能,配合主干路组成道路网,起到广泛联系城市各部分与集散交通的作用,一般情况下快、慢车混合行驶,条件许可时也可另设非机动车道。道路两侧应设人行道并可设置吸引人流的公共建筑物。

4. 支路

支路是次干路联系各居住小区的线路,解决局部地区交通,直接与两侧建筑物出入口相接,以服务功能为主,也起集散交通的作用,两旁可有人行道,也可有商业性建筑。

2.2　路基工程施工

2.2.1　路基排水

路基施工前,应先做好截水沟、排水沟等排水及防渗设施。排水沟的出口应通至桥涵进出口处;排、截水沟挖出的废方应堆置在沟与路堑坡顶一侧,并予以夯实。

1. 地表水排除

路基地表排水设施包括边沟、截水沟、排水沟、急流槽、拦水带、蒸发池等。施工排水设施应做到位置、断面、尺寸、坡度准确,所用材料符合设计文件及规范要求。

1)边沟排水

(1)边沟设置。边沟设置在挖方路段的边坡坡脚和填土高度小于边沟深度的填方边坡坡脚,用以汇集和排除降落在坡面和路面上的地表水。边沟断面一般为梯形,在较浅的岩石挖方路段,可采用矩形边沟,其内侧沟壁用浆砌片石砌成直立状。矩形和梯形边沟的底宽和深度应不小于 0.4 m。挖方路段边沟的外侧沟壁坡度与路堑下部边坡坡度相同。边沟的纵坡与路线纵坡保持一致,纵坡为最小值时应缩短边沟出水口间距。一般地区边沟长度不超过 500 m,多雨地区不超过 300 m,三角形边沟不超过 200 m。

(2)边沟施工。边沟施工时,其平面位置、断面尺寸、坡度、标高及所用材料应符合设计文件和施工技术规范要求。修筑的边沟应线形美观、直线顺直、曲线圆滑、无突然转弯等现象,纵坡顺适,沟底平整,排水畅通,无冲刷和阻水现象,表面平整美观。

土质边沟处理:土质边沟纵坡坡度大于 3% 时,应采用浆砌片石、栽砌片石、水泥混凝土预制块等进行加固。采用浆砌片石铺砌时,片石应坚固稳定,砂浆配合比符合设计要求,砌筑时片石间应咬扣紧密,砌缝砂浆饱满、密实,勾缝应平顺,无脱落且缝宽一致,沟身无漏水现象。采用干砌片石铺筑时,应选用有平整面的片石,砌筑时片石间应咬扣紧密、错缝,砌缝用小石子嵌紧,禁止贴砌、叠砌和浮塞。采用抹面加固土质边沟时,抹面应平整压光。

2)截水沟排水

(1)截水沟设置。截水沟应设置在路堑边坡顶 5 m 以上或路堤坡脚 2 m 以外,并结合地形和地质条件顺等高线合理布置,使拦截的坡面水顺畅地流向自然沟谷或排水渠道。截水沟长度以 200~500 m 为宜。一般采用梯形断面,沟壁坡度为 1:1.0~1:1.5,断面尺寸可按设计径流量计算确定,但底宽和沟深宜不小于 0.5 m。

(2)截水沟施工。截水沟的施工要求与边沟基本相同。在地质不良、土质松软、透水性较大、裂缝多及沟底纵坡较大的地段,为防止水流下渗和冲刷,应对截水沟及其出水口进行严密的防渗处理和加固。

3)排水沟排水

(1)排水沟设置。深挖路堑或高填路堤设边坡平台时,若坡面径流量大,可设置平台排水沟,以减小坡面冲刷。排水沟的断面形式和尺寸以及施工要求等与截水沟基本相同。

(2)排水沟排水方式。由边沟出水口、路面拦水堤或开口式缘石泄水口通过路堤边坡上的急流槽排放到坡脚的水流,应汇集到路堤坡脚外 1~2 m 处的排水沟内,再排到桥涵或自然水道中。

4）急流槽排水

（1）急流槽设置。在路堤、路堑坡面或从坡面平台上向下竖向排水，或者在截水沟和排水沟纵坡较大时，应设急流槽。构筑急流槽后使水流与涵洞进出口之间形成一个过渡段，可减轻水流的冲刷。

（2）急流槽施工。急流槽可由浆砌片石或水泥混凝土铺筑成矩形或梯形断面。浆砌片石急流槽的底厚为 0.2～0.4 m，施工时做成粗糙面，壁厚 0.3～0.4 m，底宽至少 0.25 m，槽顶与两侧斜坡面齐平，槽底每隔 5 m 设一凸榫，嵌入坡面土体内 0.3～0.5 m，以防止槽身顺坡面下滑。

5）跌水排水

（1）跌水设置。在陡坡或深沟地段的排水沟，为避免其出口下游的桥涵、自然水道或农田受到冲刷，可设置跌水。

（2）跌水施工。跌水可带消力池，也可不带，按坡度和坡长不同可设成单级或多级跌水。不带消力池的跌水，台阶高度为 0.3～0.4 m，高度与长度之比，应与原地面坡度吻合。带消力池的跌水，单级跌水墙的高度为 1 m 左右，消力槛的高度宜为 0.5 m，消力池台面设 2%～3% 的外倾纵坡，消力槛顶宽宜不小于 0.4 m，槛底设泄水孔。跌水的槽身结构与急流槽相同。

2. 地下水排除

1）排水沟与盲沟排水

（1）排水沟与盲沟设置。当地下水位较高，潜水层埋藏不深时，可采用排水沟或盲沟截流地下水及降低地下水位，沟底宜埋入不透水层内。沟壁最下一排渗水孔（或裂缝）的底部宜高出沟底不小于 0.2 m。排水沟或盲沟设在路基旁侧时，宜沿路线方向布置，设在低洼地带或天然谷处时，宜顺山坡的沟谷走向布置。

（2）排水沟与盲沟施工。排水沟或盲沟采用混凝土浇筑或浆砌片石砌筑时，应在沟壁与含水层接触面的高度处，设置一排或多排向沟中倾斜的渗水孔。沟壁外侧应填以粗粒透水材料或土工合成材料作反滤层。沿沟槽每隔 10～15 m 或当沟槽通过软硬岩层分界处时应设置伸缩缝或沉降缝。

2）渗沟排水

（1）渗沟设置。渗沟用于降低地下水位或拦截地下水，设置在地面以下。渗沟的各部位尺寸应根据埋设位置和排水需要确定，宜采用槽形断面，最小底宽

0.6 m。沟深大于 3 m 时,最小底宽 1.0 m。渗沟内部用坚硬的碎石、卵石或片石等透水性材料填充。沟顶和沟底应设封闭层,用干砌片石层封闭顶部,并用砂浆勾缝;底部用浆砌片石做封闭层,出水口采用浆砌片石端墙式结构。渗沟方向应尽量与渗流方向垂直。

(2)渗沟沟壁应设置反滤层和防渗层。沟底挖至不透水层形成完整渗沟时,迎水面一侧设反滤层,背水面一侧设防渗层。沟底设在含水层内时则形成不完整渗沟,两侧沟壁均设置反滤层,反滤层可用砂砾石、渗水土工织物或无砂混凝土板等。防渗层采用夯实黏土、浆砌片石或土工薄膜等防渗材料。

(3)渗沟施工。渗沟分为填石渗沟、管式渗沟和洞式渗沟 3 种。这 3 种结构形式渗沟的位置、断面形式和尺寸等均应严格按设计和上述构造要求精心施工。渗沟采用矩形断面时,施工应从下游向上游开挖,并随挖随支撑,以防坍塌。填筑反滤层时,各层间用隔板隔开,同时,填筑至一定高度后向上抽出隔板,继续分层填筑至要求高度为止。渗沟顶部用单层干砌片石覆盖,表面用水泥砂浆勾缝,再在上面用厚度不小于 0.50 m 的土夯填到与地面齐平。

2.2.2　土石方路基施工

1. 土方路基施工

1)土方路基开挖

土方开挖应根据地面坡度、开挖断面、纵向长度及出土方向等因素结合土方调配,选用安全、经济的开挖方案。

(1)横挖法。以路堑整个横断面的宽度和深度,从一端或两端逐渐向前开挖的方式称为横挖法。本法适用于短而深的路堑。

①用人力按横挖法挖路堑时,可在不同高度分几个台阶开挖,其深度视工作与安全而定,一般宜为 1.5～2.0 m。无论自两端一次横挖到路基标高或分台阶横挖,均应设单独的运土通道及临时排水沟。

②用机械按横挖法挖路堑且弃土或以挖作填运距较远时,宜用挖掘机配合自卸汽车进行。每层台阶高度可增加到 3～4 m,其余要求与人力开挖路堑相同。

③路堑横挖法也可用推土机进行。若弃土或以挖作填运距超过推土机的经济运距时,可用推土机推土堆积,再用装载机配合自卸汽车运土。

④机械开挖路堑时,边坡应配以平地机或人工分层修刮平整。

（2）纵挖法。纵挖法分为分层纵挖法、通道纵挖法和分段纵挖法。较长路堑开挖可采用分层纵挖法；路堑较长、较深，两端地面纵坡较小时可采用通道纵挖法进行开挖；路堑过长，弃土运距过远的傍山路堑，其一侧堑壁不厚的路堑可采用分段纵挖法。

采用纵挖法开挖应符合下列要求。

①当采用分层纵挖法挖掘的路堑长度较短（不超过 100 m），开挖深度不大于 3 m，地面坡度较陡时，宜采用推土机作业。

②推土机作业时每一铲挖地段的长度应能满足一次铲切达到满载的要求，一般为 5～10 m，铲挖宜在下坡时进行；对普通土下坡坡度宜为 10%～18%，不得大于 30%；对于松土下坡坡度宜不小于 10%，不得大于 15%；傍山卸土的运行道应设有向内稍低的横坡，但应同时留有向外排水的通道。

③当采用分层纵挖法挖掘的路堑长度较长（超过 100 m）时，宜采用铲运机作业。

④对于拖式铲运机和铲运推土机，其铲斗容积为 4～8 m³ 的适宜运距为 100～400 m；容积为 9～12 m³ 的适宜运距为 100～700 m，自行式铲运机适宜运距可照上述运距加倍。铲运机在路基上的作业距离宜不小于 100 m，有条件时宜配备一台推土机（或使用铲运推土机）配合铲运机作业。

⑤铲运机运土道，单道宽度应不小于 4 m，双道宽度应不小于 8 m；重载上坡，纵坡坡度宜不大于 8%，空驶上坡，纵坡坡度不得大于 50%；弯道应尽可能平缓，避免急弯；路面表层应在回驶时刮平，重载弯道处路面应保持平整。

⑥铲运机作业面的长度和宽度应能使铲斗易于达到满载。在地形起伏的工地，应充分利用下坡铲装；取土应沿其工作面有计划地均匀进行，不得局部过度取土而造成坑洼积水。

⑦铲运机卸土场的大小应满足分层铺卸的需要，并留有回转余地。填方卸土应边走边卸，防止成堆，行走路线外侧边缘至填方边缘的距离不宜小于 20 cm。

（3）混合式开挖法。当路线纵向长度和挖深都很大时，宜采用混合式开挖法，即将横挖法与通道纵挖法混合使用。先沿路堑纵向挖通道，然后沿横向坡面挖掘，以增加开挖坡面。每一坡面应设一个施工小组或一台机械作业。

2）土方路基回填

（1）填方前应将地面积水、积雪（冰）和冻土层、生活垃圾等清除干净。

（2）填方材料的强度（CBR）值应符合设计要求，其最小强度值应符合《城镇道路工程施工与质量验收规范》（CJJ 1—2008）规定。不应使用淤泥、沼泽土、泥炭土、冻土、有机土以及含生活垃圾的土做路基填料。

（3）填方中使用房渣土、工业废渣等需经过试验，确认可靠并经建设单位、设计单位同意后方可使用。

（4）路基填方高度应按设计标高增加预沉量值。预沉量应根据工程性质、填方高度、填料种类、压实系数和地基情况与建设单位、监理工程师、设计单位共同商定确认。

（5）不同性质的土应分类、分层填筑，不得混填，填土中粒径大于 10 cm 的土块应打碎或剔除。

（6）填土应分层进行。下层填土验收合格后，方可进行上层填筑。路基填土宽度每侧应比设计规定宽 50 cm。

（7）路基填筑中宜做成双向横坡，一般土质填筑横坡宜为 2％～3％，透水性小的土类填筑横坡宜为 4％。

（8）透水性较大的土壤边坡不宜被透水性较小的土壤覆盖。

（9）受潮湿及冻融影响较小的土壤应填在路基的上部。

（10）在路基宽度内，每层虚铺厚度应视压实机具的功能确定。人工夯实虚铺厚度应小于 20 cm。

（11）路基填土中断时，应对已填路基表面土层压实并进行维护。

（12）原地面横向坡度在 1∶10～1∶5 时，应先翻松表土再进行填土；原地面横向坡度陡于 1∶5 时应做成台阶形，每级台阶宽度不得小于 1 m，台阶顶面应向内倾斜；在沙土地段可不做台阶，但应翻松表层土。

3）土方路基压实

（1）压实厚度。压实机具作用在土层上时，其压力传递的深度有一定限度，深于此限度的土，受压实作用而变形的量很小，此深度称作极限深度。根据理论分析和试验测定，它为施压面直径的 3.0～3.5 倍。对厚度小于极限深度的土层进行多次压实后，可发现在土层上部一定厚度范围内，密实度沿深度大致均匀地分布，对这一部分土层厚度称为有效深度。

土基是分层压实的。在确定每层厚度时，应考虑机具的极限深度。同时，更应考虑如何选择合适的层厚，使整个土层达到要求的密实度，同时耗费的压实功又最少，这种压实层厚称作最佳厚度。一般情况下，最佳层厚可选择为有效深

度;要求压实度高时,宜取小于有效深度的数值。

(2)压实次数。压实机具在重复作用下,初次作用的压实变形大,随后压实变形随作用次数的增加而迅速降低。

从经济观点来看,每增加一次压实,就多消耗一倍压实功。而最初几次压实作用的经济效果要比后几次高得多。压实土层厚时,为达到要求密实度,往往需要压实很多遍,这就显得很不经济。因此,可采用"薄层少滚"的办法,即减薄层厚,仅用少数几遍就达到要求压实度,这种方法可达到很经济的效果。

(3)压实土层湿度。在最佳含水量时压实土基,可以用最低的压实功消耗达到最佳的压实效果,此时所得土基的水稳定性最佳。因此,压实时控制土层湿度为最佳值是很重要的。

最佳含水量是个相对值,它是土质、压实机具和压实功的函数。

实验室所得到的最佳值,只是相对于标准压实方法和压实功能的。因而,在施工时应按所选定的压实方法,通过实地试验确定相应的最佳含水量。

施工时,土的天然湿度不可能总是恰好等于最佳值。这时,必须采取措施,或者改变土的天然湿度,或者改变压实方法,迫使压实工作能经济有效地进行。干旱地区,土的天然湿度往往低于最佳含水量,而铺筑时土层中的水分又极易蒸发。在压实这种土基时,可加水润湿到最佳值。但这种地区往往是缺水的,加水的措施显得不现实或过于昂贵。这种情况下可改变压实方法:采用较重的压实机具,减薄压实层厚,缩短摊铺与碾压的间隔时间(包括缩短工作段长度),挖取地表下较湿的土层作填料等。

2. 石方路基施工

1)石方路基开挖

石方路基开挖方法有纵向开挖法、横向开挖法和综合开挖法 3 种。纵向开挖法适用于路堑拉槽、旧路降坡地段,根据不同的开挖深度和爆破条件,可采用台阶形分层爆破或全面爆破;横向开挖法适用于半挖半填路基和旧路拓宽,可沿路基横断方向,从挖填交界处,向高边坡一侧开挖;综合开挖法适用于深长路堑,采用纵向开挖法的同时,可在横断方向开挖一个或数个横向通道,再转向两端纵向开挖。

石方路基开挖时应符合下列要求。

(1)接近设计坡面部分的开挖,采用爆破施工时,应采用预裂光面爆破,以保护边坡稳定和整齐。爆破后的悬凸危石、碎裂块体,应及时清除整修。

（2）沟槽、附属结构物基坑的开挖，宜采用控制爆破，以保持岩石的整体性；在风化岩层上，应做防护处理。

（3）路基和基坑完工后，应按设计要求，对标高、纵横坡度和边坡进行检查，做好边坡基底的整修工作，碎裂块体应全部清除。超挖回填部分，应严格控制填料的质量，以防渗水软化。

2）石方路基回填

（1）填筑路段石料不足时，可在路基外部填石、内部填土，或下部填石，上部填土。土、石结合面应设置反滤层。

（2）边坡应选用坚硬而不易风化的石料填筑。外层应叠砌，叠砌宽度不宜小于 1.0 m。

（3）山坡填筑路堤，当地面横坡坡度大于 1：2 时，可采用石砌护肩、护脚、护墙或设置挡土墙加固边坡。

（4）基底处理同土质路基。

（5）石质路堤的填筑应先做好支挡结构；叠砌边坡应与填筑交错进行。

①石块应分层找平，不得任意抛填。每层铺填厚度宜为 30～40 cm，大石块间空隙应用小石块填满铺平。

②路床顶以下 1.5 m 的路堤必须分层填筑，并配合人工整理，将石块大面向下安放稳固，挤靠紧密，再用小石块回填缝隙。每层铺填厚度不宜大于 30 cm，填石最大粒径不得大于层厚的 70%。

③石质路堤的压实宜选用重型振动式压路机。路床顶的压实标准是 12～15 t 压路机的碾压轮迹应不大于 5 mm。

（6）管线沟槽的胸腔和管顶上 30 cm 范围内，用 5 cm 以下的土夹石料回填压实，路床顶以下 30 cm 内的沟槽顶部可采用片石铺砌，并以细料嵌缝，整平压实。

2.2.3　特殊土路基施工

特殊土路基一般包括软土路基、湿陷性黄土路基、盐渍土路基、膨胀土路基及冻土路基。

1. 软土路基施工

（1）置换土施工应符合下列要求。

①填筑前，应排除地表水，清除腐殖土、淤泥。

②填料宜采用透水性土。处于常水位以下部分的填土,不得使用非透水性土壤。

③填土应由路中心向两侧按要求分层填筑并压实,层厚宜为 15 cm。

④分段填筑时,接茬应按分层做成台阶形状,台阶宽不宜小于 2 m。

(2)当软土层厚度小于 3.0 m,且位于水下或为含水量极高的淤泥时,可使用抛石挤淤,并应符合下列要求。

①应使用不易风化石料,其中粒径小于 30 cm 的石料含量不得超过 20%。

②抛填方向应根据道路横断面下卧软土地层坡度而定。坡度平坦时自地基中部渐次向两侧扩展;坡度陡于 1:10 时,自高侧向低侧抛填,并在低侧边部多抛投,使低侧边部约有 2 m 宽的平台顶面。

③抛石露出水面或软土面后,应用较小石块填平、碾压密实,再铺设反滤层填土压实。

(3)采用砂垫层置换时,砂垫层应宽出路基边脚 0.5～1.0 m,两侧以片石护砌。

(4)采用反压护道时,护道宜与路基同时填筑。当分别填筑时,必须在路基达到临界高度前将反压护道施工完成。压实度应符合设计规定,且应不低于最大干密度的 90%。

(5)采用土工材料处理软土路基应符合下列要求。

①土工材料应由耐高温、耐腐蚀、抗老化、不易断裂的聚合物材料制成。其抗拉强度、顶破强度、负荷延伸率等均应符合设计及有关产品质量标准的要求。

②土工材料铺设前,应对基面压实整平。宜在原地基上铺设一层 30～50 cm 厚的砂垫层。铺设土工材料后,运、铺料等施工机具不得在其上直接行走。

③压实层的压实度、平整度经检验合格后,方可于其上铺设土工材料。土工材料应完好,发生破损应及时修补或更换。

④铺设土工材料时,应将其沿垂直于路轴线展开,并视填土层厚度选用符合要求的锚固钉固定、拉直,不得出现扭曲、褶皱等现象。土工材料纵向搭接宽度应不小于 30 cm,采用锚接时其搭接宽度不得小于 15 cm;采用胶结时胶结宽度不得小于 5 cm,其胶结强度不得低于土工材料的抗拉强度。相邻土工材料横向搭接宽度应不小于 30 cm。

⑤路基边坡留置的回卷土工材料,其长度应不小于 2 m。

⑥土工材料铺设完后,应立即铺筑上层填料,其间隔时间应不超过 48 h。

⑦双层土工材料上、下层接缝应错开,错缝距离应不小于 50 cm。

(6)采用袋装砂井排水应符合下列要求。

①宜采用含泥量小于3％的粗砂或中砂作填料。砂袋的渗透系数应大于所用砂的渗透系数。

②砂袋在存放、使用过程中不应长期暴晒。

③砂袋安装应垂直入井,不应扭曲、缩径、断割或磨损,砂袋在孔口外的长度应能顺直伸入砂垫层不小于 30 cm。

④袋装砂井的井距、井深、井径等应符合设计要求。

(7)采用塑料排水板应符合下列要求。

①塑料排水板应具有耐腐性、柔韧性,其强度与排水性能应符合设计要求。

②塑料排水板在贮存与使用过程中不得长期暴晒,并应采取保护滤膜措施。

③塑料排水板敷设应直顺,深度符合设计规定,超过孔口长度应伸入砂垫层不小于 50 cm。

(8)采用砂桩处理软土地基应符合下列要求。

①砂宜采用含泥量小于3％的粗砂或中砂。

②应根据成桩方法选定填砂的含水量。

③砂桩应连续、密实。

④桩长、桩距、桩径、填砂量应符合设计规定。

(9)采用碎石桩处理软土地基应符合下列要求。

①宜选用含泥砂量小于10％、粒径为 19～63 mm 的碎石或砾石作桩料。

②应进行成桩试验,确定控制水压、电流和振冲器的振留时间等参数。

③应分层加入碎石(砾石)料,观察振实挤密效果,防止断桩、缩径。

④桩距、桩长、灌石量等应符合设计规定。

(10)采用粉喷桩加固土桩处理软土地基应符合下列要求。

①石灰应采用磨细 I 级钙质石灰(最大粒径小于 2.36 mm、氧化钙含量大于80％,宜选用 SiO_2 和 Al_2O_3)含量大于 70％,烧失量小于 10％的粉煤灰、普通或矿渣硅酸盐水泥。

②工艺性成桩试验桩数宜不少于 5 根,以获取钻进速度、提升速度、搅拌、喷气压力与单位时间喷入量等参数。

③柱距、桩长、桩径、承载力等应符合设计规定。

(11)施工中,施工单位应按设计与施工方案要求记录各项控制观测数值,并与设计单位、监理单位及时沟通反馈有关工程信息,以指导施工。路堤完工后,应观测沉降值与位移至符合设计规定并稳定后,方可进行后续施工。

2. 湿陷性黄土路基施工

(1)用换填法处理路基时应符合下列要求。

①换填材料可选用黄土、其他黏性土或石灰土,其填筑压实要求同土方路基。采用石灰土换填时,消石灰与土的质量配合比,宜为消石灰:土为 9:91(二八灰土)或 12:88(三七灰土)。

②换填宽度应比路基坡脚宽 0.5~1.0 m。

③填筑用土粒径大于 10 cm 的土块必须打碎,并应在接近土的最佳含水量时碾压密实。

(2)强夯处理路基时应符合下列要求。

①夯实施工前,必须查明场地范围内的地下管线等构筑物的位置及标高,严禁在其上方采用强夯施工,靠近其施工必须采取保护措施。

②施工前应按设计要求在现场选点进行试夯,通过试夯确定施工参数,如夯锤质量、落距、夯点布置、夯击次数和夯击遍数等。

③地基处理范围不宜小于路基坡脚外 3 m。

④应划定作业区,并应设专人指挥施工。

⑤施工过程中,应设专人对夯击参数进行监测和记录。当参数变异时,应及时采取措施处理。

(3)路堤边坡应整平夯实,并应采取防止路面水冲刷的措施。

3. 盐渍土路基施工

(1)过盐渍土、强盐渍土不应作路基填料。弱盐渍土可用于城市快速路、主干路路床 1.5 m 以下范围填土,也可用于次干路及其他道路路床 0.8 m 以下填土。

(2)施工中应对填料的含盐量及其均匀性加强监控,路床以下每 1000 m³ 填料、路床部分每 500 m³ 填料至少应做一组试件(每组取 3 个土样),不足上列数量时,也应做一组试件。

(3)用石膏土作填料时,应先破坏其蜂窝状结构。石膏含量可不限制,但应控制压实度。

(4)地表为过盐渍土、强盐渍土时,路基填筑前应按设计要求将其挖除,土层过厚时,应设隔离层,并宜设在距离路床下 0.8 m 处。

(5)盐渍土路基应分层填筑、夯实,每层虚铺厚度宜不大于 20 cm。

(6)盐渍土路堤施工前应测定其基底(包括护坡道)表土的含盐量、含水量和地下水位,分别按设计规定进行处理。

4. 膨胀土路基施工

(1)施工应避开雨期,且保持良好的路基排水条件。

(2)应采取分段施工。各道工序应紧密衔接,连续施工,逐段完成。

(3)路堑开挖应符合下列要求。

①边坡应预留 30～50 cm 厚土层,路堑挖完后应立即按设计要求进行削坡与封闭边坡。

②路床应比设计标高超挖 30 cm,并应及时采用粒料或非膨胀土等换填、压实。

(4)路基填方应符合下列要求。

①施工前应按规定做试验段。

②路床顶面 30 cm 范围内应换填非膨胀土或经改性处理的膨胀土。当填方路基填土高度小于 1 m 时,应将原地表 30 cm 内的膨胀土挖除,并进行换填。

③强膨胀土不得作路基填料。中等膨胀土应经改性处理方可使用,但总膨胀率不得超过 0.7%。

④施工中应根据膨胀土自由膨胀率,选用适宜的碾压机具,碾压时应保持最佳含水量;压实土层松铺厚度不得大于 30 cm;土块粒径不得大于 5 cm,且粒径大于 2.5 cm 的土块含量应小于 40%。

(5)在路堤与路堑交界地段,应采用台阶方式搭接,每阶宽度不得小于 2 m,并碾压密实。

(6)路基完成施工后应及时进行基层施工。

5. 冻土路基施工

(1)路基范围内的各种地下管线基础应设置于冻土层以下。

(2)填方地段路堤应预留沉降量,在修筑路面结构之前,路基沉降应已基本稳定。

(3)路基受冰冻影响部位,应选用水稳定性和抗冻稳定性均较好的粗粒土,碾压时的含水量偏差应控制在最佳含水量允许偏差范围内。

(4)当路基位于永久冻土的富冰冻土、饱冰冻土或含冰层地段时,必须保持路基及周围的冻土处于冻结状态,且应避免施工时破坏土基热流平衡。排水沟与路基坡脚距离应不小于 2 m。

(5)冻土区土层为冻融活动层,设计无地基处理要求时,应报请设计部门进

行补充设计。

2.2.4 路肩施工与构筑物处理

1. 路肩施工

(1)路肩石可以在铺筑路面基层后,沿路面边线刨槽、打基础安装;也可以在修建路面基层时,在基础部位加宽路面基层作为基础;也可以利用路面基层施工中基层两侧宽出的多余部分作为基础,厚度及标高应符合设计要求。

(2)路面中线校正后,在路面边缘与侧石交界处放出路肩石线,直线部位10 m桩,曲线部位5~10 m桩,路口及分隔带等圆弧1~5 m桩,也可以用皮尺画圆并在桩上标明路肩石顶面高程。

(3)刨槽施工时,按要求宽度向外刨槽,一般为30 cm,靠近路面一侧比线位宽出少许,一般不大于5 cm,太宽容易造成回填夯实不好及路边塌陷。为保证基础厚度,刨槽深度可比设计加深1~2 cm,槽底应修理平整。若在路面基层加宽处安装路肩石,则将基层平整即可,免去刨槽工序。

2. 构筑物处理

(1)路基范围内存在既有地下管线等构筑物时,施工应符合下列规定。

①施工前,应根据管线等构筑物顶部与路床的高差,结合构筑物结构状况,分析、评估其受施工影响程度,采取相应的保护措施。

②构筑物拆改或加固保护处理措施完成后,应由建设单位、管理单位组织进行隐蔽验收,确认符合要求、形成文件后,方可进行下一工序施工。

③施工中,应保持构筑物的临时加固设施处于有效工作状态。

④对构筑物的永久性加固,应在达到规定强度后,方可承受施工荷载。

(2)新建管线与新建构筑物间或新建管线与既有管线、构筑物间有矛盾时,应报请建设单位,由管线管理单位、设计单位确定处理措施,并形成文件据以施工。

(3)沟槽回填土施工应符合下列规定。

①回填土应保证涵洞(管)、地下构筑物结构安全和外部防水层及保护层不受破坏。

②预制涵洞的现浇混凝土基础强度及预制件装配接缝的水泥砂浆强度达5 MPa后,方可进行回填。砌体涵洞应在砌体砂浆强度达到5 MPa,且预制盖板安装后进行回填;现浇钢筋混凝土涵洞,其胸腔回填土宜在混凝土强度达到设计

强度 70％后进行,顶板以上填土应在达到设计强度后进行。

③涵洞两侧应同时回填,两侧填土高差不得大于 30 cm。

④对有防水层的涵洞靠防水层部位应回填细粒土,填土中不得含有碎石、碎砖及粒径大于 10 cm 的硬块。

⑤土壤最佳含水量和最大干密度应经试验确定。

⑥回填过程不得劈槽取土,严禁掏洞取土。

2.3　路面基层施工

2.3.1　水泥稳定土类基层施工

1.搅拌

(1)城市道路中使用水泥稳定土类材料,宜采用搅拌厂集中拌制。

(2)集中搅拌水泥稳定土类材料应符合下列规定。

①集料应过筛,级配应符合设计要求。

②混合料配合比应符合要求,计量准确;含水量应符合施工要求,并搅拌均匀。

③搅拌厂应向现场提供产品合格证及水泥用量、粒料级配、混合料配合比、强度标准值。

④水泥稳定土类材料运输时,应采取措施防止水分丢失。

2.摊铺

(1)施工前应通过试验确定压实系数。水泥土的压实系数宜为 1.53～1.58;水泥稳定砂砾的压实系数宜为 1.30～1.35。

(2)宜采用专用摊铺机械摊铺。

(3)水泥稳定土类材料自搅拌至摊铺完成,应不超过 3 h。应按当班施工长度计算用料量。

(4)分层摊铺时,应在下层养护 7 d 后,方可摊铺上层材料。

3.碾压

(1)应在含水量等于或略大于最佳含水量时进行。

(2)宜采用 12～18 t 压路机作初步稳定碾压,混合料初步稳定后用大于 18 t

的压路机碾压,压至表面平整、无明显轮迹,且达到要求的压实度。

(3)水泥稳定土类材料,宜在水泥初凝前碾压成活。

(4)当使用振动压路机时,应符合环境保护和周围建筑物及地下管线、构筑物的安全要求。

4.接缝

(1)纵向接缝宜设在路中线处。接缝应做成阶梯形,梯级宽应不小于1/2层厚。

(2)横向接缝应尽量减少。

5.养护

(1)基层宜采用洒水养护,保持湿润。采用乳化沥青养护,应在其上洒布适量石屑。

(2)养护期间应封闭交通。

(3)常温下成活后应经7d养护,方可在其上铺筑面层。

2.3.2　石灰稳定土类基层施工

1.路拌法施工

1)施工测量

(1)在土基或老路面上铺筑石灰土层必须进行恢复中线测量,敷设适当桩距的中线桩并在路面边缘外设指示桩。

(2)进行水平测量,把路面中心设计标高引至指示桩上。

2)整理下承层

(1)已完工多日的土基、底基层和老路面。

①当石灰土用作底基层时,要整理土基;当石灰土用作基层时,要整理底基层;当石灰土用作老路面的加强层时,要整理老路面。下承层表面应平整、坚实,具有规定的路拱,没有任何松散的材料和软弱地点。

②下承层的平整度和压实度应符合设计的规定。

③土基必须用12～15t三轮压路机进行碾压检验(压3～4遍)。

在碾压过程中如发现土过干,表层松散,应适当洒水;如土过湿发生"弹簧"现象,应采取挖开晾晒、换土、掺石灰等措施进行处理。

④底基层或老路面上的低洼和坑洞应仔细填补及压实,达到平整。老路面上的拥包、辙槽和严重裂缝或松散处应刨除整修。

⑤逐一断面检查下承层高程是否符合设计要求。

(2)新完成的底基层或土基。

①新完成的底基层或土基必须按规定进行验收。

②凡验收不合格的路段,必须采取措施使其达到标准后,方能在其上铺筑石灰土层。

3)石灰土拌制

(1)所用土应预先打碎、过筛(20 mm 方孔),集中堆放、集中拌和。

(2)应按需要量将土和石灰按配合比要求,进行掺配。掺配时土应保持适宜的含水量,掺配后过筛(20 mm 方孔),至颜色均匀一致为止。

(3)作业人员应佩戴劳动保护用品,现场应采取防扬尘措施。

4)石灰土摊铺

(1)路床应湿润。

(2)压实系数应经试验确定。现场人工摊铺时,压实系数宜为 1.65～1.70。

(3)石灰土宜采用机械摊铺。每次摊铺长度宜为一个碾压段。

(4)摊铺掺有粗集料的石灰土时,粗集料应均匀。

5)找平

(1)两段灰土衔接处须重叠拌和,如用犁耙拌和应距拌和转弯处 10～15 m,不找平,后一段施工时,将前一段留下部分,再一起进行拌和。如用稳定土拌和机拌和,两个工作段的搭接部分亦须采用对接形式,前一段拌和后留 2 m 以上,不进行找平。

(2)找平前应先对排压好的石灰土的线位、高程、宽度、厚度及拌和质量进行检查,认为可以满足找平要求时再开始找平。

(3)在找平工作中为使横坡符合要求,应采用每隔 20 m 于路中和路边插杆的办法,帮助平地机司机掌握中线及边线位置,避免出现偏拱现象。应每隔 20 m 给出每一个断面的各点高程(路面宽小于 9 m 的 3 个点,9～15 m 的 5 个点,大于 15 m 的 7 个点),撒石灰做出标志。并应将高程及横坡告知司机,指示司机进行找平工作。

(4)在直线段,找平工作用平地机先自路中下铲进行"初平"工作。在平曲线

段,平地机由内侧向外侧进行"初平"工作。

(5)"初平"后必须用平地机将找平段全部排压一遍。

(6)排压以后进行找"细平"工作,使标高、横坡、厚度都符合要求。找平过程中,如发现有外露石块、砖头等要用锹清除,并刨松回填石灰土,碾压整平。

(7)找平时间应尽量提前,给碾压工序留出碾压时间,当拌和完成,当日又不能找平时,应严格控制交通。凡不能有效控制交通的地段,于次日找平前应重新翻开合耕,排压后进行找平工作。

(8)找平时刮到路边以外的石灰土混合料如须调用时,应适当加水,土块含量超出规定的应过筛以后再使用,路边石灰土放置一周以上的不宜再使用。

(9)正在施工的与已完成的两段石灰土衔接处,找平时易出凸包,要多铲几遍达到平顺。桥头路面施工中尤须注意石灰土层的高程与平整度。

6)碾压

(1)铺好的石灰土应当天碾压成活。

(2)碾压时的含水量宜在最佳含水量的允许偏差范围内。

(3)直线和不设超高的平曲线段,应由两侧向中心碾压;设超高的平曲线段,应由内侧向外侧碾压。

(4)初压时,碾速宜为 20 ~ 30 m/min,灰土初步稳定后,碾速宜为30~40 m/min。

(5)人工摊铺时,宜先用6~8 t压路机碾压,灰土初步稳定,找补整形后,方可用重型压路机碾压。

(6)当采用碎石嵌丁封层时,嵌丁石料应在石灰土底层压实度达到85%时撒铺,然后继续碾压,使其嵌入底层,并保持表面有棱角外露。

7)接缝

纵向接缝宜设在路中线处。接缝应做成阶梯形,梯级宽应不小于1/2层厚。横向接缝应尽量减少。

8)养护

(1)石灰土成活后应立即洒水(或覆盖)养护,保持湿润,直至上层结构施工为止。

(2)石灰土碾压成活后可采取喷洒沥青透层油养护,并宜在其含水量为10%左右时进行。

(3)石灰土养护期应封闭交通。

2.中心站集中拌和(厂拌)法施工

石灰稳定土可以在中心站用多种机械集中拌和,如强制式拌和机、双转轴桨叶式拌和机等,集中拌和有利于保证配料的准确性和拌和的均匀性。

1)备料

土块要粉碎,最大尺寸应不大于 15 mm。集料的最大粒径和级配都应符合要求,必要时,应先筛除集料中不符合要求的颗粒。配料应准确,在潮湿多雨地区施工时,还应采取措施保护集料,特别是细集料(含土)和石灰应免遭雨淋。

2)搅拌

(1)在城镇人口密集区,应使用厂拌石灰土,不得使用路拌石灰土。

(2)厂拌石灰土应符合下列规定。

①石灰土搅拌前,应先筛除集料中不符合要求的颗粒,使集料的级配和最大粒径符合要求。

②宜采用强制式搅拌机进行搅拌。配合比应准确,搅拌应均匀;含水量宜略大于最佳值;石灰土应过筛(20 mm 方孔)。

③应根据土和石灰的含水量变化、集料的颗粒组成变化,及时调整搅拌用水量。

④拌成的石灰土应及时运送到铺筑现场。运输中应采取防止水分蒸发和防扬尘措施。

⑤搅拌厂应向现场提供石灰土配合比、R7 强度标准值及石灰中活性氧化物含量的资料。

3)运输

已拌成的混合料应尽快运送到铺筑现场。如运距远、气温高,则车上的混合料应加以覆盖,以防水分过多蒸发。

4)其他工序

厂拌法施工中摊铺、碾压、接缝处理及养护参照"路拌法施工"的相关内容。

2.3.3　级配砂砾及级配砾石基层施工

级配砂砾及级配砾石可作为城市次干路及其以下道路基层。

1. 摊铺

(1)压实系数应通过试验段确定。每层摊铺虚厚不宜超过 30 cm。

(2)砂砾应摊铺均匀一致,发生粗、细集料集中或离析现象时,应及时翻拌均匀。

(3)摊铺长度为一个碾压段 30～50 m。

2. 碾压成活

(1)碾压前应洒水,洒水量应使全部砂砾湿润,且不导致其层下翻浆。

(2)碾压过程中应保持砂砾湿润。

(3)碾压时应自路边向路中倒轴碾压。采用 12 t 以上压路机进行,初始碾速宜为 25～30 m/min;砂砾初步稳定后,碾速宜控制在 30～40 m/min。碾压至轮迹不大于 5 mm,砂石表面平整、坚实,无松散和粗、细集料集中等现象。

(4)上层铺筑前,不得开放交通。

(5)在冬期施工应根据施工时的最低温度,可泼洒防冻剂,随泼洒随碾压。

2.3.4 级配碎石及级配碎砾石基层施工

1. 摊铺

(1)宜采用机械摊铺符合级配要求的厂拌级配碎石或级配碎砾石。

(2)压实系数应通过试验段确定,人工摊铺宜为 1.40～1.50;机械摊铺宜为 1.25～1.35。

(3)摊铺碎石每层应按虚厚一次铺齐,颗粒分布应均匀,厚度一致,不得多次找补。

(4)已摊平的碎石,碾压前应断绝交通,保持摊铺层清洁。

2. 碾压

(1)碾压前和碾压中应适量洒水。

(2)碾压中对有过碾现象的部位,应进行换填处理。

(3)除上述(1)、(2)的规定外,碾压施工应遵循"石灰稳定土类基层施工"中碾压的相关规定。

3. 成活

(1)碎石压实后及成活中应适量洒水。

(2)视压实碎石的缝隙情况洒布嵌缝料。

（3）宜采用 12 t 以上的压路机碾压成活，碾压至缝隙嵌挤应密实，稳定坚实，表面平整，轮迹小于 5 mm。

（4）未铺装上层前，对已成活的碎石基层应持续养护，不得开放交通。

2.3.5　石灰、粉煤灰稳定砂砾基层施工

1. 混合料拌制

混合料应由搅拌厂集中拌制且应符合下列规定。

（1）宜采用强制式搅拌机拌制，并应符合下列要求。

①搅拌时应先将石灰、粉煤灰搅拌均匀，再加入砂砾（碎石）和水搅拌均匀。混合料含水量宜略大于最佳含水量。

②拌制石灰粉煤灰砂砾均应做延迟时间试验，以确定混合料在贮存场的存放时间及现场完成作业的时间。

③混合料含水量应视气候条件适当调整。

（2）搅拌厂应向现场提供产品合格证及石灰活性氧化物含量、粒料级配、混合料配合比及 R7 强度标准值的资料。

（3）运送混合料应覆盖，防止遗撒、扬尘。

2. 摊铺

（1）混合料在摊铺前其含水量宜在最佳含水量的允许偏差范围内。

（2）混合料每层最大压实厚度应为 20 cm，且不宜小于 10 cm。

（3）摊铺中发生粗、细集料离析时，应及时翻拌均匀。

（4）除上述要求外，摊铺施工应参照"石灰稳定土类基层施工"中的相关内容。

3. 碾压

碾压成活施工参照"石灰稳定土类基层施工"中的相关内容。

4. 养护

（1）混合料基层，应在潮湿状态下养护。养护期视季节而定，常温下不宜少于 7 d。

（2）采用洒水养护时，应及时洒水，保持混合料湿润；采用喷洒沥青乳液养护时，应及时在乳液面撒嵌丁料。

（3）养护期间宜封闭交通。须通行的机动车辆应限速，严禁履带车辆通行。

2.4 水泥混凝土路面施工

水泥混凝土路面是指以水泥混凝土板作为面层,下设基层、垫层所组成的路面结构,又称为刚性路面。

2.4.1 模板与钢筋施工

1.模板安装

(1)支模前应核对路面标高、面板分块、胀缝和构造物位置。

(2)模板应安装稳固、顺直、平整,无扭曲,相邻模板连接应紧密平顺,应不错位。

(3)严禁在基层上挖槽嵌入模板。

(4)使用轨道摊铺机应采用专用钢制轨模。

(5)模板安装完毕,应进行检验,合格后方可使用。

2.钢筋安装

(1)钢筋安装前应检查其原材料品种、规格与加工质量,确认符合设计规定。

(2)钢筋网、角隅钢筋等安装应牢固、位置准确。钢筋安装后应进行检查,合格后方可使用。

(3)传力杆安装应牢固、位置准确。胀缝传力杆应与胀缝板、提缝板一起安装。

(4)钢筋加工允许偏差应符合规定。

(5)钢筋安装允许偏差应符合规定。

3.模板拆除

混凝土抗压强度达 8.0 MPa 及以上方可拆模。当缺乏强度实测数据时,侧模允许最早拆模时间宜符合规定。

2.4.2 混凝土搅拌与运输

1.混凝土搅拌

(1)面层用混凝土宜选择具备资质、混凝土质量稳定的搅拌站供应。

(2)现场自行设立搅拌站应符合下列规定。

①搅拌站应具备供水、供电、排水、运输道路和分仓堆放砂石料及搭建水泥仓的条件。

②搅拌站管理、生产和运输能力,应满足浇筑作业需要。

③搅拌站宜设有计算机控制数据信息采集系统。搅拌设备配料计量偏差应符合规定。

(3)混凝土搅拌应符合下列规定。

①混凝土的搅拌时间应按配合比要求与施工对其工作性要求,经试拌确定最佳搅拌时间。每盘最长总搅拌时间宜为 80～120 s。

②外加剂宜稀释成溶液,均匀加入进行搅拌。

③混凝土应搅拌均匀,出仓温度应符合施工要求。

④搅拌钢纤维混凝土,除应满足上述要求外,还应符合下列要求。

a. 当钢纤维体积率较高,搅拌物较干时,搅拌设备一次搅拌量不宜大于其额定搅拌量的 80%。

b. 钢纤维混凝土的投料次序、方法和搅拌时间,应以搅拌过程中钢纤维不产生结团和满足使用要求为前提,通过试拌确定。

c. 钢纤维混凝土严禁用人工搅拌。

2. 混凝土运输

(1)施工中应根据运距、混凝土搅拌能力、摊铺能力确定运输车辆的数量与配置。

(2)不同摊铺工艺的混凝土搅拌物从搅拌机出料到运输、铺筑完毕的允许最长时间应符合规定。

2.4.3　混凝土铺筑

1. 铺筑前检查

(1)基层或砂垫层表面、模板位置、高程等符合设计要求。模板支撑接缝严密、模内洁净、隔离剂涂刷均匀。

(2)钢筋、预埋胀缝板的位置正确,传力杆等安装符合要求。

(3)混凝土搅拌、运输与摊铺设备,状况良好。

2. 三辊轴机组铺筑

(1)三辊轴机组铺筑混凝土面层时,辊轴直径应与摊铺层厚度匹配,且必须同时配备一台安装插入式振捣器组的排式振捣机,振捣器的直径宜为 50～

100 mm,间距应不大于其有效作用半径的 1.5 倍,且不得大于 50 cm。

(2)当面层铺装厚度小于 15 cm 时,可采用振捣梁。其振捣频率宜为 50～100 Hz,振捣加速度宜为 4 g～5 g(g 为重力加速度)。

(3)当一次摊铺双车道面层时,应配备纵缝拉杆插入机,并配有插入深度控制和拉杆间距调整装置。

(4)铺筑作业应符合下列要求。

①卸料应均匀,布料应与摊铺速度相适应。

②设有接缝拉杆的混凝土面层,应在面层施工中及时安设拉杆。

③三辊轴整平机分段整平的作业单元长度宜为 20～30 m,振捣机振实与三辊轴整平工序之间的时间间隔不宜超过 15 min。

④在一个作业单元长度内,应采用前进振动、后退静滚方式作业,最佳滚压遍数应经过试铺确定。

3. 轨道摊铺机铺筑

(1)采用轨道摊铺机铺筑时,最小摊铺宽度不宜小于 3.75 m。

(2)应根据设计车道数按规定技术参数选择摊铺机。

(3)坍落度宜控制在 20～40 mm。不同坍落度时的松铺系数 K 可参考相关规定确定,并按此计算出松铺高度。

(4)当施工钢筋混凝土面层时,宜选用两台箱型轨道摊铺机分两层两次布料。下层混凝土的布料长度应根据钢筋网片长度和混凝土凝结时间确定,且不宜超过 20 m。

(5)振捣作业应符合下列要求。

①轨道摊铺机应配备振捣器组,当面板厚度超过 150 mm、坍落度小于 30 mm 时,必须插入振捣。

②轨道摊铺机应配备振动梁或振动板对混凝土表面进行振捣和修整。使用振动板振动提浆饰面时,提浆厚度宜控制在(4±1) mm。

(6)面层表面整平时,应及时清除余料,用抹平板完成表面整修。

4. 人工小型机具铺筑

(1)混凝土松铺系数宜控制在 1.10～1.25。

(2)摊铺厚度达到混凝土板厚的 2/3 时,应拔出模内钢钎,并填实钎洞。

(3)混凝土面层分两次摊铺时,上层混凝土的摊铺应在下层混凝土初凝前完成,且下层厚度宜为总厚的 3/5。

(4)混凝土摊铺应与钢筋网、传力杆及边缘角隅钢筋的安放配合。

(5)一块混凝土板应一次连续浇筑完毕。

(6)混凝土使用插入式振捣器振捣时,应不过振,且振动时间不宜少于 30 s,移动间距不宜大于 50 cm。使用平板振捣器振捣时应重叠 10～20 cm,振捣器行进速度应均匀一致。

(7)真空脱水作业应符合下列要求。

①真空脱水应在面层混凝土振捣后、抹面前进行。

②开机后应逐渐升高真空度,当达到要求的真空度,开始正常出水后,真空度应保持稳定,最大真空度不宜超过 0.085 MPa,待达到规定脱水时间和脱水量时,应逐渐减小真空度。

③真空系统安装与吸水垫的放置位置,应便于混凝土摊铺与面层脱水,不得出现未经吸水的脱空部位。

④混凝土试件,应与吸水作业同条件制作、同条件养护。

⑤真空吸水作业后,应重新压实整平,并拉毛、压痕或刻痕。

(8)成活应符合下列要求。

①现场应采取防风、防晒等措施;抹面拉毛等应在跳板上进行,抹面时严禁在板面上洒水、撒水泥粉。

②采用机械抹面时,真空吸水完成后即可进行。先用带有浮动圆盘的重型抹面机粗抹,再用带有振动圆盘的轻型抹面机或人工细抹一遍。

2.4.4 抹面施工

(1)机械抹面先用质量不小于 75 kg 带有浮动圆盘的重型抹面机粗抹一遍,几分钟后再用带有振动圆盘的轻型抹面机或人工用抹子光抹一遍。

(2)第一遍抹面工作是在全幅振捣夯振实整平后,紧跟进行。先用手拉型夯拉搓一遍,再用长塑料抹子用力揉压平整,达到去高填低,揉压出灰浆使其均匀分布在混凝土表面。

(3)第二遍抹面工作须接着进行,使用短塑料抹子进一步找平混凝土板面,使表面均匀一致,如发现缝板偏移或倾斜等情况,要及时挂线找直修整好。

(4)防风与防晒措施:当第二遍抹面后,如遇风吹日晒使板面干缩,应及时用苫布覆盖。

(5)第三遍抹面工作,在第二遍抹面后间隔一定时间,以排出混凝土出现的泌水,间隔时间视气温情况而定,常温为 2～3 h,最后一次抹面要求细致,消灭砂

眼,使混凝土板面符合平整度要求。抹面后使用大排笔沿横坡方向轻轻拉毛,最后再将伸缩缝提缝板提出,边角处及所有接缝用"L"形抹子修饰平整,用小排笔轻轻刷扫达到板面一致。

(6)如采用电动抹子抹面,须在第二遍抹面后,且混凝土将初凝能上人时进行。使用电动抹子时要端平,抹面完成后用塑料抹子将振出的灰浆抹平。

(7)伸缩缝提缝板提出的时间,应在混凝土初凝前后(夏季一般为30～40 min),注意不要碰坏边角,缝要全部贯通,缝内灰浆要清除干净。

(8)雨后应及时检查新浇筑的混凝土面层,对因雨受损伤处迅速做补救处理。

(9)抹面后沿横坡方向用棕刷拉毛,或采用机具压纹,压纹深度一般为1～3 mm,其上口稍宽于下口。

2.4.5　接缝施工

1. 横缝施工

(1)胀缝间距应符合设计规定,缝宽宜为20 mm。在与结构物衔接处、道路交叉和填挖土方变化处,应设胀缝。

(2)胀缝上部的预留填缝空隙,宜用提缝板留置。提缝板应直顺,与胀缝板密合、垂直于面层。

(3)缩缝应垂直板面,宽度宜为4～6 mm。切缝深度:设传力杆时,应不小于面层厚的1/3,且不得小于70 mm;不设传力杆时应不小于面层厚的1/4,且应不小于60 mm。

(4)采用切缝机切缝时,宜在水泥混凝土强度达到设计强度的25％～30％时进行。

2. 纵缝施工

纵缝是指当一次铺筑路面宽度小于路面和硬路肩总宽度时,纵向设置的施工缝。纵缝施工应符合以下要求。

(1)平缝施工应在模板上设计的孔位放置拉杆,并在缝壁一侧涂刷隔离剂。拉杆应采用螺纹钢筋,顶面的缝槽以切缝机切成,用填料填满,并将表面的黏浆等杂物清理干净,以保持纵缝的顺直和美观。

(2)纵向缩(假)缝施工应先将拉杆采用门型式固定在基层上,或用拉杆置放机在施工时置入。顶面的缝槽以切缝机切成,使混凝土在收缩时能从此缝向下规则开裂,施工时应防止切缝深度不足而引起不规则裂缝。

2.4.6　面层养护与填缝

1.面层养护

(1)水泥混凝土面层成活后,应及时养护。可选用保湿法和塑料薄膜覆盖等方法养护。气温较高时,养护期不宜少于 14 d;低温时,养护期不宜少于 21 d。

(2)昼夜温差大的地区,应采取保温、保湿的养护措施。

(3)养护期间应封闭交通,不应堆放重物;养护终结,应及时清除面层养护材料。

(4)混凝土板在达到设计强度的 40% 以后,方可允许行人通行。

2.填缝

混凝土板养护期满后应及时填缝,缝内遗留的砂石、灰浆等杂物,应剔除干净,并应按设计要求选择填缝料,根据填料品种制定工艺技术措施。

浇筑填缝料必须在缝槽干燥状态下进行,填缝料应与混凝土缝壁黏附紧密,不渗水。填缝料的充满度应根据施工季节而定,常温施工应与路面齐平,冬期施工,宜略低于板面。

2.5　沥青路面施工

沥青混合料面层是指用沥青作结合料铺筑的路面结构。由于使用了黏结力较强的沥青材料,集料间的黏结力大大增强,提高了沥青混合料的强度和稳定性,使面层的行驶质量和耐久性都得到提高。与水泥混合料面层相比,沥青混合料面层具有表面平整、无接缝、行车平稳、振动小、噪声低、施工期短、养护方便等优点。

2.5.1　沥青混合料面层施工

1.混合料拌和与运输

(1)拌和。应试拌根据室内配合比进行试拌,通过试拌确定施工质量控制指标。试拌基本程序如下。

①对间歇式拌和设备,应确定每盘热料仓的配合比;对连续式拌和设备,应

确定各种矿料送料口的大小及沥青、矿料的进料速度。

②沥青混合料应按设计沥青用量进行试拌,取样做马歇尔试验,以验证设计沥青用量的合理性,或做适当的调整。

③确定适宜的拌和时间。应根据具体情况经试拌确定,以沥青均匀裹覆集料为度。

④确定适宜的拌和与出厂温度。石油沥青的加热温度宜为 130~160 ℃,不宜超过 6 h。沥青混合料的出厂温度宜控制在 130~160 ℃。

试拌结束后根据配料单进料,严格控制各种材料用量及其加热温度。烘干集料的残余含水量不得大于 1%。每天开机前几盘集料应提高加热温度,并干拌几锅集料废弃,再正式加热沥青拌和料。

间歇式拌和机的每盘生产周期宜大于 45 s(其中干拌时间不少于 5~10 s)。

(2)运输。混合料运输应符合以下要求。

①热拌沥青混合料宜采用吨位较大的运料车运输,但不得超载、急刹车、急弯掉头等,以免损伤下卧层。

②沥青混合料用自卸汽车运至工地,底板及车壁应涂一薄层油水(柴油:水为 1:3)混合液,但不得有余液积聚在车厢底部。

③运输过程中应覆盖,至摊铺地点时的沥青混合料温度不宜低于 130 ℃。已经结块和雨淋的混合料不得摊铺。

2. 混合料摊铺

混合料摊铺一般有人工摊铺和机械摊铺两种。

(1)人工摊铺。在当路面狭窄或曲线、加宽部分等不能采用摊铺机摊铺的地段,可用人工摊铺混合料。人工摊铺混合料应符合下列要求。

①应将沥青混合料卸在铁板上,摊铺时应扣锹布料,不得扬锹远甩。边摊铺边用刮板整平,刮平时应轻重一致,控制次数,防止集料离析。

②摊铺过程中不得中途停顿,并及时碾压。如果不能及时碾压,应立即停止摊铺,并对卸下的沥青混合料覆盖毡布。

(2)机械摊铺。机械摊铺应注意以下问题。

①机械摊铺可采用两台或更多台摊铺机前后错开 10~20 m,呈梯队方式同步摊铺,两幅之间应有 30~60 mm 宽度的搭接,并躲开车道轮迹带,上下层的搭接位置宜错开 200 mm 以上。

②机械摊铺应提前 0.5~1 h 预热熨平板,使其温度不低于 100 ℃,熨平板加宽连接应调节至摊铺的混合料没有明显的离析痕迹为止。为提高路面的初始

压实度,应正确使用熨平板的夯锤压实和振捣装置。

③摊铺机的螺旋送料器应保持稳定的速度均衡地转动,两侧应保持不少于送料器 2/3 高度的混合料,以减少在摊铺过程中混合料的离析。

④摊铺机应采用自动找平方式,下面层或基层宜采用钢丝绳引导的高程控制方式,上面层宜采用平衡梁或雪橇式摊铺厚度控制方式,中面层根据情况选用合适的找平方法。

⑤沥青混合料的松铺系数和厚度应根据摊铺机的类型、混合料的品种取值。并每天在开铺后 5～15 m 范围内进行实测,以便准确控制摊铺厚度和横坡。

⑥沥青混合料的摊铺温度应满足相关规定。

⑦摊铺机摊铺过程中,应均匀、缓慢、连续不间断地摊铺,不得随意变换速度和中途停顿,以免出现混合料离析导致平整度降低。沥青混凝土、沥青碎石摊铺速度宜控制在 2～6 m/min 的范围内,改性沥青混合料及 SMA 混合料摊铺速度宜为 1～3 m/min。发现混合料出现明显的离析、波浪、裂缝和拖痕时,应分析原因,予以消除。

3. 混合料碾压

压实是保证沥青混合料使用性能的最重要的一道工序。压实应控制混合料的压实厚度、速度、温度、遍数、压实方式等。

(1)压实厚度。沥青混合料最大厚度宜不大于 100 mm,沥青碎石层厚度宜不大于 120 mm,当采用大功率压路机并通过试验验证时厚度允许增大到 150 mm。

(2)压实速度。压路机应缓慢而均匀地碾压,注意不应突然改变碾压路线和方向,以免导致混合料推移。

(3)压实温度。碾压温度应根据混合料的种类、温度、层厚等确定,同时应满足规范的规定。在不产生推移、裂缝的前提下,应尽可能在高的温度下进行碾压。

(4)碾压程序。碾压一般分为初压、复压和终压。

①初压。初压时用 6～8 t 双轮压路机或 6～10 t 振动压路机(关闭振动装置即静压)压 2 遍,温度为 110～130 ℃。初压后检查平整度和路拱,必要时应予以修整。若碾压时出现推移、横向裂纹等,应检查原因,进行处理。

②复压。复压采用 10～12 t 三轮压路机、10 t 振动压路机或相应的轮胎压路机碾压 4～6 遍,直至稳定和无明显轮迹。复压温度为 90～110 ℃。

③终压。终压时用 6～8 t 振动压路机(关闭振动装置)压 2～4 遍,终压温度

为 70～90 ℃。

碾压时应注意以下问题。

①碾压时,应由路两边向路中心压,三轮压路机每次重叠宜为后轮宽的 1/2,双轮压路机第 1 次重叠宜为 30 cm。

②碾压过程中,每完成一遍重叠碾压,压路机应向摊铺机靠近一些,以保证正常的碾压温度。

③在平缓路段,驱动轮靠近摊铺机,以减少波纹或热裂缝。碾压中,要确保滚轮湿润,可间歇喷水,但不可使混合料表面冷却。

④每碾压一遍的尾端,宜稍微转向,以减小压痕。压路机不得在新铺混合料上转向、掉头、移位或刹车,碾压后的路面在冷却前,不得停放任何机械,并防止矿料、杂物、油料撒落在新铺路面上,直至路面冷却后才能开放交通。

4. 混合料接缝施工

沥青路面施工必须接缝紧密,连接平顺,不得产生明显的接缝离析,应注意以下几点。

(1)上下层的纵缝应错开 150 mm(热接缝)或 300 mm(冷接缝)以上。相邻两幅及上下层横向接缝均应错位 1 m 以上。纵缝碾压一般使用两台压路机进行梯队式作业。

(2)当分成两半幅施工形成冷接缝时,应先在压实路上行走,只压新铺的10～15 cm,随后将压实轮再向新铺路面移动,直至将纵缝压平压实。

(3)横缝应与路中线垂直。表面层以下可采用自然碾压的斜接缝,沥青层较厚时也可采用阶梯形接缝。

(4)斜接缝的搭接长度与层厚有关,一般为 0.4～0.8 m。搭接处应撒少量沥青补上细料,搭接平整,充分压实。阶梯形接缝的台阶经铣刨而成,并撒黏层沥青,搭接长度不宜小于 3 m。

(5)平接缝宜趁尚未冷却时用凿岩机或人工垂直刨除端部层厚不足的部分,使工作缝成直角连接。切割时留下的泥水应冲洗干净,待干燥后涂刷黏层油。铺筑新混合料接头应使接槎软化,压路机先横向碾压,再纵向碾压成为一体,以便充分压实,连接平顺。

2.5.2　沥青贯入式面层施工

1. 准备工作

施工前,基层应清扫干净。需要安装路缘石时,应在安装后进行施工。

对于主层集料的施工可采用碎石摊铺机,使用钢筒式压路机碾压。乳化沥青贯入式路面必须浇洒透层或黏层沥青。当沥青贯入式面层厚度小于或等于5 cm时,也应浇洒透层或黏层沥青。

2. 铺撒集料

铺撒集料时应避免颗粒大小不均匀,并应检查松铺厚度。洒布后严禁车辆在铺好的集料层上通行。

3. 碾压

铺撒集料后严禁车辆在铺好的层上通行。主层集料洒布后,应采用6.8 t钢筒式压路机进行初压,速度为2 km/h。碾压应由路两侧边缘向中心进行,轮迹应重叠约30 cm,接着应从另一侧以同样方法压至路中心,以此为碾压一遍。碾压的同时,检验路拱和纵向坡度,必要时做调整。碾压一遍后,检验路拱和纵向坡度,如不符合要求,先调整找平再压,至集料无显著推移为止。然后用重型的钢筒压路机(如10～12 t压路机)进行碾压,每次轮迹重叠1/2左右,须4～6遍,直至主层集料稳定并无显著轮迹为止。

4. 浇洒沥青及嵌缝料

主层集料碾压完毕后,应立即浇洒第一层沥青。浇洒温度应根据施工气温及沥青强度等级选择。石油沥青宜为130～170 ℃,煤沥青宜为80～120 ℃。若采用乳化沥青贯入,应先洒布一部分上一层嵌缝料,再浇洒主层沥青。乳化沥青在常温下洒布,但气温较低须加快破乳时,乳液温度不得超过60 ℃。

沥青洒布要均匀,不得有空白和积聚现象,应根据选用的洒布方式控制单位面积的沥青用量。沥青洒布长度应与集料洒布机的能力相配合,两者间隔时间不宜过长。

主层沥青浇洒后,应立即均匀洒布第一层嵌缝料,不足处应找补。

当使用乳化沥青时,石料洒布必须在破乳前完成。

嵌缝料扫匀后应立即用8～12 t钢筒式压路机进行碾压,轮迹重叠1/2左右,碾压4～6遍,直至稳定为止。碾压时,应随压随扫,使嵌缝料均匀嵌入。当气温较高,碾压发生推移现象时,应立即停止,待气温稍低时再碾压。

5. 第二、三层施工

第二、三层沥青与填缝料的施工基本与第一层类似。当浇洒第二层沥青,洒布第二层嵌缝料并碾压完成后,再进行第三层施工,当洒布完封层材料后,最后碾压,宜采用6～8 t压路机碾压2～4遍,再开放交通。要协调和处理好各道工

序,当天已开工的路段当天完成,并应注意保持施工现场的整洁和干净。

6. 养护

施工后应进行初期养护。当有泛油时,应补撒嵌缝料,并应与最后一层石料规格相同,扫匀并将浮料扫除。

2.5.3 沥青表面处治施工

1. 基层清理

沥青表面处治施工应在路缘石安装后进行,基层必须清扫干净,不得让含有泥土等杂质污染基层。施工前,应检查洒布车的性能,进行试洒,确定喷洒速度和洒油量。

表面处治施工前,应将基层清扫干净,使基层的矿料大部分外露,并保持干燥。对坑槽、不平整、强度不足的路段,应修补、平整和补强。

施工前,先检查沥青洒布车的油泵系统、输油管道、油量表、保温设备等,并将一定数量的沥青装入油罐,进行试洒,确定施工所需的喷洒速度和油量。每次喷洒前要保持喷油嘴干净,管道畅通,喷油嘴的角度一致,并与洒油管成 15°～25°的夹角,洒油管的高度应保证同一地点接收 2 个或 3 个喷油嘴喷洒的沥青,不得出现花白条。集料洒布机在使用前先检查传动的液压调整系统,并进行试洒布,来确定洒布各种规格集料时应控制的下料间隙和行驶速度。

2. 浇洒沥青及洒布集料

当透层沥青充分渗透,或清扫干净已作透层或封层的基层后,就可按试洒沥青速度浇洒第一层沥青。要求如下。

(1)石油沥青的洒布温度须控制在 130～170 ℃,使用煤沥青时控制在 80～120 ℃,乳化沥青须在适宜的温度下施工,但乳液的加热温度最高不得超过 60%。

(2)沥青的浇洒速度应与石料洒布机的能力相匹配。

(3)当洒布沥青后发现空白、缺边时,要立即进行人工补洒,沥青积聚时应予刮除。

(4)在每段接槎处,可用铁板或建筑纸等横铺在本段起洒点前及终点后,长度为 1～1.5 m。

(5)如需分数幅浇洒时,纵向搭接宽度宜为 10～15 cm,浇洒第二、三层沥青的搭接缝应错开。

第一层集料在浇洒主层沥青后应立即进行洒布,按规定用量一次撒足,不宜在主层沥青全部洒布完成后进行。局部集料过多或过少时,应采用人工方法,清扫多余集料或适当找补。使用乳化沥青时,集料的洒布应在乳液破乳前完成。前后幅搭接处,应暂留宽 10～15 cm 不撒石料,待后幅浇洒沥青后一起洒布集料。

3. 碾压

洒布第一层集料后,应立即用 6～8 t 钢筒式压路机进行碾压,碾压应由路两侧边缘向中心进行,碾压时轮迹应重叠约 30 cm,碾压 3～4 遍,时速应不超过 2 km/h。

第二、三层的施工方法和要求与第一层基本相同,但可采用 8～10 t 的压路机进行碾压。

碾压结束后即可开放交通,但应限制车速不超过 20 km/h,并使整个路面宽度都均匀碾压。若出现局部泛油、松散、麻面等现象,应及时修整处理。

4. 养护

乳化沥青表面处治要等破乳水分蒸发并基本成型后方可通车,其他沥青表面处治在碾压结束后即可开放交通。应限制行车速度不超过 20 km/h,并设专人指挥交通,使路面全宽均匀碾压。如发现局部有泛油现象,可在泛油处补撒与最后一层洒布集料相同的缝料并打扫均匀,浮料应扫除。

2.6　人行道铺筑

2.6.1　基槽施工

(1)标高按设计图纸实地放线在人行道两侧直线段。一般为 10 m 一桩,曲线段酌情加密,并在桩橛上画出面层设计标高,或在建筑物上画出"红平"。若人行道外侧已按高程埋设侧石,则以侧石顶高为标准,按设计横坡放线。

(2)挖基槽挂线或用测量仪器按设计结构形式和槽底标高刨挖土方(如新建道路,可将路肩填至人行道槽底,不必反开挖)。接近成活时,应适当预留虚高。全部土方必须出槽,经清理找平后,用平碾碾压或用夯具夯实槽底,直至达到压实度要求,轻型击实压实度≥95%。槽底弹软地区可按石灰稳定土基层处理。

在挖基槽时,必须事先了解地下管线的敷设情况,并向施工小组严格交底,

以免施工误毁。雨期施工,必须做好排水措施,防止泡槽。

(3)炉渣垫层施工。铺煤渣按设计标高、结构层厚度及虚铺系数(1.5~1.6)将煤渣摊铺于合格的槽底上,粒径大于 5 cm 的渣要打碎,细粉末不要集中在一处,煤渣中粒径小于 0.2 mm 的颗粒含量不宜大于 20%。

(4)洒水碾压。洒水碾压根据不同季节情况,洒水湿润炉渣,水分要合适,然后用平碾碾压或用夯夯实。成活后拉线检查标高、横坡度。在修建上层结构以前,应控制交通,以免人踩踢散。

2.6.2 基层施工

(1)拌和。土过 25 mm 方筛,煤渣大于 5 cm 的块要随时打碎,未消解的石灰应随时剔除。按体积比摊铺或按斗量配,先拌一遍,然后洒水拌和不少于两遍,至均匀为止。

(2)摊铺。将拌好的混合料按松铺厚度均匀摊开。

(3)找平。挂线应用测量仪器,按设计标高、横坡度平整基层表面及路形,此时应考虑好预留虚高。如有土路肩或绿带相邻,应进行必要的土方培边。成活后如含水量偏小或表面干燥,应适量洒水。

(4)碾压。铺好的灰土混合料按应当天碾压成活。碾压时的含水量宜在最佳含水量±2%的范围内。采用平碾压时,应错半轴碾压至压实度符合要求。直线段,应由两侧向中心碾压;曲线段应由内侧想外侧碾压。小面积的人行道基层和碾压不到之处,应采用振动夯夯实。

(5)养护。碾压或夯实成活达到要求压实度后,挂线检验高程、横坡度和平整度,应有不少于一周的洒水养护期,保持基层表面经常湿润。

2.6.3 面层施工

1. 料石与预制砌块铺砌人行道面层施工

(1)复测标高。按设计图纸复核放线,用测量仪器打方格,并以对角线检验方正,然后在桩橛上标注该点面层设计标高。

(2)水泥砖装卸。预制块方砖的规格为5 cm×24.8 cm×24.8 cm 及 7 cm×24.8 cm×24.8 cm,装运花砖时要注意强度和外观质量,要求颜色一致、无裂缝、不缺棱角,要轻装轻卸以免损坏。卸车前应先确定卸车地点和数量,尽量减少搬运。砖间缝隙为 2 mm,用经纬仪钢尺测量放线,打方格(一般边长 1~2 m)时要把缝宽计算在内。

（3）拌制砂浆。采用1∶3石灰砂浆或1∶3水泥砂浆,石灰粗砂要过筛,配合比(体积比)要准确,砂浆的和易性要好。

（4）修整基层。挂线或用测量仪器检查基层竣工高程,对面积≤2 m^2的凹凸不平处,当低处≤1 cm时,可填1∶3石灰砂浆或1∶3水泥砂浆;当低处>1 cm时,应将基层刨去5 cm,用与基层的同样混合料填平拍实。填补前应把坑槽修理平整干净,表面适当湿润,高处应铲平,但如铲后厚度小于设计厚度90%,应进行返修。

（5）铺筑砂浆。于清理干净的基层上洒水一遍使之湿润,然后铺筑砂浆,厚度为2 cm,用刮板找平。铺砂浆应随砌砖同时进行。

（6）铺砌水泥砖。

①按桩橛高程,在方格内由第一行砖位纵横挂线绷紧,按线与标准缝宽砌第一行样板砖,然后纵线不动,横线平移,依次照样板砖砌筑。

②直线段纵线应向远处延伸,以保持纵缝直顺。曲线段砖间可夹水泥砂浆楔形缝成扇形状,也可按直线段顺延铺筑,然后在边缘处用1∶3水泥砂浆补齐并刻缝。

③砌筑时,砖要轻放,用木锤轻击砖的中心。砖如不平,应拿起砖平垫砂浆重新铺筑,不准向砖底塞灰或支垫硬料,必须使砖平铺在满实的砂浆上,稳定无动摇,无任何空隙。

④砌筑时砖与侧石应衔接紧密,如有空隙,应甩在邻近建筑一边,在侧石边缘与井边有空隙处可用水泥砂浆填满镶边,并刻缝与花砖相仿以保美观。

（7）灌缝扫墁。用1∶3(体积比)水泥细砂干浆灌缝,可分多次灌入,第一次灌满后浇水沉实,再进行第二次灌满、墁平并适当加水,直至缝隙饱满。

（8）养护。水泥砖灌缝后洒水养护。

2. 沥青混合料铺筑人行道面层施工

（1）准备工作。清除表面松散颗粒及杂物,覆盖侧石及建筑物防止污染,喷洒乳化沥青或煤沥青透层油。次要道路人行道也可不用透层油。不用透层油时,应清除浮土杂物,喷水湿润,用平碾或冷火轴压平一遍。与面层接触的侧石、井壁、墙边等部位应涂刷黏层油一道,以利于结合。

（2）铺筑面层。检查到达工地的沥青混凝土的种类、温度及拌和质量等,冬季运输沥青混凝土必须苫盖保温。人工摊铺时应计算用量,分段卸料,卸料应卸在钢板上,虚铺系数为1.2～1.3,上料时应注意扣铣操作,摊铺时不要踩在新铺

混合料上,注意轻拉慢推,搂平时注意粗细均匀,不使大料集中。

(3)碾压。用平碾(宽度不足处用火轴)纵向错半轴碾压,并随时用 3 m 直尺检查平整度,不平处和粗麻处应及时修整或筛补,趁热压实。碾压不到处应用热夯或热烙铁拍平,或用振动夯板夯实。

(4)接槎。油面接槎应采用立槎涂油热料温边方法。

(5)低温施工。低温施工应适当采取喷油皮铺热砂措施,以保护人行道面越冬,防止掉渣。

2.6.4 相邻构筑物处理

1.树穴

(1)无论何种人行道,均按设计间隔及尺寸留出树穴或绿带。

(2)树穴与侧石要衔接方正,树带要与侧石平行。

(3)树穴边缘应按设计用水泥混凝土预制件、水泥混凝土缘石或红砖围成,四面应成 90°角,树穴缘石顶面应与人行道面齐平。

(4)常用树穴尺寸为 75 cm×75 cm、75 cm×100 cm、100 cm×100 cm、125 cm×125 cm、150 cm×150 cm 等。

(5)树穴尺寸应包括护缘在内。

(6)人行横道线、公共汽车站处不设树穴。

2.绿带

(1)按设计间隔尺寸留出人行断口。

(2)绿带与人行道面层衔接处应埋设水泥混凝土缘石、水泥砖(可利用花砖)或红砖。

(3)人行横道线范围、公共汽车停车站、路口转角等处绿带一般应断开,并铺筑人行道面。

3.电杆穴

水泥混凝土电杆不留穴。铺筑沥青人行道面或现场浇筑水泥混凝土道面时,应与电杆铺齐,铺筑水泥砖或连锁砌块道面时,应用 1∶3(体积比)水泥砂浆补齐。

4.各种检查井

(1)按设计标高、纵坡、横坡,调正各种检查井的井圈高程。

（2）残缺不全、跳动的井盖、井圈应予以更换。

5. 侧缘石

侧缘石如有倾斜、下沉短缺、损坏的，应扶正、调整、更新。

6. 相邻房屋

（1）面层高于门口时，应调整设计横坡度为零，或降低便道留出缺口。

（2）如相邻房屋地基与人行道高低落差较大，应考虑增设踏步或挡土墙。

2.7　道路附属构筑物施工

2.7.1　路缘石施工

1. 测量放线

（1）柔性路面侧、缘石应在路面基层完成后、未铺筑沥青面层前施工；水泥混凝土路面，应在路面完成后施工。

（2）侧、缘石可以在铺筑路面基层后，沿路面边线刨槽、打基础安装；也可在修建路面基层时，在基础部位加宽路面基层作为基础；还可利用路面基层施工中基层两侧的多余部分作为基础，基础厚度及标高应符合设计要求。

（3）测量放线。路面中线校核后，在路面边缘与侧石交界处放出侧缘石线，直线部位 10 m 一桩；曲线部位 5～10 m 一桩；路口及分隔带、安全岛等圆弧，1～5 m 一桩，也可用皮尺画圆并在桩上标明侧、缘石顶面标高。

2. 刨槽与处理

（1）人工刨槽，按桩的位置拉小线或打白灰线，以线为准，按要求宽度向外刨槽，一般为一平铣宽（约 30 cm）。靠近路面一侧，比线位宽出少许（水泥混凝土路面刨至路面边缘），一般不大于 5 cm，不要太宽以免回填夯实不好，造成路边塌陷。刨槽深度可比设计加深 1～2 cm，以保证基础厚度，槽底要修理平整。

（2）机械刨槽，使用侧、缘石刨槽机，刀具宽度应较侧、缘石宽 1～2 cm，按线准确开槽，深度可比设计加深 1～2 cm，以保证基础厚度，槽底应修理平整。

（3）铺筑石灰土基层侧缘石下石灰土基础通常在修建路面基层时加宽基层，一起完成。如不能一起完成而须另外刨槽修筑石灰土基础，则必须用 3∶7（体积比）石灰土铺筑夯实，厚度至少为 15 cm，压实度要求≥95%（轻型击实）。

3. 安装侧缘石

（1）安装侧石前应按侧石顶面宽度误差的分类分段铺砌，以达到美观效果。安装时先拌制 1∶3（体积比）石灰砂浆铺底，砂浆厚度 1～2 cm，缘石可不用石灰砂浆铺底，可用松散过筛的石灰土代替找平基础。

（2）按桩橛线及侧、缘石顶面测量标高拉线绷紧（水泥混凝土路面侧石，可靠板边安装，必要处适当调整），按线码砌侧石、缘石。须事先算好路口间的侧石块数，切忌中间用断侧石加楔，曲线处石、缘石应注意外形圆滑，相邻侧石间缝隙用 0.8 cm 厚木条或塑料条掌握。缘石不留缝，侧石铺砌长度不能用整数侧石除尽时，剩余部分可用调整缝宽的办法解决，但缝宽应不大于 1 cm。不得已必须切断侧石时，应将断头磨平。

侧石要安正，切忌前倾后仰，侧石顶线应顺直、圆滑、平顺，无凹进凸出前后高低错牙现象。缘石线要求顺直圆滑、顶面平整，符合标高要求。

4. 回填石灰土

（1）侧石安装前，应按侧石宽度误差的分类分段砌筑，使顶面宽度统一，达到美观效果。安装后，按线调整顺直圆滑，侧石里侧用长木板大铁橛背紧，外侧后背用 2∶8（体积比）石灰土，也可利用修建路面基层时剩余的石灰土（含灰量要求 12%，如含灰量、含水量过小，要加灰加水，拌和均匀）回填夯实，里侧缝用 2∶8（体积比）石灰土夯填。侧缘石两侧同时分层回填，在回填夯实过程中，要不断调整侧缘石线，使之最后达到顺直圆滑和平整的要求，夯实后拆除两面铁橛及木板。夯实灰土，外侧宽度不小于 30 cm，里侧与路面基层接上。

可用小型夯实机具夯实，每层厚度不大于 15 cm。如侧石里侧缝隙太小，可用铺底砂浆填实；如侧石埋入路面基层太浅，夯填后背时易使侧石倾斜，此时靠路一侧可用 1∶3（体积比）石灰炉渣加水拌和拍实成三角形，使侧石临时稳固。

（2）缘石安装后，人工刨槽的槽外一侧沟槽用 2∶8（体积比）石灰土分层填实，宽度不小于 30 cm，层厚不超过 15 cm，也可利用路面基层剩余的路拌石灰土（要求同前）填实。外侧经夯实后与路缘石顶面齐平，内侧用上述同样材料分层夯实，夯实后要比缘石顶面低一个路面层厚度，待油面铺筑后与缘石顶面齐平。夯实工具，可用洋镐头、铁扁夯等。灰土含水量不足时，应加水夯实。在夯实两侧石灰土过程中，要不断调整缘石线形，保证顺直圆滑。机械刨槽时，两侧用过筛 2∶8（体积比）石灰土夯实或石灰土浆灌填密实。

5. 勾缝

路面完工后，安排侧石勾缝。勾缝前必须再行挂线，调整侧石至顺直、圆滑、

平整,方可进行勾缝。先把侧石缝内的土及杂物剔除干净,并用水润湿,然后用
1∶2.5(体积比)水泥砂浆灌缝填实勾平,用弯面压子压成凹形。砂浆初凝后,用
软扫帚扫除多余灰浆,并应适当泼水养护,且不少于 3 d,最后达到整齐美观,并
不得在路面上拌制砂浆。

2.7.2　雨水支管与雨水口

1. 雨水支管施工

1)挖槽

(1)测量人员按设计图上的雨水支管位置、管底高度定出中心线桩橛并标记
高程。

(2)根据道路结构厚度和支管覆土要求,确定在路槽或一步灰土完成后反开
槽,开槽原则是能在路槽开槽就不在一步灰土反开槽,以免影响结构层整体
强度。

(3)挖至槽底基础表面设计高程后挂中心线,检查宽度和高程是否平顺,修
理合格后再按基础宽度与深度要求,立槎挖土直至槽底,做成基础土模,清底至
合格高程即可打混凝土基础。

2)四合一法施工

四合一法施工即基础、铺管、八字混凝土、抹箍同时施工。

(1)基础。浇筑强度为 C10 水泥混凝土基础,将混凝土表面做成弧形并进
行捣固,混凝土表面要高出弧形槽 1~2 cm,靠管口部位应铺适量 1∶2(体积比)
水泥砂浆,以便稳管时挤浆使管口与下一个管口黏结严密,以防接口漏水。

(2)铺管。

①在雨水支管外皮一侧挂边线,以控制下管高程顺直度与坡度,要洗刷管子
保持湿润。

②将雨水支管在混凝土基础表面,轻轻揉动至设计高程,注意保持对口和中
心位置准确。雨水支管必须顺直,不得错口,管间留缝最大不超过 1 cm,灰浆如
挤入管内用弧形刷刮除,如出现基础铺灰过低或揉管时下沉过多,应将支管撬起
一头或起出支管,铺垫混凝土及砂浆,且重新揉至设计高程。

③支管接入检查井一端,如果预埋支管位置不准确,按正确位置、高程在检
查井上凿好孔洞拆除预埋管,堵密实不合格空洞。支管接入检查井后,支管口应

与检查井内壁齐平,不得有探头和缩口现象,用砂浆堵严管周缝隙,并用砂浆将管口与检查井内壁抹严、抹平、压光。检查井外壁与管子周围的衔接处,应用水泥砂浆抹严。

④靠近收水井一端在尚未安收水井时,应用干砖暂时将管口塞堵,以免灌进泥土。

(3)八字混凝土。当支管稳好捣固后按要求角度抹出八字。

(4)抹箍。管座八字混凝土灌好后,立即用1∶2(体积比)水泥砂浆抹箍。

①抹箍的材料规格,水泥用强度等级42.5级以上水泥,砂用中砂,含泥量不大于5%。

②接口工序是保证质量的关键,不能有丝毫马虎。抹箍前先将管口洗刷干净,保持湿润,砂浆应随拌随用。

③抹箍时,先用砂浆填管缝,压实略低于管外皮,如砂浆挤入管内用弧形刷随时刷净,然后刷水泥素浆一层宽8~10 cm。再抹管箍压实,并用管箍弧形抹子抹平压实。

④为保证管箍和管基座八字连接一体,在接口管座八字顶部预留小坑,当抹完八字混凝土立即抹箍,管箍灰浆要挤入坑内,使砂浆与管壁黏结牢固。

⑤管箍抹完初凝后,应盖草袋洒水养护,注意勿损坏管箍。

3)包管加固

凡支管上覆土不足40 cm,须上大碾碾压者,应作360°包管加固。在第一天浇筑基础下管,用砂浆填管缝,压实略低于管外皮,于次日按设计要求打水泥混凝土包管,水泥混凝土必须插捣振实,注意养护期内的养护,完工后支管内要清理干净。

4)支管沟槽回填

(1)回填应在管座混凝土强度达到50%以上方可进行。

(2)回填应在支管两侧同时进行。

(3)雨水支管回填要用人工夯实,压实度要与道路结构层相同。

5)升降检查井

城市道路在路内有雨污水等各种检查井,在道路施工中,为了保护原有检查井井身强度,一般不准采用砍掉井筒的施工方法。

(1)开槽前用竹竿等物逐个在井位插上明显标记,堆土时要离开检查井

0.6～1.0 m距离,不准推土机正对井筒直推,以免将井筒挤坏。井周土方采取人工挖除,井周填石灰土基层时,要采用火力夯分层夯实。

(2)凡升降检查井取下井圈后,按要求高程升降井筒,如升降量较大,要考虑重新收口,使检查井结构符合设计要求。

(3)井顶高程按测量高程在顺路方向井两侧各 2 m,垂直路线方向井每侧各 1 m,挂十字线稳好井圈、井盖。

(4)检查井升降完毕后,立即将井内里抹砂浆面,在井内与管头相接部位用 1∶2.5(体积比)砂浆抹平压实,最后把井内泥土杂物清除干净。

(5)井周除按原路面设计分层夯实外,在基层部位距检查井外墙皮 30 cm 中间,浇筑一圈厚 20～22 cm 的 C30 混凝土加固。顶面在路面之下,以便铺筑沥青混凝土面层。在井圈外仍用基层材料回填,注意夯实。

2. 雨水口施工

(1)雨水口位置应符合设计规定,且满足路面排水要求。当设计规定位置不能满足路面排水要求时,应在施工前办理变更设计。

(2)雨水口基底应坚实,现浇混凝土基础应振捣密实,强度符合设计要求。

(3)砌筑雨水口应符合下列规定。

①雨水管端面应露出井内壁,其露出长度应不大于 2 cm。

②雨水口井壁,应表面平整,砌筑砂浆应饱满,勾缝应平顺。

③雨水管穿井墙处,管顶应砌砖券。

④井底应采用水泥砂浆抹出雨水口泛水坡。

(4)雨水支管与雨水口四周回填应密实。处于道路基层内的雨水支管应做 360°混凝土包封,且在包封混凝土达到设计强度 75％前不得放行交通。

2.7.3　排水沟或截水沟施工

1. 施工放线

根据路基有关参数,用全站仪及钢卷尺等测量工具测出路基边沟和排水沟的位置中轴线,并测出相应标高,并根据交底结果,用白灰或线绳拉出排水沟的轮廓线,算出相应的开挖深度。

2. 基槽开挖

根据已拉出的轮廓线,开挖基槽,开挖时严格按照交底标高开挖到设计标高。

3. 清底报验

基层开挖后,应进行自检,合格后报请监理工程师进行检验,合格后方可进行排水沟的砌筑。

4. 排水沟与截水沟砌筑

(1)排水沟与截水沟砌筑前应用水湿润,并清除表面泥土、水锈等污垢。

(2)砌筑时各层砌块应安放稳固,砂浆应饱满,黏结牢固,不得直接贴靠或脱空。

(3)砌筑上层砌块时,应尽量避免振动下层砌块,砌筑工作中断后恢复砌筑时,已砌筑的砌层表面应予以清扫和湿润。

(4)在砌筑过程中,要注意留缝,不允许出现通缝、瞎缝现象,并保持缝宽在25 cm 之内。

5. 勾缝养护

沟体砌筑完毕后,应进行勾缝施工,缝宽 2～5 cm,勾缝时砂浆必须饱满,勾缝完成后必须洒水养护,养护时间为 3～7 d。

2.7.4　护坡及护栏

1. 护坡施工

(1)施工准备。施工前应准备施工所用材料及机具,对坡面进行平整,放线定位并对水下施工的水深及流速进行测定。

(2)护坡砌筑。砌筑护坡前,应按设计断面进行削坡。砌筑护坡块石时,应认真挂线,自下而上,错缝竖砌,大块封边,表面平整,注意美观,并不得破坏保护层。

(3)养护。全部护坡施工完成后,进行坡顶、坡脚和上下游两侧接头的回填处理,同时进行护面混凝土的养护。一般养护期为 7 d,要求在此期间护坡表面处于润湿状态。

2. 护栏装设

(1)护栏应由有资质的工厂加工。护栏的材质、规格形式及防腐处理应符合设计要求。加工件表面不得有剥落、气泡、裂纹、疤痕、擦伤等缺陷。

(2)护栏立柱应埋置于坚实的基础内,埋设位置应准确,深度应符合设计规定。

(3)护栏的栏板、波形梁应与道路竖曲线相协调。

(4)护栏的波形梁的起点、讫点和道口处应按设计要求进行端头处理。

2.7.5　隔离墩与隔离栅

1.隔离墩

(1)隔离墩宜由有资质的生产厂供货。现场预制时宜采用钢模板,拼装严密、牢固,混凝土拆模时的强度不得低于设计强度的 75%。

(2)隔离墩吊装时,其强度应符合设计规定,设计无规定时,应不低于设计强度的 75%。

(3)安装必须稳固,坐浆饱满;当采用焊接连接时,焊缝应符合设计要求。

2.隔离栅

(1)隔离网、隔离栅板应由有资质的工厂加工,其材质、规格形式及防腐处理均应符合设计要求。

(2)固定隔离栅的混凝土柱宜采用预制件。金属柱和连接件的规格、尺寸、材质应符合设计规定,并应做防腐处理。

(3)隔离栅立柱应与基础连接牢固,位置应准确。

(4)立柱基础混凝土达到设计强度 75% 后,方可安装隔离栅板、隔离网片。隔离栅板、隔离网片应与立柱连接牢固,框架、网面平整,无明显凹凸现象。

2.7.6　声屏障与防眩板

1.声屏障

(1)声屏障所用材质与单体构件的结构形式、外形尺寸、隔声性能应符合设计要求。

(2)砌体声屏障施工应符合下列规定。

①施工中的临时预留洞净宽度应不大于 1 m。

②当砌体声屏障处于潮湿或有化学侵蚀介质环境中时,砌体中的钢筋应采取防腐措施。

(3)金属声屏障施工应符合下列规定。

①焊接必须符合设计要求和国家现行有关标准的规定。焊接不应有裂缝、夹渣、未熔合和未填满弧坑等缺陷。

②屏体与基础的连接应牢固。

③采用钢化玻璃屏障时,其力学性能指标应符合设计要求。屏障与金属框架应镶嵌牢固、严密。

2. 防眩板

(1)防眩板的材质、规格、防腐处理、几何尺寸及遮光角应符合设计要求。

(2)防眩板应由有资质的工厂加工,镀锌量应符合设计要求。防眩板表面应色泽均匀,不得有气泡、裂纹、疤痕、端面分层等缺陷。

(3)防眩板安装应位置准确,焊接或栓接应牢固。

(4)防眩板与护栏配合设置时,混凝土护栏上预埋连接件的间距宜为50 cm。

(5)路段与桥梁上防眩设施衔接应直顺。

(6)施工中不得损伤防眩板的金属镀层,出现损伤应在 24 h 之内进行修补。

第3章 桥梁工程施工技术

3.1 桥梁常识及施工准备

3.1.1 桥梁的组成

桥梁由上部结构、下部结构、支座和附属设施4个基本部分组成。

1. 上部结构

上部结构是在线路中断时跨越障碍的主要承重结构,是桥梁支座以上跨越桥孔的总称。跨越幅度越大,上部结构的构造就越复杂,施工难度也相应增加。

2. 下部结构

下部结构包括桥墩、桥台和基础。

桥墩和桥台是支承上部结构并将其传来的恒载和车辆等活载再传至基础的结构物。通常设置在桥两端的称为桥台,设置在桥中间的称为桥墩。桥台除了上述作用,还与路堤衔接,可抵御路堤土压力,防止路堤填土坍落。单孔桥只有两端的桥台,而没有中间的桥墩。

桥墩和桥台底部的奠基部分,称为基础。基础承担了从桥墩和桥台传来的全部荷载,这些荷载包括竖向荷载以及地震力、船舶撞击墩身等引起的水平荷载。基础往往深埋于水下地基中,在桥梁施工中是难度较大的一个部分,也是确保桥梁安全的关键。

3. 支座

支座是设在墩(台)顶用于支承上部结构的传力装置,它不仅要传递很大的荷载,并且要保证上部结构能按设计要求产生一定的变形。

4. 附属设施

桥梁的基本附属设施包括桥面系、伸缩缝、桥梁与路堤衔接处的桥头搭板和锥形护坡等。

3.1.2　桥梁的分类

1. 按桥梁的受力体系划分

按桥梁的受力体系,桥梁可以划分为梁式桥、拱式桥、刚构桥、吊桥和组合体系桥等。其具体划分情况和要求如下。

(1)梁式桥。梁式桥包括梁桥和板桥,主要承重构件是梁(板),在竖向荷载作用下承受弯矩而无水平推力,墩台也仅承受竖向压力。

实腹式和空腹式是梁式桥体系的两种形式。实腹式梁的截面形式多为 T 形、工字形和箱形等;空腹式梁指主要由拉杆、压杆、拉压杆以及连接件组成的桁架式桥跨结构。

(2)拱式桥。拱式桥的主要承重构件是拱圈或拱肋,在竖向荷载作用下,主要承受压力,同时也承受弯矩(但比同跨径梁桥小很多)。墩台不仅要承受竖向压力和弯矩,还要承受很大的水平推力。

(3)刚构桥。上部结构与下部结构连成一个整体。其主要承重结构为梁、柱组成的钢架结构,梁柱连接处具有很大的刚性。在竖向荷载作用下,梁部主要受弯,柱脚则要承受弯矩、轴力和水平推力。这种桥的受力状态介于梁式桥和拱桥之间。

(4)吊桥。吊桥的主要承重构件是悬挂在两边的搭架、锚固在桥台后面的锚锭上的缆索。在竖向荷载下,吊桥通过吊杆使缆索承受拉力,而塔架则要承受竖向力,同时承受很大的水平拉力和弯矩。

(5)组合体系桥。根据结构的受力特点,承重结构采用两种基本结构体系或一种基本体系与某些构件(塔、柱、斜索等)组合在一起的桥梁称为组合体系桥。组合体系桥种类很多,但一般都是利用梁、拱、吊三者的不同组合,上吊下撑以形成新的结构。在两种结构系中,梁经常是其中一种,与拱、缆或塔、斜索等搭配。

2. 按桥梁全长和跨径不同划分

按桥梁全长和跨径不同,可以划分为特大桥、大桥、中桥和小桥。

3. 按用途、材质等不同划分

(1)按用途不同,可以划分为公路桥、铁路桥、公铁两用桥、农桥、人行桥、水运桥、管线桥。

(2)按照主要承重结构所用的材料不同,可以划分为圬工桥、钢筋混凝土桥、预应力混凝土桥、钢桥、钢-混凝土组合桥和木桥等。

（3）按跨越障碍的性质，可以划分为跨河桥、立交桥、高架桥和栈桥。高架桥一般是指跨越深沟峡谷以替代高路基的桥梁以及在城市中跨越道路的桥梁。

（4）按桥跨结构的平面布置，可以划分为正交桥、斜交桥和弯桥。

（5）按上部结构的行车道位置，可以划分为上承式桥、中承式桥和下承式桥。

3.1.3　施工准备

施工单位承接桥涵施工任务后，必须组织有关人员对设计文件、图样及其他有关资料进行了解和研究，并进行现场勘察与核对，必要时进行补充调查。

（1）熟悉审查施工图样、有关技术规范和操作规程。为使参与施工的工程技术人员充分地了解和掌握设计意图、结构和构造特点以及技术质量要求，能够按照设计要求顺利地进行施工，在收到拟建桥梁工程的设计图纸和有关技术文件后，应尽快组织技术人员熟悉审查施工图样、有关技术规范和操作规程，了解设计要求及细部、节点做法，并放必要的大样，做配料单，弄清有关技术资料对工程质量的要求。

如果发现按设计要求进行施工确有在当时技术条件下难以克服的困难，或设计上确有不合理之处，应尽早提出，及时与设计单位和监理工程师协商解决。

（2）调查搜集必要的原始资料。搜集有关原始数据资料，对于正确选择施工方案，制定技术措施，合理安排施工顺序、施工进度计划等具有重要意义。

（3）施工前设计技术交底。施工前的设计技术交底工作，通常由建设单位主持，设计、监理和施工单位参加。

设计单位的设计负责人应说明工程的设计依据、意图和功能要求，并对特殊结构、新技术和新材料等提出设计要求及施工中应注意的关键技术问题等。

施工单位应根据研究核对设计文件和图纸的记录以及对设计意图的理解，提出对设计图纸的疑问、建议或变更。

在统一认识的基础上，对所探讨的问题逐一做好记录，形成"设计技术交底纪要"，由建设单位正式行文，参加单位共同会签盖章，作为施工合同的一个补充文本。这个补充文本是与设计文件同时使用的，是指导施工的依据，也是建设单位与施工单位进行工程结算的依据之一。对于设计施工总承包的桥梁工程，一般应由总承包人主持进行内部设计技术交底。

（4）确定施工方案，进行施工组织设计。在熟悉设计图样，了解技术要求及各项资料的基础上，应对投标时拟定的施工方法、技术措施等进行深入研究和探

讨,制订出更加合理、详尽的施工方案。

施工方案一经确定,施工单位应编制施工组织设计。编制桥梁施工组织设计,不仅仅是技术部门的事,还要充分发挥各职能部门的优势和作用,应吸收人事、劳资、材料、财务、机械、安全和保卫等部门参与编制和审定,以充分利用施工企业内部的技术优势和管理优势,统筹安排,扬长避短。同时,也使各职能部门在贯彻实施施工组织设计过程中做到心中有数。

3.2 桥梁基础施工

基础是桥梁结构物的重要组成部分,起着支承桥跨结构,保持体系稳定,把上部结构、墩台自重及车辆荷载传递给地基的重要作用。基础的施工质量直接决定着桥梁的强度、刚度、稳定性、耐久性和安全度。

3.2.1 明挖地基与基底处理

1. 基坑开挖

1)无水地基开挖

一般小桥梁基础基坑开挖,采用人力施工方法;大、中桥基础,其基坑大而深,挖方量大,可采用机械或半机械施工方法。

(1)为避免地面水冲塌坑壁,在基坑顶缘适当距离设截水沟。坑顶边应留护道。

(2)应避免超挖。若超挖,应将松动部分清除,其处理方案应报监理、设计单位批准。

(3)挖至标高的土质基坑不得长期暴露、扰动或浸泡,并应及时检查基坑尺寸、高程、基底承载力,符合要求后,应立即进行基础施工。

(4)每天开挖前及开挖过程中,应检查基坑或管沟的支撑及边坡情况。如发现异常(裂缝、疏松、支撑折断等),应立即采取防范、补救和加固措施。

(5)开挖深度超过 2 m 的,必须在边沿处设立两道护身栏。夜间施工必须有充足的灯光照明。

(6)挖大孔径桩及扩底桩施工前,必须按规定采取防止坠落、掉物、塌壁、窒息等的安全防护措施。

（7）基坑施工不可延续过长时间，自基坑开挖至基础完成，应连续施工。

2）有水地基开挖

若地基的渗水量太大，超过了排水能力，或基坑土质不好，采用抽水开挖基坑时将会产生涌砂或涌泥现象，此时宜采取有水开挖的方法。

常用的开挖方法有如下 3 种。

（1）水力吸泥机方法。此法适用于砂类土及砾卵石类土，不受水深限制，其出土效率可随水压和水量的增加而提高。

（2）空气吸泥机方法。此法适用于水深 5 m 以上的砂类土或夹有少量碎卵石的基坑，浅水基坑不宜采用。在黏土层使用时，应与射水配合进行，以破坏黏土结构。吸泥时应同时向基坑内注水，使基坑内水位高于河水位约 1 m，以防止涌砂或涌泥。

（3）泥掘机方法。此法适用于各种土质，但开挖时要注意基坑边坡的稳定性，可采用反铲挖掘和吊机配抓泥斗挖掘，一般工效很高。

2. 基坑排水

基坑坑底多位于地下水位以下，随着基坑的下挖，渗水将不断涌进基坑，为保持基坑的干燥，便于基坑挖土和基础的砌筑与养护，施工过程中必须采取必要的排水措施。目前，常用的基坑排水方法有集水井排水法和井点降水法两种。

1）集水井排水法

基坑较浅，土体较稳定或土层渗水量不大时可用集水井排水法。集水井排水施工时，应在基坑内基础范围外坑角或每隔 30～40 m 设置集水井，且应设置在河流上游方向，井间挖排水沟，使基坑渗水通过排水明沟汇集于集水井内，然后用水泵抽出，将水面降至坑底以下。

集水井可用荆笆、竹篾、编筐或木笼围护，坑底宜铺设 30 cm 左右厚度的滤料（碎石、粗砂），以防止泥、砂堵塞吸水龙头。集水井应随挖土逐层加深，挖至设计标高后，坑底应低于基坑底 1～2 m。应有专人负责维护集水沟和集水坑，使其不淤、不堵，能不停地将水排出。集水井排水法的抽水设备有潜水泥浆泵、活塞泵、离心泵或隔膜泵等，排水能力宜为总渗水量的 1.5～2.0 倍。

2）井点降水法

井点降水法适用于粉细砂、地下水位较高、有承压水、挖基较深、坑壁不稳定的土质基坑。选择井点类别时，应按照土壤的渗透系数、要求降低水位深度以及工程特点而定。

井点布置根据基坑平面尺寸、土质和地下水的流向,以及降低水位深度的要求而定。当降水深度不超过 6 m 时,可采用单排线状或环形井点布置,井点管应距基坑壁 1.5～2.0 m。当降水深度超过 6 m 时,应采用二级井点降水。

井管可根据土质分别用射水、冲击、旋转及水压钻机成孔。降水曲线应深入基底设计标高以下 0.5 m。井管埋设过程中,当井点管管端设有射水用的球阀时,可直接利用井点管水冲埋设。

井点管埋设完毕,应接通总管与抽水设备进行试抽水,检查有无漏水、漏气,出水是否正常、有无淤塞等现象。如发现异常情况,应及时检修好,方可投入使用。

井点管使用时,应保证连续不断地抽水,并准备双电源,按照正常出水规律操作。抽水时需要经常观测真空度以判断井点系统工作是否正常。真空度一般应不低于 55.3 kPa,并检查观测井中水位下降情况。当有较多井点管发生堵塞,影响降水效果时,应逐根用高压水反向冲洗或拔出重埋。

基础工程施工完毕且基坑已回填土后,方可拆除井点系统。井点管所留井孔必须用砂砾或黏土填实。

采用井点降水法进行基坑排水时,施工中应做好地面、周边建(构)筑物沉降及坑壁稳定的观测,必要时应采取防护措施。

3. 不同基底处理

1)多年冻土地基的处理

(1)基础不应置于季节冻融土层上,并不得直接与冻土接触。

(2)基础的基底修筑于多年冻土层(即永冻土)上时,基底之上应设置隔温层或保温层材料,且铺筑宽度应在基础外缘加宽 1 m。

(3)按保持冻结原则设计的明挖基础,其多年平均地温高于或等于 -3 ℃时,应于冬期施工;多年平均地温低于 -3 ℃时,可在其他季节施工,但应避开高温季节。

(4)施工前做好充分准备,组织快速施工。做好的基础应立即回填封闭,不宜间歇。必须间歇时,应以草袋、棉絮等加以覆盖,防止热量侵入。

(5)施工过程中,严禁地表水流入基坑。明水应在距坑顶 10 m 之外修排水沟。水沟之水,应远离坑顶排放并及时排除融化水。

(6)施工时,必须搭设遮阳棚和防雨篷,并及时排除季节冻层内的地下水和冻土本身的融化水。

2)岩层基底的处理

(1)风化的岩层,应挖至满足地基承载力要求或其他方面的要求为止。

(2)在未风化的岩层上修建基础前,应先将淤泥、苔藓、松动的石块清除干净,并洗净岩石。

(3)坚硬的倾斜岩层,应将岩层面凿平。倾斜度较大,无法凿平时,则应凿成多级台阶。台阶的宽度宜不小于 0.3 m。

3)溶洞地基的处理

(1)影响基底稳定的溶洞,不得堵塞溶洞水路。

(2)干溶洞可用砂砾石、碎石、干砌片或浆砌片石及灰土等回填密实。

(3)基底干溶洞较大,回填处理有困难时,可采用桩基处理,桩基应进行设计,并经有关单位批准。

4)泉眼地基的处理

(1)可将有螺口的钢管紧紧打入泉眼,盖上螺帽并拧紧,阻止泉水流出;或向泉眼内压注速凝的水泥砂浆,再打入木塞堵眼。

(2)堵眼有困难时,可采用管子塞入泉眼,将水引流至集水坑排出或在基底下设盲沟引流至集水坑排出,待基础砌体完成后,向盲沟压注水泥浆堵塞。采用引流排水时,应注意防止砂土流失,引起基底沉陷。

(3)基底泉眼,不论采用何种方法处理,都不应使基底泡水。

4. 基坑回填

当墩、台施工完毕后,即可对基坑进行回填,基坑回填应符合下列要求。

(1)基坑回填时,其结构的混凝土强度应不低于设计强度的 70%。

(2)在覆土线以下的结构必须通过隐蔽工程验收。

(3)基坑内积水须抽除,淤泥及杂物须清除干净。

(4)回填须采用含水量适中的粉质黏土或砂质黏土。

填土应分层铺筑,分层夯实或压实,每层松铺厚度一般为 30 cm,在墩、台结构物两侧同时回填,同步上升。若基坑为道路路基,则应按道路施工的要求进行。

桥台填土一般应在梁体结构安装完成后进行,若施工安排确须提前,应对填土高度和上升速度加以限制,并加强对台身位移的观察。在台身或挡土墙设有

泄水孔部位,应按设计要求做泄水过滤层,严禁卡车直接在台后卸土或推土机推土,以免台背发生前倾或位移。

设有支撑的基坑,在回填土时,应随土方填筑高度分次由下往上拆除,严禁采取一次拆除后填土作业。

3.2.2　桩基础施工

当建筑物荷载较大,地基上部土层软弱,浅埋扩大基础不能满足安全、稳定与变形要求时,常采用桩基础。目前,我国桥梁工程中常用的是沉入桩施工和灌注桩施工。

1.沉入桩施工

1)锤击沉桩施工

开锤前应检查桩锤、桩帽或送桩与桩的中心轴线是否一致。在松软土中沉桩,将桩锤放在桩顶上时,为防止下沉量过大,应先不解开钢丝绳,待安好桩锤再慢慢放长吊锤和吊桩的钢丝绳,使桩均匀缓慢地向土中沉入。同时,还要继续检查桩锤、桩帽或送桩的中心是否同桩的中心轴线一致,桩的方向有无变动,随时进行改正。经检查无误后即可进行锤击。

锤击沉桩的施工方法包括由一端自另一端顺序打、由中间向两端打、由两端向中间打和分段打桩。

由一端向另一端顺序打桩便于施工,应用较多,一般当桩数不多、间距较大、土不太密实、桩锤较重时,可采用此顺序打桩。

由中间向两端打桩可避免因中部土壤被挤紧而造成打桩困难的现象,一般在基坑较小,土质密实,桩多、间距小的情况下可采用此顺序打桩。

由两端向中间打桩可使土质越挤越紧,增加土的摩擦阻力,充分发挥摩擦桩的作用,适用于在较松软的土中打摩擦桩。

分段打桩可解决后打桩不易打入的问题,且土壤挤出也比较均匀,可在基坑较大,柱数较多的情况下采用。

2)射水沉桩施工

(1)下沉空心桩时,一般用单管内射水。当桩下沉较深或土层较密实时,可用锤击或振动配合射水。下沉至要求深度仍有困难时,如在砂质土层中,可再加外射水,以减小桩周的摩阻力,加快沉桩进度。

（2）下沉实心桩时，将射水管对称安装在桩的两侧，并能沿着桩身上下自由移动，以便在任何高度上冲土。当在流水中沉桩或下沉斜桩时，应将水管固定于桩身上。

（3）射水沉桩机配合锤击沉桩具有施工快、效率高、不易打坏桩的优点，但射水沉桩不适用于承受水平推力及上拔的锚固桩或离建筑物较近的桩，也不适用于沉斜桩。

（4）射水沉桩施工时，在沉入最后阶段 $1 \sim 5$ m 至设计标高时，应停止射水，单用锤击或振动沉入至设计深度。

（5）射水沉桩施工应尽可能用清水，以免堵塞射水嘴，输水管路应尽量减少弯曲，保证输水顺畅。为了排除管内积水，管路应不小于 0.2% 的纵坡。射水沉桩施工设备主要有水泵和射水管。

（6）为了减小射水压力的损失，应尽可能将水泵设在沉桩地点附近，在河流中，可将水泵设在船上。

（7）内射水的射水管长度 L 应为：

$$L = L_1 + L_2 + L_3 \tag{3-1}$$

式中：L_1 为桩长（cm），从桩尖至桩顶；L_2 为射水嘴伸出桩尖外的长度（cm），一般为 $15 \sim 20$ cm；L_3 为射水管高出桩顶以上的高度（cm），包括弯管。

（8）射水管的直径根据水压和水量决定。

（9）不同土壤、不同深度和不同断面的桩，所需水压、水量、射水管的数量和直径等可参照规定选用。

3）振动沉桩施工

振动沉桩法具有沉桩速度快，施工操作简易安全且能辅助拔桩的优点，适用于松软的或塑态的黏质土或饱和砂类土层中，基桩入土深度小于 15 m 时，单用振动沉桩即可，除此情况外，宜采用射水配合振动沉桩。对于密实的黏性土、风化岩、砾石效果较差。

（1）如果采用有桩架的振动沉桩机，则振桩机机座、桩帽应连接牢固，桩机和桩中心轴线应尽量保持在同一直线上。

（2）振动沉桩的其他要求，同于锤击沉桩。

（3）用振动打桩机振动沉桩时，多用起重机吊振拔机，此时应注意下列几点。

①起重机宜用滑轮机械式的起重机，不可用液压式的起重机，以防止起重机因振动漏油，影响起重机的使用。

②用振拔机时应将桩身吊直,如为钢板桩,则应在一侧入榫后再振动,如为振沉护筒,则应将护筒采用双层井字架固定,护筒必须垂直下沉,在护筒与振拔机之间应用刚性的锥式桩帽连接,连接必须牢固。在振动过程中,应经常检查连接部位的螺栓是否有松动现象,如有松动应及时拧紧。

(4)沉桩工作应一气呵成,不可中途停留过久,以免桩周围土壤阻力恢复,继续下沉困难。

4)静力压桩施工

静力压桩施工现场应先平整,并根据现场条件,预先确定压桩机的压桩顺序,尽量缩短压桩机行走距离。压桩机的安装与拆卸应根据厂方产品说明书的规定执行。

吊装前应清理桩身,并检查桩身有无明显碰损处,以免影响夹持下压,如影响,则不得使用。吊桩进入压桩机夹具后,应对准桩位。开始压桩时,应以较小的压力徐徐压入,待无异常情况后,再开始正常工作。

压桩过程中,应防止一根桩压入时中断工作,以免间歇后桩阻力增大。采用接桩时应尽量缩短接桩时间,以减小压桩阻力。压桩过程中应严格控制桩身与地面的垂直度,不允许倾斜压入。如须接送桩,应保证送桩的中心轴线与桩身的中心轴线上下一致。压桩过程中,还应随时注意桩下沉有无变化,如有水平方向位移,则可能桩尖遇到障碍,当移动量较大时,应将桩拔出,清除障碍或与设计单位研究后改变位置。

5)桩的复打

极限土中的桩、射水下沉的桩、有上浮的桩均应复打,桩的复打应达到最终贯入度且不大于停打贯入度。复打前"休息"天数应符合下列要求。

(1)桩穿过砂类土,桩尖位于大块碎石类土、紧密的砂类土或坚硬的黏性土,不得少于1 d。

(2)在粗中砂和不饱和的粉细砂里不得少于3 d。

(3)在黏性土和饱和的粉细砂里不得少于6 d。

2.钻孔灌注桩施工

1)钻孔施工

(1)场地准备。为安装钻架,进行钻孔施工,施工前应平整场地。对于旱地,应清除杂物,平整场地;遇软土应进行处理;在浅水中,宜用筑岛法施工;在深水中,宜搭设平台,如水流平稳,钻机可设在船上,但船必须锚固稳定。

施工现场应设置桩基轴线定位点和水准点,定出每根桩的位置,并做好标志,制浆池、储浆池、沉淀池宜设在桥的下游,也可设在船上或平台上。

(2)埋设护筒。钻孔前应埋设护筒,护筒具有固定桩位、作钻孔向导、防止孔口土层坍塌、隔离孔内外表层水等作用,因此,要求护筒坚固耐用、不易变形、不漏水、能重复使用,护筒可用钢或混凝土制作。当使用旋转钻时,护筒内径应比钻头直径大 20 cm;使用冲击钻时,护筒内径应比钻头直径大 40 cm。

(3)制备泥浆。在砂类土、碎石土或黏土砂土夹层中钻孔应用泥浆护壁。泥浆宜选用优质黏土、膨润土或符合环保要求的材料制备,其性能指标可参照规定选用。

(4)安装钻机或钻架。钻架是钻孔、吊放钢筋笼、灌注混凝土的支架。在钻孔过程中,成孔中心必须对准桩位中心,钻机(架)必须保持平稳,不发生位移、倾斜和沉陷。钻机(架)安装就位时,应详细测量,底座应用枕木垫实塞紧,顶端应用缆风绳固定平稳,并在钻孔过程中经常检查。

(5)钻孔施工。钻孔施工时,孔内水位宜高出护筒底脚 0.5 m 以上或高出地下水位 1.5～2 m。钻头的起落速度应均匀,不得过猛或骤然变速。孔内出土,不得堆积在钻孔周围,且钻孔应一次成孔,不得中途停顿。钻孔达到设计深度后,应对孔位、孔径、孔深和孔形等进行检查。

2)清孔施工

钻孔达到设计标高后,应对孔径、孔深进行检查,确认合格后即进行清孔。进行清孔的目的是清除钻渣与孔底沉淀层,以减小桩基的沉降量,提高承载能力,同时为灌注混凝土创造良好条件,确保桩基质量。

清孔施工方法包括换浆清孔法、抽浆清孔法、掏渣清孔法、喷射清孔法和砂浆置换清孔法等,应根据设计要求、钻孔方法、机具设备条件和地层情况决定。

(1)换浆清孔法是在完成钻孔深度后,提升钻锥至距孔底钻渣面 0.1～0.3 m,以大泵量泵泵入符合清孔后性能指标的新泥浆,维持正循环 4 h 以上,直到清除孔底沉渣,减薄孔壁泥皮,泥浆性能指标符合要求为止。换浆清孔法进度较慢,适用于正循环回转钻孔。对于大直径深孔,可将正循环机具迅速拆除,改用抽浆法。

(2)抽浆清孔法是在反循环回转钻孔完成后,即停止钻具回转,将钻锥提离孔底钻渣面 10～30 cm,维持泥浆的反循环,并向孔中注入清水。应经常测量孔底沉渣厚度和孔中泥浆性能指标,满足要求后立即停止清孔。抽浆清孔法清孔较彻底迅速,适用于各种方法的钻孔。

(3)掏渣清孔法是用抽渣筒清掏孔中粗粒钻渣,掏渣前可投入 1~2 袋水泥,再以冲锥冲成钻渣和水泥的混合物,提高掏渣效率。掏渣清孔法只能掏取粗粒钻渣,不能降低泥浆相对密度,只能作为初步清孔方法,适用于机动锥钻孔、冲抓钻孔和冲击钻孔。

(4)喷射清孔法是在灌注水下混凝土前,对孔底进行高压射水或射风数分钟,使孔底剩余少量沉淀物漂浮后,立即灌注水下混凝土。喷射清孔法采用射水(风)的压力应比池孔底水(泥浆)压力大 0.5 MPa,射水(风)时间为 3~5 min。喷射清孔法只适宜配合换浆法或抽浆法使用。

(5)砂浆置换清孔法是利用掏渣筒尽量清除钻渣,以高压水管插入孔底射水,降低泥浆相对密度,以活底箱在孔底灌注 0.6 m 厚的以粉煤灰与水泥加水拌和并掺入缓凝剂的特殊砂浆,插入比孔径稍小的搅拌器,慢速旋转,将孔底残渣搅入砂浆中,吊出搅拌器,吊入钢筋骨架,灌注水下混凝土,搅入残渣的砂浆被混凝土置换后,一直顶托在混凝土面以上而推到桩顶后,再予以清除。砂浆置换清孔法适用于掏渣清孔后。

3)钢筋笼吊放

混凝土灌注桩钢筋笼普遍刚度不足,很容易发生变形。由制作时的水平状态至安放时的垂直状态,如何加快安放速度以避免坍孔等事故发生,防止钢筋笼变形导致孔壁坍孔,是钢筋笼吊放工作的关键性问题。钢筋笼的吊装应符合下列规定。

(1)钢筋笼宜整体吊装入孔。须分段入孔时,上下两段应保持顺直。

(2)应在骨架外侧设置控制保护层厚度的垫层,其间距竖向宜为 2 m,径向圆周不得少于 4 处。钢筋笼入孔后,应牢固定位。

(3)在骨架上应设置吊环。为防止骨架起吊变形,可采取临时加固措施,入孔时拆除。

(4)钢筋笼吊放入孔应对中、慢放,防止碰撞孔壁。下放时应随时观察孔内水位变化,发现异常应立即停放,检查原因。

4)水下混凝土灌注

灌注水下混凝土之前,应再次检查孔内泥浆性能指标和孔底沉渣厚度,如超过规定,应进行第二次清孔,符合要求后方可灌注水下混凝土。

水下混凝土灌注多采用导管法,用于灌注水下混凝土的导管内壁应光滑圆顺,直径宜为 20～30 cm,节长宜为 2 m;导管不得漏水,使用前应试拼、试压,试压的压力宜为孔底静水压力的 1.5 倍;导管轴线偏差不宜超过孔深的 0.5%,且不宜大于 10 cm;导管采用法兰盘接头,宜加锥形活套;采用螺旋丝扣型接头时,必须有防止松脱装置。

导管法灌注水下混凝土,应先将导管居中插入距离孔底 0.30～0.40 m 的位置,导管上口接漏斗或储料斗,为隔绝混凝土与导管内的水接触,应在接口处设隔水栓。待储料斗中存备足够数量的混凝土后,放开隔水栓使储料斗中存备的混凝土连同隔水栓向孔底猛落,将导管内水挤出,混凝土沿导管下落至孔底堆积,并使导管埋在混凝土内,此后向导管连接处灌注混凝土。导管下口埋入孔内混凝土中 1～1.5 m 深,以保证钻孔内的水不能重新流入导管。随着混凝土不断灌入,钻孔内初期灌注的混凝土及其上面的水或泥浆不断被顶托升高,相应地不断提升导管和拆除导管,直至混凝土灌注完毕。

5)后压浆施工

钻孔灌注桩后压浆施工是在已施工完成的钻孔桩桩底和柱侧进行压浆,其目的是清除桩底软弱垫层(沉渣),改善桩土界面的工况,提高单桩承载力,分为桩底压浆与桩侧压浆。

桩底压浆是指将高压水泥浆送进预埋的压浆管,并通过压浆管底部的单向阀(逆止阀)对土层产生渗入、劈裂作用,向桩底一定范围的土体中注入水泥,同时还有一部分浆液从桩底沿桩土界面向上渗流扩展到桩底以上 10～20 m,甚至更高的范围。

桩侧压浆则是将高压水泥浆送入预先设置在钢筋笼外侧的带单向阀的加筋 PVC 管或黑铁管,根据土层、桩长情况在管上设几个压浆断面;浆液从管上的浆孔喷出,对桩周土产生挤密、渗入作用,同时顺着桩土界面向上和向下渗透,在桩土界面处形成一道水泥浆与土的胶结层,使桩与土的接触面及桩周土的摩阻力得到提高。

3.挖孔灌注桩施工

挖孔灌注桩多用人工开挖和小型爆破,配合小型机具成孔,灌注混凝土,形成桩基。其特点是设备投入少,成本低,成孔后可直观检查孔内土质状况,基桩质量有可靠保证。挖孔灌注桩适用于无水或极少水的较密实的各类土层,桩径不小于 1.2 m,孔深不宜大于 15 m。

1）开挖桩孔

开挖桩孔一般采用人工开挖，根据土壁保持直立状态的能力分为若干个施工段，一般以 0.8～1.2 m 为一个施工段，挖土过程中要随时检查桩孔尺寸和平面位置，防止误差。

挖土由人工从上到下逐段用镐、锹进行，遇坚硬土层，用锤、钎破碎。同一段内挖土次序为先中间后周边。扩底部分采取先挖桩身圆柱体，再按扩底尺寸从上到下削土修成扩底形。孔深超过 10 m 时，应经常检查孔内二氧化碳体积分数，若超过 0.3%，应采取通风措施。孔内如用爆破施工，应采用浅眼爆破法，且在炮眼附近要加强支护，以防止振坍孔壁。桩孔较深，应采用电引爆，爆破后应通风排烟。经检查，孔内无毒后施工人员方可下孔。应根据孔内渗水情况，做好孔内排水工作。

2）护壁和支承

人工挖孔过程中，为保证施工安全，应根据地质、水文条件、材料来源等情况因地制宜选择现浇混凝土护圈、喷射混凝土护圈、钢套管护圈等支承和护壁方法。其中，现浇混凝土护圈适用于桩孔较深，土质相对较差，出水量较大或遇流砂等情况，必要时，也可配制少量钢筋或架立钢筋网，架立钢筋网后可直接锚喷砂浆形成护圈代替现浇混凝土护圈。钢套管护圈适用于地下水丰富的强透水地层或承压水地层，可避免产生流砂和管涌现象，能确保施工安全。

对于土质松散而渗水量不大的情况，可考虑用木料作框架式支承或在木框后面作木板支承。木框架或木框架与木板间应用扒钉钉牢，木板后面用土面塞紧。对于土质尚好、渗水不大的情况，也可用荆条、竹笆作护壁，随挖随护壁，以保证挖孔施工的安全进行。

3）灌注桩身混凝土

挖孔到达设计深度后，即可灌注桩身混凝土。灌注桩身混凝土前，应先清除孔壁、孔底的浮土，并进行钢筋筑架的吊装，排除孔底积水。

桩身混凝土应连续分层灌注，每层灌注高度不得超过 1.5 m，用串筒或导管下料，垂直灌入桩孔，避免混凝土斜向冲击孔壁。若需要灌注水下混凝土，应参照钻孔灌注桩水下混凝土灌注施工的相关内容。

3.2.3　沉井基础施工

沉井基础是利用其自重,在地基挖掘过程中一边下沉一边接高的下口尖形的井状结构物,下沉到预定标高后,进行封底。构筑井内地板、梁、楼板、内隔墙、顶盖板等构件,最终形成一个地下建筑物或建筑物基础,它是重要的基础形式之一。在施工过程中,它可充当挡水和护壁结构物,方便施工;在施工结束后,它又充当基础,桥梁墩台建造其上。

1. 沉井制作

1)平整场地

(1)沉井位于浅水或可能被水淹没的岸滩上时,宜就地筑岛制作。在地下水位较低的岸滩,若土质较好,可开挖基坑制作沉井。

(2)在岸滩上或筑岛制作沉井,要先将场地平整夯实,以免在灌注沉井过程中和拆除支垫时,发生不均匀沉陷。若场地土质松软,应加铺一层 30～50 cm 厚的砂层,必要时,应挖去原有松软土层,然后铺以砂层。当石碴、漂卵石等取材方便时,常不挖除松软土壤,可直接回填夯实,以便施工。

(3)沉井在制作至下沉过程中位于无被水淹没可能的岸滩上时,如地基承载力满足设计要求,可就地整平夯实制作;如地基承载力不够,应采取加固措施。

(4)沉井可在基坑中灌注,但应防止基坑为暴雨所淹没,并应注意观察洪水,做好防洪措施。在总的进度安排中,应抓住枯水期的有利季节。

(5)运输线路,风、水管路,电力线的敷设以及混凝土厂起吊设备的布置等,均应事先详细计划,妥善安设,以免干扰沉井施工作业。

2)沉井分节

沉井分节制作高度,应能保证其稳定性,又有适当重力便于顺利下沉。底节沉井的最小高度,应能抵抗拆除垫木或挖除土模时的竖向挠曲强度。当上述条件许可时,底节沉井的高度应尽可能高些,一般每节高度宜不小于 3 m。

3)铺设承垫木

铺设承垫木时,应用水平尺进行找平,要使刃脚在同一水平面上,承垫木下应用 0.3～0.5 m 厚的砂垫层填实,高差应不大于 3 cm;相邻两块承垫木高差应不大于 0.5 cm。

承垫木顶面应与刃脚底面紧贴,使沉井重力均匀分布于各垫木上。承垫木可单根或几根编成一组铺设,但组与组之间须留有 0.2~0.3 m 的空隙,以便能顺利地将承垫木抽出。

为便于抽除刃脚的承垫木,还须设置一定数量的定位垫木,使沉井最后有对称的着力点。确定定位垫木位置时,以沉井井壁在抽除承垫木时所产生的跨中与支点的正负弯矩的绝对值相接近为原则。对于圆形沉井的定位垫木,一般对称设置在互成 90°角的 4 个支点上。方形沉井的定位垫木在 4 个角上。矩形沉井的定位垫木,一般设置在两长边,每边设 2 个,当沉井长边 l 与短边 b 之比为 $2>l/b \geqslant 1.5$ 时,两个定位支点间的距离为 0.7l;当 $l/b \geqslant 2$ 时,则为 0.6l。

4)模板及其拆除

为了加快施工进度,目前,现场已采用整体拼装式井孔模板。钢制模板具有强度大、周转次数多等优点。

沉井非承重的侧模在混凝土强度达到设计强度的 50% 时便可拆除;刃脚下的侧模,在混凝土强度达到设计强度的 75% 时方可拆除。当混凝土强度达设计强度的 100% 时,沉井方可下沉。

5)施工缝处理

当沉井结构较高时,必须设置施工缝,并应妥善处理,以防发生隐患,沉井井壁的水平施工缝,不得留在底板凹槽或凸榫或沟、洞处,距离应为 20~30 cm。同时,沉井井壁及框架均不宜设置竖向施工缝。

施工缝有平缝、凸式或凹式施工缝和钢板止水施工缝。

6)沉井制作

沉井制作一般有旱地制作、人工筑岛制作和在基坑中制作 3 种方法。一般可根据不同情况采用,使用较多的方法是在基坑中制作。

在基坑中制作沉井,基坑应比沉井宽 2~3 m,四周设排水沟、集水井,使地下水位降至比基坑底面低 0.5 m,挖出的土方在周围筑堤挡水,要求护堤宽不小于 2 m。

(1)模板支设。井壁模板采用钢组合式定型模板或木定型模板组装而成。采用木模时,外模朝混凝土的一面应刨光,内外模均采取竖向分节支设,每节高 1.5~2.0 m,用 $\phi 12 \sim \phi 16$ 对拉螺栓拉槽钢圈固定。对于有抗渗要求的沉井,应在螺栓中间设止水板。第一节沉井井筒壁应在设计尺寸周边加大 10~15 mm,

第二节相应缩小一些,以减小下沉摩阻力。对于大型沉井,可采用滑模方法制作。

(2)钢筋安装。沉井钢筋可用吊车进行垂直吊装就位,用人工绑扎,或在沉井预先绑扎钢筋骨架或网片,用吊车进行大块安装。竖筋可一次绑好,而水平筋则应采用分段绑扎,与前一节井壁连接处伸出的插筋采用焊接连接方法。沉井内壁隔墙可与井壁同时浇筑,也可以在井壁与内壁隔墙连接部位预留插筋,待下沉完毕后,再进行隔墙施工。

(3)混凝土浇筑。沉井混凝土浇筑时,应沿沉井周围搭设脚手架平台,混凝土应沿着井壁四周对称进行浇筑,以避免混凝土面高低相差悬殊、压力不均产生基底不均匀沉陷,致使沉井混凝土开裂。每节沉井的混凝土应分层、均匀灌注,一次连接灌完。

(4)混凝土养护。一般情况下,混凝土灌注完成 10～12 h 后,应进行遮盖洒水养护。但在炎热天气,混凝土灌注 1～2 h 后,应进行遮盖洒水养护,以防烈日直接暴晒。洒水时应掌握好水量,防止筑岛土流失坍塌,造成沉井混凝土开裂。

当昼夜间最低气温低于 -3 ℃ 或室外平均气温低于 5 ℃ 时应按冬期施工措施进行混凝土浇筑与养护。第一节混凝土强度必须达到 100% 设计强度,其余各节达到 70% 后,方可停止保暖养护。

当混凝土强度达 2.5 MPa 左右,即可在顶面凿毛,以便顶部再接混凝土时,增加其接缝强度。

(5)模板拆除。混凝土强度达到 25% 时可拆除侧模,混凝土强度达 75% 时方可拆除刃脚模板。拆除模板按以下要求进行。

①拆除隔墙及刃脚下支撑时,应对称依次进行,一般宜从隔墙中部向两边拆除。

②拆除时先挖去垫木下的砂,抽出支撑排架下的垫木,或当支撑排架顶面(或底面)设置有楔形木时,可打掉楔木,再拆除支撑。

③拆模后,下沉抽垫木前,仍应将刃脚下回填密实,以防止不均匀沉陷,保证正位下沉,这对后期下沉的过程非常重要。

2. 沉井下沉

1)排水开挖下沉

在渗水量小、土质稳定的地层中宜采用排水开挖下沉。排水开挖下沉常用人工或风动工具,或在井内用小型反铲挖土机,在地面用抓斗挖土机分层开挖。

排水开挖下沉施工时,挖土方法视土质情况而定。

对于一般土层,应从中间开始逐渐向四周挖,每层挖土层 0.4～0.5 m,在刃脚处留 1～1.5 m 台阶,然后沿沉井井壁每 2～3 m 一段,向刃脚方向逐层全面、对称、均匀地开挖土层,每次挖去 5～10 cm,当土层经不住刃脚的挤压而破裂时,沉井便在自重作用下均匀破土下沉。

对于坚硬土层,当刃脚内侧土台挖平后仍下沉很少或不下沉,可从中部向下挖深约 40～50 cm,并继续向四周均匀扩挖,使沉井平稳下沉,当土堆挖至刃脚,沉井仍不下沉或下沉不平稳,则须按平面布置分段的次序逐段对称地将刃脚下挖空,并挖出刃脚外壁 10 cm,每段挖完用小卵石填塞夯实,待全部挖空回填后,再分层去掉回填的小卵石,可使沉井均匀减少承压而平衡下沉。

对于岩层,应先按顺序挖去风化或软质岩层,一般采用风镐或风铲,当须采用爆破方法除土下沉时,要经有关部门批准,并严格控制药量。岩层可按顺序打眼爆破进行开挖,开挖时,可用斜炮眼,斜度大致与刃脚内侧平面平行,伸出刃脚约 15～20 cm,使开挖宽度超过刃脚 5～10 cm,开挖深度宜为 40 cm 左右。采用松动方式进行爆破,炮孔深度 1.3 m,以 1 m×1 m 梅花形交错排列,使炮孔伸出刃脚口外 15～30 cm,以使开挖宽度可超出刃脚口 5～10 cm,下沉时,顺刃脚分段顺序,每次挖 1 m 宽即进行回填,如此逐段进行,至全部回填后,再去除土堆,使沉井平稳下沉。

2)不排水开挖下沉

不排水开挖下沉适用于大量涌水、翻砂、土质不稳定的土层。不排水开挖下沉常采用抓斗挖土法和水枪冲土法进行开挖。采用抓斗挖土方法时,须用吊车吊住抓斗挖掘井底中央部分的土,逐渐使井底形成锅底状。

对于砂或砾石类土层,一般当锅底比刃脚低 1～1.5 m 时,沉井即可靠自重下沉,刃脚下的土即被挤向中央锅底。若要使沉井继续下沉,则只须从井孔继续进行抓土。在黏质土或紧密土中刃脚下的土不易向中央坍塌,则应配以射水管松土。

多井孔的沉井,最好每个井孔配置一套抓土设备,可同时均匀挖土,并缩短抓斗倒孔时间,否则应逐孔轮流抓土,使沉井均匀下沉。

采用水枪冲土下沉方法时,水枪冲土系统主要包括高压水泵、供水管路、水枪等。高压水沿供水管路输送到水枪,在水枪喷嘴处形成一股高速射流,冲击工作面土层,并破坏其结构,形成混渣浆,同时,由空气吸泥机将泥渣浆排到地面,以完成沉井挖土任务。施工时,应使高压水枪冲入井底的泥浆量和渗入的水量与水力吸泥机吸出的泥浆量保持平衡。

3)射水下沉

射水下沉是抓斗挖土和水枪冲土两种方法的辅助方法,一般须辅以高压射水松动及冲散土层以便抓吸土。施工时,须用预先设在沉井外壁的水枪,借助高压水冲刷土层,使沉井下沉。

4)泥浆润滑下沉

泥浆润滑下沉沉井的方法,是在沉井外壁周围与土层间设置泥浆隔离层,以减小土壤与井壁的摩阻力,使沉井下沉。

5)不排水下沉

不排水下沉的沉井,在刃脚下,已掏空仍不下沉时,可在井内抽水而减小浮力,使沉井下沉。

3. 沉井接高

当底节沉井顶面下沉至离土面较近时,其上可接筑第二节沉井。

沉井接高应符合下列规定。

(1)沉井接高前应调平。接高时应停止除土作业。

(2)接高时,井顶露出水面不得小于 150 cm,露出地面不得小于 50 cm。

(3)接高时应均匀加载,可在刃脚下回填或支垫,防止沉井在接高加载时突然下沉或倾斜。

(4)接高时应清理混凝土界面,并用水湿润。

(5)接高后的各节沉井中轴线应一致。

4. 沉井封底

沉井下沉至设计标高后应清理、平整基底,经检验符合设计要求后,应及时封底。

1)排水封底

刃脚四周用黏土或水泥砂浆封堵后,井内无渗水时,可在基底无水的情况下浇筑封底混凝土,浇筑时应尽可能将混凝土挤入刃脚下面。混凝土顶面的流动坡度宜控制在 1∶5 以下。

2)不排水封底

封底在不排水情况下进行,用导管法灌注水下混凝土,若灌注面积大,可用多根导管同时依次浇筑。导管底端埋入封底混凝土的深度宜不小于 0.8 m。在封底混凝土上抽水时,混凝土强度不得小于 10 MPa,硬化时间不得小于 3 d。

3.2.4 地下连续墙基础施工

1.导墙施工

(1)用泥浆护壁挖槽的地下连续墙应先构筑导墙,导墙又称导向槽或护井。

(2)导墙的材料、平面位置、形式、埋置深度、墙体厚度、顶面高程应符合设计要求。当设计无要求时,应符合下列规定。

①导墙宜采用钢筋混凝土构筑,混凝土等级宜不低于 C20。

②导墙的平面轴线应与地下连续墙平行,两导墙的内侧间距宜比地下连续墙体厚度大 40~60 mm。

③导墙断面形式应根据土质情况确定,可采用板形或倒形。

④导墙底端埋入土体内深度宜大于 1 m。基底土层应夯实。导墙顶端应高出地下水位,墙后填土应与墙顶齐平,导墙顶面应水平,内墙面应竖直。

⑤导墙支撑间距宜为 1.0~1.5 m。

(3)混凝土导墙施工应符合下列规定。

①导墙分段现浇时,段落划分应与地下连续墙划分的节段错开。

②安装预制导墙段时,必须保证连接处质量,防止渗漏。

③混凝土导墙在浇筑及养护期间,重型机械、车辆不得在附近作业、行驶。

2.成槽

地下连续墙的成槽施工,应根据地质条件和施工条件选用挖槽机械,并采用间隔式开挖,一般地质条件应间隔一个单元槽段。挖槽时,抓头中心平面应与导墙中心平面吻合。

挖槽过程中观察槽壁变形、垂直度、泥浆液面高度,并应控制抓斗上下运行速度。当发现较严重坍塌时,应及时将机械设备提出,分析原因,妥善处理。

槽段挖至设计高程后,应及时检查槽位、槽深、槽宽和垂直度,合格后方可进行清底。

清底应自底部抽吸并及时补浆,沉淀物淤积厚度不得大于 100 mm。

3. 清底

槽段挖至设计高程后,应及时检查槽位、槽深、槽宽和垂直度,合格后方可进行清底。

当用正循环成槽时,则将钻头提离槽底 200 mm 左右进行空转,中速压入相对密度 1.05~1.10 的稀泥浆,把槽内悬浮渣及稠泥浆置换出来。

当采用自成泥浆成槽,终槽后,可使钻头空转不进尺,同时射水,待排出泥浆相对密度降到 1.10 左右即合格。

4. 接头

地下连续墙接头施工应符合下列要求。

(1)锁口管应能承受灌注混凝土时的侧压力,且不得产生位移。

(2)安放锁口管时应紧贴槽端,垂直、缓慢下放,不得碰撞槽壁和强行入槽。锁口管应沉入槽底 300~500 mm。

(3)锁口管灌注混凝土 2~3 h 后进行第一次起拔,以后应每 30 min 提升一次,每次提升 50~100 mm,直至终凝后全部拔出。

(4)后继段开挖后,应对前槽段竖向接头进行清刷,清除附着土渣、泥浆等。

5. 钢筋骨架吊装

(1)吊放钢筋骨架时,必须将钢筋骨架中心对准单元节段的中心,准确放入槽内,不得使骨架发生摆动和变形。

(2)全部钢筋骨架入槽后,应固定在导墙上,顶端高度应符合设计要求。

(3)当钢筋骨架不能顺利地插入槽内时,应查明原因,排除障碍后,重新放入,不得强行压入槽内。

(4)钢筋骨架分节沉入时,下节钢筋笼应临时固定在导墙上,上下节主筋应对正、焊接牢固,并经检查合格后方可继续下沉。

6. 防水混凝土浇筑

地下连续墙防水混凝土浇筑是在泥浆下进行的,多采用直升导管法。即沿槽孔长度方向设置数根铅垂导管(输料管),从地面向数根导管同时灌入搅拌好的混凝土,混凝土自导管底口排出,自动摊开,并由槽孔底部逐渐上升,不断把泥浆顶出槽孔,直至混凝土灌满槽孔。

7. 拔出接头管

待混凝土浇筑后强度达到 0.05~0.20 MPa(一般在混凝土浇筑后 3~5 h,

视气温而定)开始提拔接头管,提拔接头管可用液压顶升架或起重机。开始拔管时每隔 20～30 min 拔一次,每次上拔 300～1000 mm,上拔速度应与混凝土浇筑速度、混凝土强度增长速度相适应,一般为 2～4 次/h,应在混凝土浇筑结束后 8 h 以内将接头管全部拔出。接头管拔出后,要将半圆形混凝土表面黏附的水泥浆和胶凝物等残渣除去,否则接头处止水性差。

3.3 桥梁下部结构施工

3.3.1 钢筋工程施工

1. 钢筋配料

钢筋配料就是根据结构施工图,将各个构件的配筋图表编制成便于实际加工、具有准确下料长度和数量的表格(即钢筋配料表)。

1)钢筋下料长度

钢筋下料长度是指下料时钢筋的实际长度,这与图纸上标注的长度并不完全一致。钢筋下料长度一般用式(3-2)计算:

$$钢筋下料长度 = \sum 钢筋标注的各段外包尺寸 - \sum 各处弯曲量度差值$$
$$+ \sum 钢筋末端弯钩增加长度 \tag{3-2}$$

实际工程计算中,影响钢筋下料长度计算的因素很多,如混凝土保护层厚度,钢筋弯折后发生的变形,图纸上钢筋尺寸标注方法的多样化,弯折钢筋的直径、级别、形状、弯心半径以及端部弯钩的形状等。在计算下料长度时,对这些因素都应该考虑。

2)钢筋配料单

(1)在施工时,根据施工图纸、库存材料及各钢筋的下料长度,按不同规格、形状的钢筋顺序填制配料单,内容包括工程名称、工程部位、构件名称、图号、钢筋编号、钢筋规格、钢筋形状尺寸简图、下料长度、根数、质量等。

(2)列入加工计划的配料单,将每一编号的钢筋制作一块料牌作为钢筋加工的依据,并在安装中作为区别各工程部位、构件和各种编号钢筋的标志。应严格对钢筋配料单和料牌进行校核,以免返工浪费。

(3)钢筋配料过程中应注意以下两点。

①钢筋配料时,若须接长钢筋,应考虑接头搭接、加工损失等长度,统筹考虑接头位置,尽量使接头位于内力较小处,错开布置,并要充分考虑下料后所余段长度的合理使用。

②钢筋的形状和尺寸应满足设计要求,并有利于加工安装,还要考虑施工需要的附加钢筋。

2. 钢筋加工

1)钢筋除锈

钢筋加工前,应将钢筋表面的油渍、漆污和用锤敲击时能剥落的浮皮、铁锈等清除干净。钢筋除锈的目的是保证钢筋与混凝土之间有可靠的握裹力。钢筋除锈处理可分为以下 3 种情况。

(1)不做除锈处理。当钢筋表面有淡黄色轻微浮锈时可不必处理。

(2)除锈处理。对于大量的除锈,可在钢筋冷拉或钢筋调直机调直过程中完成;少量的钢筋除锈可采用电动除锈机或喷砂法;局部除锈可采用人工用钢丝刷或砂轮等方法,也可将钢筋通过砂箱往返搓动除锈。

(3)不使用。如除锈的钢筋表面有严重的麻坑、斑点等已伤蚀截面时,应降级使用或剔除不用,带有蜂窝状锈迹的钢丝不得使用。

2)钢筋调直

钢筋重制前应先调直,钢筋调直的方法包括机械调直、冷拉调直和人工调直,钢筋宜优先适用机械方法调直。目前,常用的钢筋调直机具有钢筋除锈、调直和下料剪切 3 个功能,因此,也称为钢筋调直切断机。钢筋调直时,应根据钢筋的直径选用调直模和传送压辊,恰当掌握调直模偏移量和压辊的压紧程度,并要求调直装置两端的调直模一定要与前后导轮在同一轴心线上,钢筋表面伤痕应不使截面面积减少 5％以上。

采用冷拉法进行调直时,HPB235 钢筋冷拉率不得大于 2％;HRB335、HRB400 钢筋冷拉率不得大于 1％。

钢筋人工调直可采用锤直或扳直的方法。锤直时,可把钢筋放在工作台上用锤敲直。扳直时,把钢筋放在卡盘扳柱间,把有弯的地方对着扳柱,然后用扳手卡口卡住钢筋,扳动扳手就可使钢筋调直。

3)钢筋切断

钢筋切断分为人工切断与机械切断两种。钢筋切断应符合下列要求。

（1）应将相同规格钢筋长短搭配,合理统筹配料,一般先断长料,后断短料,以减少损耗。

（2）避免短尺量长料,产生累积误差。

（3）切断后的钢筋断口不得有劈裂、缩头、马蹄形或起弯现象,否则应切除。

4）钢筋弯曲成型

钢筋弯曲成型应在常温下进行,严禁将钢筋加热后弯曲。钢筋弯曲成型过程中应采取防止油渍、泥浆等物污染和防止受损伤的措施。

（1）画线。钢筋弯曲前,应画出形状复杂的钢筋的各弯曲点,画线应从钢筋中线开始向两端进行,将不同角度的弯曲调整值在弯曲操作方向相反的一侧长度内扣除。

为保证画线准确,画线时应考虑钢筋的弯曲类型、弯曲伸长值、弯曲曲率半径、操作工具与弯曲程序等因素。

（2）试弯。钢筋成批弯曲操作前,首先对各种类型的弯曲钢筋都要试弯一根,待检查合格后,再进行成批弯曲。

（3）手工弯曲。在钢筋开始弯曲前,应注意扳距和弯曲点线、扳柱之间的关系。为了保证钢筋弯曲形状正确,使钢筋弯曲圆弧有一定曲率,且在操作时扳子端都不碰到扳柱,扳手和扳柱间必须有一定的距离,这段距离称为扳距。扳距的大小是依据钢筋的弯制角度和直径来变化的。

进行钢筋弯曲操作时,钢筋弯曲点线在扳柱钢板上的位置要配合画线的操作方向,使弯曲点线与扳柱外边缘相平。

（4）机械弯曲。心轴直径应满足要求,成形轴宜加偏心轴套以适应不同直径的钢筋弯曲需要。

3.钢筋连接

钢筋常用的连接方法有 3 种:绑扎连接、焊接连接和机械连接。

除施工或构造条件有困难可采用绑扎接头,应尽量采用焊接接头和机械连接,以保证钢筋的连接质量,提高连接效率和节约钢材。

1）钢筋绑扎连接

钢筋绑扎连接是利用混凝土的黏结锚固作用实现两根锚固钢筋的应力传递的。绑扎接头的钢筋直径宜不大于 28 mm,轴心受拉和小偏心受拉钩件不应采用绑扎接头。钢筋采用绑扎接头时,应符合下列规定。

（1）受拉区域内，HPB235 钢筋绑扎接头的末端应做成弯钩，HRB335、HRB400 钢筋可不做弯钩。

（2）直径不大于 12 mm 的受压 HPB235 钢筋的末端，以及轴心受压构件中任意直径的受力钢筋的末端，可不做弯钩，但搭接长度不得小于钢筋直径的 35 倍。

（3）钢筋接头处，应在中心和两端至少 3 处用绑丝绑牢，钢筋不得滑移。

（4）受拉钢筋绑扎接头的搭接长度，应符合规定要求；受压钢筋绑扎接头的搭接长度，应取受拉钢筋绑扎接头长度的 0.7 倍。

（5）施工中钢筋受力分不清受拉或受压时，应符合受拉钢筋的规定。

2）钢筋焊接连接

钢筋焊接连接宜优先采用闪光对焊。闪光对焊包括连续闪光焊、预热闪光焊和闪光-预热闪光焊 3 种工艺方法。

闪光对焊时，应按规定选择调伸长度、烧化留量、顶锻留量以及变压器级数等焊接参数。

（1）调伸长度的选择，应随着钢筋牌号的提高和钢筋直径的加大而增长。

（2）烧化留量的选择，应根据焊接工艺方法确定。当采用连续闪光焊时，闪光过程应较长；烧化留量应等于两根钢筋在断料时切断机刀口严重压伤部分，再加 810 mm；当采用闪光-预热闪光焊时，应区分一次烧化留量和二次烧化留量。一次烧化留量应不小于 10 mm，二次烧化留量应不小于 6 mm。

（3）需要预热时，宜采用电阻预热法。预热留量应为 1～2 mm，预热次数应为 1～4 次；每次预热时间应为 1.5～2 s，间歇时间应为 3～4 s。

（4）顶锻留量应为 3～7 mm，并应随钢筋直径的增大和钢筋牌号的提高而增加。

当 HRBF335 钢筋、HRBF400 钢筋、HRBF500 钢筋或 RRB400W 钢筋进行闪光对焊时，与热轧钢筋比较，应减小调伸长度，提高焊接变压器级数，缩短加热时间，快速顶锻，形成快热快冷条件，使热影响区长度控制在钢筋直径的 60% 之内。

变压器级数应根据钢筋牌号、直径、焊机容量以及焊接工艺方法等具体情况选择。

HRB500、HRBF5O0 钢筋焊接时，应采用预热闪光焊或闪光-预热闪光焊工艺。当接头拉伸试验发生脆性断裂或弯曲试验不能达到规定要求时，还应在焊

机上进行焊后热处理。

在闪光对焊生产中,当出现异常现象或焊接缺陷时,应查找原因,采取措施,及时消除。

3)钢筋机械连接

通过钢筋与连接件的机械咬合作用或钢筋端面的承压作用,将一根钢筋中的力传递至另一根钢筋的连接方法称为钢筋连接。钢筋采用机械连接接头时,应符合下列规定。

(1)从事钢筋机械连接的操作人员应经专业技术培训,考核合格后,方可上岗。

(2)钢筋采用机械连接接头时,其应用范围、技术要求、质量检验、采用的设备、施工安全、技术培训等应符合《钢筋机械连接技术规程》(JGJ 107—2016)的相关规定。

(3)当混凝土结构中钢筋接头部位温度低于−10 ℃时,应进行专门的试验。

(4)形式检验应由国家、省部级主管部门认定有资质的检验机构进行,并应按国家现行标准《钢筋机械连接技术规程》(JGJ 107—2016)规定的格式出具试验报告和评定结论。

(5)带肋钢筋套筒挤压接头的套筒两端外径和壁厚相同时,被连接钢筋直径相差不得大于 5 mm。套筒在运输和储存中不得被腐蚀和沾污。

(6)同一结构内机械连接接头不得使用两个生产厂家提供的产品。

(7)在同条件下经外观检查合格的机械连接接头,应以每 300 个为一批(不足 300 个也按一批计),从中抽取 3 个试件做单向拉伸试验,并做出评定。如有 1 个试件抗拉强度不符合要求,应再取 6 个试件复验,如再有 1 个试件不合格,则该批接头应判为不合格。

4. 钢筋安装

1)钢筋骨架制作与组装

(1)钢筋骨架的焊接应在坚固的工作台上进行。

(2)组装时应按设计图纸放大样,放样时应考虑骨架预拱度。简支梁钢筋骨架预拱度宜符合规定。

(3)组装时应采取控制焊接局部变形措施。

(4)骨架接长焊接时,不同直径钢筋的中心线应在同一平面上。

2)钢筋网片电焊阻

(1)当焊接网片的受力钢筋为 HPB235 钢筋时,如焊接网片只有一个方向受力,受力主筋与两端的两根横向钢筋的全部交叉点必须焊接;如焊接网片为两个方向受力,则四周边缘的两根钢筋的全部交叉点必须焊接,其余的交叉点可间隔焊接或绑、焊相间。

(2)当焊接网片的受力钢筋为冷拔低碳钢丝,而另一方向的钢筋间距小于100 mm 时,除受力主筋与两端的两根横向钢筋的全部交叉点必须焊接外,中间部分的焊点距离可增大至 250 mm。

3)钢筋现场绑扎

(1)钢筋的交叉点应采用绑丝绑牢,必要时可辅以点焊。

(2)钢筋网的外围两行钢筋交叉点应全部扎牢,中间部分交叉点可间隔交错扎牢。但双向受力的钢筋网,钢筋交叉点必须全部扎牢。

(3)梁和柱的箍筋,除设计有特殊要求外,应与受力钢筋垂直设置;箍筋弯钩叠合处,应位于梁和柱角的受力钢筋处,并错开设置(同截面上有两根以上箍筋的大截面梁和柱除外);螺旋形箍筋的起点和终点均应绑扎在纵向钢筋上,有抗扭要求的螺旋箍筋,钢筋应伸入核心混凝土中。

(4)矩形柱角部竖向钢筋的弯钩平面与模板面的夹角应为 45°;多边形柱角部竖向钢筋弯钩平面应朝向断面中心;圆形柱所有竖向钢筋弯钩平面应朝向圆心。小型截面柱当采用插入式振捣器时,弯钩平面与模板面的夹角不得小于 15°。

(5)绑扎接头搭接长度范围内的箍筋间距:当钢筋受拉时应小于 $5d$(d 为钢筋直径),且不得大于 100 mm;当钢筋受压时应小于 $10d$,且不得大于 200 mm。

(6)钢筋骨架的多层钢筋之间,应用短钢筋支垫,确保位置准确。

4)钢筋混凝土保护层厚度

钢筋的混凝土保护层厚度,必须符合设计要求。设计无规定时应符合下列规定。

(1)普通钢筋和预应力直线形钢筋的最小混凝土保护层厚度不得小于钢筋公称直径,后张法构件预应力直线形钢筋不得小于其管道直径的 1/2,且应符合规定。

(2)当受拉区主筋的混凝土保护层厚度大于 50 mm 时,应在保护层内设置

直径不小于 6 mm、间距不大于 100 mm 的钢筋网。

（3）钢筋机械连接件的最小保护层厚度不得小于 20 mm。

（4）应在钢筋与模板之间设置垫块，确保钢筋的混凝土保护层厚度，垫块应与钢筋绑扎牢固、错开布置。

3.3.2 模板、支架和拱架工程施工

模板是保证新浇混凝土按设计要求成型的一种模型结构，它要承受混凝土结构施工过程中的各种荷载，避免结构或构件在具有足够强度前产生较大的内力或变形，同时，还具有保护混凝土正常硬化或改善混凝土表面质量的作用。模板系统一般包括模板、支架和拱架三大部分。其施工工艺一般包括模板、支架和拱架的设计、制作与安装及拆除。

1. 模板、支架和拱架设计

模板、支架和拱架应结构简单、制造与装拆方便，应具有足够的承载能力、刚度和稳定性，并应根据工程结构形式、设计跨径、荷载、地基类别、施工方法、施工设备和材料供应等条件及有关标准进行施工设计。

定型模板和常用的模板拼板，在其适用范围内一般不需要进行设计或验算；而对于重要结构的模板、特殊形式结构的模板或超出适用范围的一般模板，应该进行设计或验算以确保安全，保证质量。

钢、木模板，拱架和支架的设计应符合《钢结构设计标准》（GB 50017—2017）、《木结构设计标准》（GB 50005—2017）、《组合钢模板技术规范》（GB/T 50214—2013）和《公路钢结构桥梁设计规范》（JTG D64—2015）的相关规定。

1）主要荷载设计

设计模板、支架和拱架时应按规定进行荷载组合。

2）稳定设计

验算水中支架稳定性时，应考虑水流荷载和流水、船只及漂流物等冲击荷载；验算模板、支架和拱架的抗倾覆稳定时，各施工阶段的稳定系数均不得小于1.3。

3）刚度设计

验算模板、支架和拱架的刚度时，其变形值不得超过下列规定数值。

(1)结构表面外露的模板挠度为模板构件跨度的 1/400。

(2)结构表面隐蔽的模板挠度为模板构件跨度的 1/250。

(3)拱架和支架受载后挠曲的杆件,其弹性挠度为相应结构跨度的 1/400。

(4)钢模板的面板变形值为 1.5 mm。

(5)钢模板的钢楞、柱箍变形值为 $L/500$ 及 $B/500$(L 为计算跨度;B 为柱宽度)。

4)拱度设计

模板、支架和拱架的设计中应设施工预拱度。

5)预应力混凝土结构模板设计

设计预应力混凝土结构模板时,应考虑施加预应力后构件的弹性压缩、上拱及支座螺栓或预埋件的位移等。

6)组合钢模板设计

模板宜采用标准化的组合钢模板。设计组合模板时,除应符合规定的荷载外,还应验算吊装时的刚度。支架、拱架宜采用标准化、系列化的构件。

7)支承设计

支架立柱在排架平面内应设水平横撑。碗扣支架立柱高度在 5 m 以内时,水平撑不得少于两道;立柱高于 5 m 时,水平撑间距不得大于 2 m,并应在两横撑之间加双向剪刀撑。在排架平面外应设斜撑,斜撑与水平交角宜为 45°。

2. 模板、支架和拱架制作与安装

在模板、支架和拱架安装前,应根据施工图纸与施工现场条件编制模板工程施工组织设计或施工方案,绘制模板加工图和各部位模板安装图,据此进行模板、支架和拱架的制作与安装。

1)模板、支架和拱架制作

为保证安全与质量、合理施工,组织钢模板的制作应符合《组合钢模板技术规范》(GB/T 50214—2013)的相关规定。采用其他材料制作模板时,应符合下列规定。

(1)钢框胶合板模板的组配面板宜采用错缝布置。

(2)高分子合成材料面板、硬塑料或玻璃钢模板,应与边肋及加强肋连接牢固。

2）模板、支架和拱架安装

模板、支架和拱架的安装质量关系到工程的施工质量与施工安全，因此，安装时，应严格按以下规定执行。

（1）模板与混凝土接触面应平整、接缝严密。

（2）支架立柱必须落在有足够承载力的地基上，立柱底端必须放置垫板或混凝土垫块。支架地基严禁被水浸泡，冬期施工必须采取防止冻胀的措施。

（3）支架通行孔的两边应加护桩，夜间应设警示灯。施工中易受漂流物冲撞的河中支架应设牢固的防护设施。

（4）安装拼架前，应对立柱支承面标高进行检查和调整，确认合格后方可安装。在风力较大的地区，应设置风缆。

（5）安设支架、拱架过程中，应随安装随架设临时支撑。采用多层支架时，支架的横垫板应水平，立柱应铅直，上下层立柱应在同一中心线上。

（6）安装模板应符合下列规定。

①支架、拱架安装完毕，经检验合格后方可安装模板。

②安装模板应与钢筋工序配合进行，妨碍绑扎钢筋的模板，应待钢筋工序结束后再安装。

③安装墩、台模板时，其底部应与基础预埋件连接牢固，上部应采用拉杆固定。

④模板在安装过程中，必须设置防倾覆设施。

（7）当采用充气胶囊作空心构件芯模时，模板安装应符合下列规定。

①胶囊在使用前应经检查确认无漏气。

②从浇筑混凝土到胶囊放气止，应保持气压稳定。

③使用胶囊内模时，应采用定位箍筋与模板连接固定，防止上浮和偏移。

④胶囊放气时间应经试验确定，以混凝土强度达到能保持构件不变形为准。

（8）采用滑模应符合《滑动模板工程技术标准》(GB/T 50113—2019)的相关规定。

（9）浇筑混凝土和砌筑前，应对模板、支架和拱架进行检查和验收，合格后方可施工。

3.模板、支架和拱架拆除

为了加快模板周转的速度，减少模板的总用量，降低工程造价，模板应尽早拆除，以提高模板的使用效率。但模板拆除时不得损伤混凝土结构构件，应确保结构安全。在进行模板设计时，要考虑模板的拆除顺序和拆除时间。

1）拆除顺序

（1）模板、支架和拱架拆除应按设计要求的程序和措施进行，遵循"先支后拆、后支先拆"的原则。支架和拱架，应按几个循环卸落，卸落量宜由小渐大。每一循环中，在横向应同时卸落，在纵向应对称均衡卸落。

（2）预应力混凝土结构的侧模应在预应力张拉前拆除；底模应在结构建立预应力后拆除。

2）拆除时间

（1）非承重侧模应在混凝土强度能保证结构棱角不损坏时方可拆除，混凝土强度宜为 2.5 MPa 及以上。

（2）芯模和预留孔道内模应在混凝土抗压强度能保证结构表面不发生塌陷和裂缝时，方可拔出。

（3）钢筋混凝土结构的承重模板、支架和拱架的拆除，应符合设计要求。

（4）浆砌石、混凝土砌块拱桥拱架的卸落应符合下列规定。

①浆砌石、混凝土砌块拱桥应在砂浆强度达到设计要求强度后卸落拱架，设计未规定时，砂浆强度应达到设计标准值的 80% 以上。

②跨径小于 10 m 的拱桥宜在拱上结构全部完成后卸落拱架；中等跨径实腹式拱桥宜在护拱完成后卸落拱架；大跨径空腹式拱桥宜在腹拱横墙完成（未砌腹拱圈）后卸落拱架。

③在裸拱状态卸落拱架时，应对主拱进行强度及稳定性验算，并采取必要的稳定措施。

3.3.3　预应力混凝土工程施工

1. 预应力混凝土浇筑

1）混合料配制

预应力混凝土应优先采用硅酸盐水泥、普通硅酸盐水泥，不宜使用矿渣硅酸盐水泥，不得使用火山灰质硅酸盐水泥及粉煤灰硅酸盐水泥，且水泥用量宜不大于 550 kg/m³。

预应力混凝土粗集料应采用碎石，其粒径宜为 5～25 mm。

混凝土中严禁使用含氯化物的外加剂及引气剂或引气型减水剂。

从各种材料引入混凝土中的氯离子最大含量宜不超过水泥用量的 0.06％。超过以上规定时，宜采取掺加阻锈剂、增加保护层厚度、提高混凝土密实度等防锈措施。

2）孔道施工

（1）后张法预应力筋孔道的位置、孔径应符合设计要求。可采用预埋铁皮波纹管、胶管抽芯、钢管抽芯、充水充气胶管抽芯等方法预留。

（2）当采用波纹管预埋成孔时，应符合下列要求。

①安装前应对波纹管的质量进行抽样检验，卷压铁皮咬合应严密不漏浆，并应具有一定的刚度，接头处应密封不漏浆。

②当采用先穿束后浇筑混凝土时，对两端可以进行张拉的钢筋束，应随时来回拉动钢筋束，防止被渗入孔道的水泥浆堵死；对两端为固定锚的钢筋束，必须有严格防止水泥浆漏进孔道的措施，不得被水泥浆堵死。

（3）当采用钢管成孔时，应符合下列要求。

①钢管表面应平直光滑，焊接处应将焊缝磨平。

②孔道长度超过 25 m 时，为便于抽管在钢管中部做套管接头，接头处外面应用铁皮包严，防止漏浆。

③自混凝土浇筑后至钢管抽拔，每隔 5～15 min 应将钢管转动一次。

当混凝土达到一定强度时（用手指轻按混凝土表面无显著凹痕时）可以抽出钢管，抽拔时应速度均匀，边抽边转，抽拔方向应和孔道保持在同一轴线上。

（4）当采用胶管成孔时，应符合下列要求。

①一般可用输水或输气胶管，管内充水或充气的压力不低于 0.5 MPa，亦可在管内穿入细钢筋作为芯子。

②构件长度超过 16 m 时，胶管须在中间对接，可用长 400 mm 的铁皮筒紧套在胶管接头处外面，防止胶管受振、漏浆与外移。

③抽拔芯管的时间，应根据气温、水泥的性能通过试验确定，一般以混凝土的抗压强度达到 0.4～0.8 MPa 时为宜。

（5）预应力孔道形成后，应立即进行通孔，检查所有孔道是否贯通，如有堵塞，应及时疏通。

3）混凝土浇筑与养护

浇筑混凝土时，宜采用插入式、附着式或平板式振捣器振捣。锚固端及钢筋密集处应加强振捣，并应符合下列要求。

（1）对先张构件，钢筋张拉后应立即浇筑混凝土。若未能立即浇筑混凝土，则在混凝土浇筑前应重新进行张拉，达到控制应力后，方允许浇筑混凝土。

（2）对后张构件则应采取措施防止振捣棒碰撞成孔管道和张拉端的预埋件，浇筑中应经常检查管道与预埋件位置，如有错位，应及时纠正。

（3）振捣时应避免振捣棒碰撞预应力钢筋。

2. 先张法预应力施工

先张法施加混凝土预压应力是先将预应力筋在台座上按设计要求的张拉控制力张拉，然后立模浇筑混凝土，待混凝土强度达到设计强度的 75% 后，放松预应力筋，由于钢筋的回缩，通过其与混凝土之间的黏结力，混凝土得到预压应力。

1）建造张拉台座

张拉台座由承力支架、横梁、定位钢板和台面等组成，张拉台座应具有足够的强度和刚度，其抗倾覆安全系数不得小于 1.5，抗滑移安全系数不得小于 1.3。张拉横梁应有足够的刚度，受力后的最大挠度不得大于 2 mm。锚板受力中心应与预应力筋合力中心一致。

2）预应力钢筋制作

（1）钢筋下料。预应力筋的下料长度应根据构件孔道或台座的长度、锚夹具长度等经过计算确定。预应力筋宜使用砂轮锯或切断机切断，不得采用电弧切割。钢绞线切断前，应在距离切口 5 cm 处用绑丝绑牢。

（2）钢筋焊接。预应力钢筋的接头必须在冷拉前采用对焊焊接，以免冷拉钢筋高温回火后失去冷拉所提高的强度。

普通低合金钢筋的对焊工艺多采用闪光对焊。为提高焊质量，对焊后应进行热处理。对焊接头宜设置在受力较小处，在结构受拉区及在相当于预应力筋 $30d$ 长度（不小于 50 cm）范围内，对焊接头的预应力筋截面面积不得超过钢筋总截面面积的 25%。

（3）钢筋镦粗。制作预应力混凝土构件过程中，为节约钢材，可将预应力钢筋端部做一个大头（即镦粗头）。

钢筋的镦粗头可采用电热镦粗，高强钢丝采用镦头锚固时，宜采用液压冷镦，冷拔低碳钢丝可以采用冷冲镦粗。

钢筋或钢丝的镦粗头制成后，要经过抗拉试验。当钢筋或钢丝本身拉断，而镦粗头仍不破坏时，则认为合格；同时检查外观，不得有烧伤、歪斜和裂缝。

（4）钢筋冷拉。为了提高钢筋强度和节约钢筋，预应力粗钢筋在使用前应进行冷拉，钢筋冷拉即在常温下用超过钢筋屈服强度的拉力拉伸钢筋。

3）预应力筋张拉

先张法预应力钢筋、钢丝和钢绞线的张拉按预应力筋数量、间距和张拉力的大小，采用单根张拉和多根张拉。预应力筋的张拉应符合下列要求。

（1）同时张拉多根预应力筋时，各根预应力筋的初始应力应一致。张拉过程中应使活动横梁与固定横梁保持平行。

（2）张拉程序应符合设计要求，设计未规定时，其张拉程序应符合规定。张拉钢筋时，为保证施工安全，应在超张拉放张至 $0.9\sigma_{con}$ 时，安装模板、普通钢筋及预埋件等（注：σ_{con} 为张拉时的控制应力值，包括预应力损失值）。

（3）张拉过程中，预应力筋的断丝、断筋数量不得超过规定。

（4）放张预应力筋时混凝土强度必须符合设计要求。设计未规定时，不得低于设计强度的 75%。放张顺序应符合设计要求。设计未规定时，应分阶段、对称、交错地放张。放张前，应将限制位移的模板拆除。

4）预应力筋放松

混凝土强度达到设计规定时，可逐渐放松受拉的预应力筋，预应力筋的放松速度不宜过快。常用的预应力筋放松方法有千斤顶放松和砂箱放松两种。

在台座固定端的承力支架和横梁之间，张拉前预先安放千斤顶。待混凝土达到规定的放松强度后，两个千斤顶同时回程，使拉紧的预应力筋徐徐回缩，张拉力被放松。

以砂箱代替千斤顶。使用时从进砂口灌满烘干的砂子，加上压力压紧。待混凝土达到规定的放松强度后，将出砂口打开，使砂子慢慢流出，放砂速度应均匀一致，预应力筋随之徐徐回缩，张拉力即被放松。当单根钢筋采用拧松螺母的方法放松时，宜先两侧后中间，分阶段、对称地进行。

3. 后张法预应力施工

后张法施加混凝土预压应力是先制作留有预应力筋孔道的梁体，待混凝土达到设计强度的 75% 后，将预应力筋穿入孔道，并利用构件本身作为张拉台座张拉预应力并锚固，然后进行孔道压浆并浇筑封闭锚具的混凝土，混凝土因有锚具传递压力而得到预压应力。

后张法施工时，预应力筋直接在梁体上张拉，不需要专门台座；预应力筋可按设计要求配合弯矩和剪力变化布置成直线形或曲线形;适用于预制或现浇的大型构件。

后张法预应力施工工艺如下。

1)预应力管道安装

预应力管道安装时应采用定位钢筋进行固定,其安装位置应符合设计规定。

(1)金属管道接头应采用套管连接,连接套管宜采用大一个直径型号的同类管道,且应与金属管道封裹严密。

(2)管道应留压浆孔和溢浆孔;曲线孔道的波峰部位应留排气孔;在最低部位宜留排水孔。

(3)管道安装就位后应立即通孔检查,发现堵塞应及时疏通。管道经检查合格后应及时将其端面封堵。

(4)管道安装后,在其附近进行焊接作业时,必须对管道采取保护措施。

2)预应力筋安装

预应力筋安装应符合下列要求。

(1)先穿束后浇筑混凝土时,浇筑之前必须检查管道,并确认完好;浇筑混凝土时应定时抽动、转动预应力筋。

(2)先浇筑混凝土后穿束时,浇筑后应立即疏通管道,确保其畅通。

(3)混凝土采用蒸汽养护时,养护期内不得装入预应力筋。

(4)穿束后至孔道灌浆完成应控制在下列时间以内,否则应对预应力筋采取防锈措施。

①空气相对湿度大于 70% 或盐分过大时,7 d;

②空气相对湿度在 40%~70% 时,15 d;

③空气相对湿度小于 40% 时,20 d。

(5)在预应力筋附近进行电焊时,应对预应力钢筋采取保护措施。

3)预应力筋张拉

当构件混凝土强度达到设计强度的 75% 时,便可进行预应力筋的张拉。预应力筋张拉前,应根据设计要求对孔道的摩阻损失进行实测,以便确定张拉控制的应力,并确定预应力筋的理论伸长值。

(1)预应力筋张拉端设置。预应力筋张拉端的设置,应符合设计要求;当设计未规定时,应符合下列规定。

①曲线预应力筋或长度大于或等于 25 m 的直线预应力筋,宜在两端张拉;长度小于 25 m 的直线预应力筋,可在一端张拉。

②当同一截面中有多束一端张拉的预应力筋时,张拉端宜均匀交错地设置在结构的两端。

(2)预应力筋的张拉顺序应符合设计要求;当设计无规定时,可采取分批、分阶段对称张拉,宜先中间,后上、下或两侧。

(3)预应力筋张拉程序应符合规定。

(4)预应力筋的张拉操作。预应力筋的张拉操作方法与配合使用的锚具和千斤顶的类型有关。如多丝束的张拉可配用锥形锚具、锥锚式千斤顶;粗钢筋的张拉可配用螺丝端杆锚具、拉杆式千斤顶;精轧螺纹钢筋的张拉可配用特制螺帽、穿心式千斤顶;钢绞线束的张拉可配 OVM 锚具、穿心式千斤顶。本节仅以锥形锚具配锥锚式千斤顶为例,介绍预应力筋张拉的操作方法。

①张拉准备。张拉前把钢丝穿过锚环,随着锚塞的放入将钢丝均匀分布在锚塞周围,用手锤轻敲锚塞,装上对中套,并将钢丝用楔块楔紧在千斤顶夹盘内,但一开始不要夹太紧。

②初始张拉。两端同时张拉至钢丝达到初应力。由于上述①中夹盘上的钢丝尚未楔紧,此时钢丝发生滑移,从而调整钢丝长度。当钢丝停止滑移后,可打紧楔块,使钢丝牢牢地固定在夹盘上。在分丝盘沟槽处的钢丝上标出测量伸长量的起点标记,在夹盘前端的钢丝上也标出用以辨认是否滑丝的标记。

③正式张拉。两端轮流分级加载张拉,每级加载值为油压表读数 5000 kPa 的倍数,直至超张拉值。为消除预应力筋的部分松弛损失应持荷 5 min。减载至控制张拉应力,测量钢丝伸长量。

④顶锚。当张拉到控制张拉应力后,钢丝伸长量与计算伸长量相符合,即可进行顶锚。顶锚时先从一端开始,在另一端补足预应力损失,再进行另一端的顶锚。若回缩量大于 3 mm,必须重新张拉。

4)孔道压浆

预应力筋张拉后,为了使孔道内预应力筋不受锈蚀,并与构件混凝土结成整体,保证构件的强度和耐久性,应及时进行孔道压浆,压浆前先用清水冲洗孔道,使之湿润,以保持灰浆的流动性,同时,要检查灌浆孔、排气孔是否畅通无阻。

压浆时,对多跨连续有连接器的预应力筋孔道,应张拉完一段灌注一段。孔道压浆宜采用水泥浆,水泥浆的强度应符合设计要求;设计无规定时不得低于

30 MPa。

压浆过程中及压浆后 48 h 内,结构混凝土的温度不得低于 5 ℃,否则应采取保温措施。当白天气温高于 35 ℃时,压浆宜在夜间进行。

压浆后应从检查孔抽查压浆的密实情况,如有不实,应及时处理。

压浆作业,每一工作班应留取不少于 3 组砂浆试块,标准养护 28 d,以其抗压强度作为水泥浆质量的评定依据。

5)封固锚具

埋设在结构内的锚具,压浆后应及时浇筑封锚混凝土。封锚混凝土的强度等级应符合设计要求,宜不低于结构混凝土强度等级的 80%,且不得低于 30 MPa。封锚混凝土必须严格控制梁体长度。浇筑后 1~2 h 带模养护,脱模后继续洒水养护不少于 7 d。对于长期外露的锚具,应采取可靠的防锈措施。

3.3.4　桥梁墩台施工

桥墩是多跨桥梁的中间支承结构物,它将相邻两孔的桥跨结构连接起来。桥墩除承受上部结构的荷载外,还要承受水压力、风力及可能出现的流冰压力、船只及漂浮物的撞击力等。

1.混凝土墩台施工

混凝土墩台施工主要包括制作与安装墩台模板和混凝土浇筑两个主要工序。

1)制作与安装墩台模板

模板一般用木材、钢材和其他符合设计要求的材料制成。木模质量轻,便于加工成结构物所需要的尺寸和形状,但装拆时易损坏,重复使用次数少。对于大量或定型的混凝土结构物,则多采用钢模板。钢模板造价较高,但可重复使用,且拼装拆卸方便。

常用墩台模板的类型包括以下几种。

(1)拼装模板:各种尺寸的标准模板利用销钉连接,并与拉杆、加劲构件等组成墩台所需形状的模板。

应用特点:拼装式模板在厂内加工制造,板面平整、尺寸准确,体积小、质量轻,拆装容易、快速,运输方便。

(2)整体吊装模板:将墩台模板水平分成若干段,每段模板组成一个整体,在

地面拼装后吊装就位。

应用特点:安装时间短,无须设施工接缝,加快了施工进度,提高了施工质量;将拼装模板的高空作业改为平地操作,有利于施工安全;模板刚性较强,可少设拉筋或不设拉筋,节约钢材;可利用模外框架作简易脚手架,不需另搭施工脚手架;结构简单,装拆方便,对建造较高的桥墩较为经济。

(3)组合型钢模板:以各种长度、宽度及转角标准构件,用定型的连接件将钢模板拼成结构用模板。

应用特点:体积小、质量轻、运输方便、装拆简单、接缝紧密,适用于在地面拼装,整体吊装结构。

(4)滑动模板:将模板悬挂在工作平台的围圈上,沿着所施工的混凝土结构截面的周围组拼装配,并随着混凝土的浇筑由千斤顶带动向上滑升。

应用特点:适用于各种类型的墩台。

2)混凝土浇筑

墩台混凝土浇筑前应对基础混凝土顶面做凿毛处理,清除锚筋污锈。

(1)混凝土灌注速度。为保证混凝土灌注质量,混凝土配制、输送及灌注速度 v 应满足式(3-3)要求:

$$v \geqslant Sh/t \tag{3-3}$$

式中: v 为混凝土配料、输送及灌注的容许最小速度(m³/h); S 为灌注的面积(m²); h 为灌注层的厚度(m); t 为所用水泥的初凝时间(h)。

如混凝土的配制、输送及灌注所需时间较长,则应采用式(3-4)计算:

$$v \geqslant Sh/(t-t_0) \tag{3-4}$$

式中: t_0 为混凝土配制、输送及灌注所消耗的时间(h)。式中其他符号意义同式(3-3)。

(2)重力式墩台混凝土浇筑。重力式墩台混凝土宜水平分层浇筑,每次浇筑高度宜为 1.5~2 m。墩台混凝土分块浇筑时,接缝应与墩台截面尺寸较小的一边平行,邻层分块接缝应错开,接缝宜做成企口形。分块数量:墩台水平截面面积在 200 m² 内,不得超过两块;在 200~300 m²,不得超过 3 块。每块面积不得小于 50 m²。

(3)柱式墩台混凝土浇筑。浇筑柱式墩台混凝土时,应铺同配合比的水泥砂浆一层。柱式墩台混凝土宜一次连续浇筑完成。柱身高度内有系梁连接时,系梁应与柱同步浇筑。V形柱式墩台混凝土应对称浇筑。钢管混凝土柱式墩台应采用补偿收缩混凝土,一次连续浇筑完成。

2. 装配式墩台施工

装配式墩台适用于山谷架桥或跨越平缓无漂流物的河沟、河滩等的桥梁,特别是在工地干扰多、施工场地狭窄、缺水与砂石供应困难地区,其效果更为显著。

1)装配式柱式墩台施工

装配式柱式墩台施工是指将桥墩分解成若干轻型部件,在工厂或工地集中预制,再运送到现场装配成桥墩。

(1)装配式构件安装。

基础杯口的混凝土强度必须达到设计要求,方可进行预制构件的安装。

预制柱安装前,应对杯口长、宽、高进行校核,确认合格,杯口与预制件接触面均应凿毛处理,埋件应除锈并应校核位置,合格后开始安装。预制柱安装就位后应采用硬木楔或钢楔固定,并加斜撑保持柱体稳定,在确保稳定后方可摘去吊钩,并应及时浇筑杯口混凝土,待混凝土硬化后拆除硬楔,二次浇筑混凝土,待杯口混凝土达到设计强度 75% 后方可拆除斜撑。

预制盖梁安装前,应对接头混凝土面做凿毛处理,预埋件应除锈。

在柱式墩台上安装预制盖梁时,应对柱式墩台进行固定和支承,确保稳定。

盖梁就位时,应检查轴线和各部尺寸,确认合格后方可固定,并浇筑接头混凝土。接头混凝土达到设计强度后,方可卸除临时固定设施。

(2)装配式构件连接接头处理。

①承插式接头。将预制构件插入相应的预留孔内,插入长度一般为构件宽度的 1.2~1.5 倍,底部铺设 2 cm 砂浆,四周以半干硬性混凝土填充。

②钢筋锚固接头。构件上预留钢筋或型钢,插入另一构件的预留槽内,或将钢筋互相焊接,再灌注半干硬性混凝土。

③焊接接头。将预埋在构件中的铁件与另一构件的预埋铁件用电焊连接,外部再用混凝土封闭。

④扣环式接头。相互连接的构件按预定位置预埋环式钢筋,安装时柱脚先坐落在承台的柱心上,上下环式钢筋互相错接,扣环间插入 U 形短钢筋焊牢,四周再绑扎一圈钢筋,立模浇筑外围接头混凝土。

⑤法兰盘接头。在相互连接的构件两端安装法兰盘,连接时将法兰盘连接螺栓拧紧即可。

2）预应力混凝土装配墩施工

预应力混凝土装配墩施工前，应对混凝土构件进行检验，外观和尺寸应符合质量标准和设计要求。

实体墩身浇筑时要按装配构件孔道的相对位置预留张拉孔道及工作孔。装配墩身由基本构件、隔板、顶板及顶帽4种不同形状的构件组成，用高强钢丝穿入预留的上下贯通的孔道内，张拉锚固而成。

墩身装配时，水平拼装缝采用 M3.5 水泥砂浆，砂浆厚度为 15 mm，便于调整构件水平标高，不使误差累积。预应力钢丝束的张拉位置可以在顶帽上张拉，也可在实体墩下张拉。压浆采用纯正泥浆，且应由下而上压注。顶帽上的封锚采用钢筋网罩焊在垫板上，单个或多个连在一起，然后用混凝土封锚。

3）无承台大直径钻孔埋入空心桩墩施工

无承台大直径钻孔埋入空心桩墩是由预钻孔、预制大直径钢筋混凝土桩墩节、吊拼桩墩节并用预应力后张法连接成整体、桩周填石压浆、桩底高压压浆、吊拼墩节、浇筑或组装盖梁等工序组成。各工序施工应符合下列要求。

（1）成孔深度大于设计深度，成孔直径应大于设计直径。

（2）预制桩节质量应符合《公路桥涵施工技术规范》(JTG/T 3650—2020)的相关规定。

（3）桩壁压浆结石混凝土质量控制标准：桩底与桩节间交界处抛填 $\phi 5 \sim \phi 20$ 小石子作过渡段，厚度为 0.5 m，以避免桩底注浆混凝土收缩缝集中在预制混凝土底节钢板下；抛掷落水高度不大于 0.5 m；填石粒料直径应选 $\phi 20$、$\phi 40$、($\phi 40 \sim \phi 60$)或($\phi 40 \sim \phi 80$)间断级配；压浆水泥应选强度等级 42.5 级以上普通硅酸盐水泥；水泥浆液流动速度应根据填石空隙率和吸浆量确定，以确保注浆石混凝土抗压强度。

（4）桩周压浆结石混凝土强度达到 60% 后即可进行桩底高压压浆；压力值以扬压管为控制标准，不超过设计值的 ±1%；桩的上抬量不超过设计值的 ±1%；注浆量应为计算值的 1.2~1.3 倍；闭浆时间应在 15~30 min，由闭浆时的吸浆量决定。

3. 砌体墩台施工

砌体墩台施工具有取材方便、经久耐用等特点。条件允许时，应优先选择砌体墩台。

（1）同一层石料及水平灰缝的厚度要均匀一致，每层按水平砌筑，丁顺相间，砌石灰缝互相垂直，灰缝宽度和错缝按规定处理。

（2）砌石顺序为先角石，再镶面，后填腹。填腹石的分层厚度应与镶面相同；圆端、尖端及转角形砌体的砌石顺序，应自顶点开始，按丁顺排列接砌镶面石。

（3）圆端形桥墩的砌筑：圆端形桥墩的圆端顶点不得有垂直灰缝，砌石应从顶端开始，然后按丁顺相间排列，安砌四周镶面石。

（4）尖端形桥墩的砌筑：尖端形桥墩的尖端及转角处不得有垂直灰缝，砌石应从两端开始，先砌石块，再砌侧面转角，然后按丁顺相间排列，安砌四周的镶面石。

4. 墩台附属工程施工

1）台背施工

台背填土不得使用含杂质、腐殖物或冻土块的土类，宜采用透水性土。

台背填土与路基填土同时进行，应按设计高度一次填齐，台背填土应采用机械碾压。台背 0.8～1 m 范围内宜回填砂石、半刚性材料，并采用小型压实设备或人工夯实。

2）锥体护坡施工

坡面式基面夯实，整平后，方可开始铺砌锥体护坡，以保证护坡稳定。

锥坡填土应与台背填土同时进行，桥涵台背、锥坡、护坡及拱上等各项填土，宜采用透水性土，不得采用含有泥草、腐殖物或冻土块的土。填土应在接近最佳含水量的情况下分层填筑和夯实。填土应按标高及坡度填足，每层厚度不得超过 0.30 m，密实度应达到规范要求。

为防止坡角滑走，护坡基础与坡角的连接面应与护坡坡度垂直。

片石护坡的外露面和坡顶、边口，应选用较大、较平整并略加修凿的块石铺砌。

砌石时拉线要张紧，砌面要平顺，护坡片石背后应按规定做碎石倒滤层，以防止锥体土方被水冲蚀变形。护坡与路肩或地面的连接必须平顺，以利排水，并避免背后冲刷或渗透坍塌。

砌体勾缝除设计有规定外，一般可采用凸缝或平缝，且宜待坡体土方稳定后进行。浆砌砌体，应在砂浆初凝后，覆盖养护 7～10 d。养护期间应避免碰撞、振动或承重。

3）泄水盲沟施工

泄水盲沟以片石、碎石或卵石等透水材料砌筑，并按要求设置坡度，沟底用黏土夯实。盲沟应建在下游方向，出口处应高出一般水位 0.2 m，平时无水的干河应高出地面 0.2 m；当桥台在挖方内横向无法排水时，泄水盲沟可在下游方向的锥体填土内折向桥台前端排出，在平面上呈 L 形。

3.3.5 桥梁支座施工

1.板式橡胶支座安设

板式橡胶支座由多层橡胶片与薄壁板镶嵌、黏合、压制而成。安装前，应将垫块顶面清理干净，采用干硬性水泥砂浆抹平，且检查顶面标高是否满足设计要求；板式橡胶支座安装前还应对支座的长、宽、厚、硬度、容许荷载、容许最大温差及外观等进行全面检查，如不符合设计要求，则不得使用。

板式橡胶支座安装时，支座中心尽可能对准梁的计算支点，必须使整个橡胶支座的承压面上受力均匀。如就位不准或与支座不密贴时，必须重新起吊，采取垫钢板等措施，并应使支座位置控制在允许偏差内。不得用撬棍移动梁、板。

为保证板式橡胶支座安装准确，支座安装尽可能排在接近年平均气温的季节进行，以减小因温差变化过大而引起的剪切变形。

梁、板安装时，必须细致稳妥，使梁、板就位准确且与支座密贴，勿使支座产生剪切变形；就位不准时，必须吊起重放，不得用撬杠移动梁、板。

当墩台两端标高不同，顺桥向或横桥向有坡度时，支座安装必须严格按设计规定进行。

支座周围应设排水坡，防止积水，并注意及时清除支座附近的尘土、油脂与污垢等。

2.盆式橡胶支座安设

盆式橡胶活动支座分为固定支座、双向活动支座和单向活动支座。安装前应将支座的各相对滑移面和其他部分用丙酮或酒精擦拭干净。

盆式橡胶支座各部件进行组装时，支座底面和顶面的钢垫板必须埋置牢固，垫板与支座间平整密贴，支座四周探测不得有 0.3 mm 以上的缝隙，支座中线、水平、位置不得有大于 2 mm 的偏差，当支座上、下座板与梁底和墩台顶采用螺栓连接时，螺栓预留孔尺寸应符合设计要求，安装前应清理干净，采用环氧砂浆灌注；当采用电焊连接时，预埋钢垫板应锚固可靠、位置准确。墩顶预埋钢板下的混凝土宜分两次浇筑，且一端灌入，另一端排气，预埋钢板不得出现空鼓现象。焊接时应采取防止烧坏混凝土的措施。

盆式橡胶固定支座安装时，其上下各部件纵轴线必须对正。

3. 球形支座安设

球形支座由顶板、底板、凸形中间板及两块不同形状的聚四氟乙烯板组成。球形支座出厂时，应由生产厂家将支座调平，并拧紧连接螺栓，运输安装过程中防止发生转动和倾覆。球形支座可根据设计需要预设转角和位移，但须在厂内装配时调整好。

球形支座安装前应开箱检查配件清单、检验报告、支座产品合格证及支座安装养护细则。施工单位开箱后不得拆卸、转动连接螺栓。

当下支座板与墩台采用螺栓连接时，应先用钢楔块将下支座板四角调平，高程、位置应符合设计要求，用环氧砂浆灌注地脚螺栓孔及支座底面垫层。环氧砂浆硬化后，方可拆除四角钢楔，并用环氧砂浆填满楔块位置。当下支座板与墩台采用焊接连接时，应采用对称、间断焊接方法将下支座板与墩台上预埋钢板焊接。焊接时应采取防止烧伤支座和混凝土的措施。

当梁体安装完毕，或现浇混凝土梁体达到设计强度后，在梁体预应力张拉之前，应拆除上、下支座板连接板。

对于跨径为 10 m 左右的小型钢筋混凝土梁(板)桥，可采用油毡石棉垫或铅板支座。安装这类支座时，应先对墩台支承面的平整度和横向坡度进行检查，若与设计要求不符，应修凿平整并以水泥砂浆抹平，再铺垫油毡、石棉垫或铅板。梁(板)就位后梁(板)与支承间不得有空隙和翘动现象，否则将出现局部应力集中的情况，使梁(板)受损，也不利于梁(板)的伸缩与滑动。

3.4　桥梁上部结构施工

3.4.1　梁(板)桥施工

1. 混凝土梁(板)桥施工

1)混凝土梁(板)桥支架浇筑施工

混凝土梁(板)桥支架浇筑施工是一种古老的施工方法，是指在桥孔位置搭设支架,并在支架上安装模板,绑扎及安装钢筋骨架,预留孔道,并在现场浇筑混凝土与施加预应力的施工方法。

(1)模板、支架制作与安装。

支架浇筑混凝土施工,首先应在桥孔位置搭设支架,以承受模板、浇筑的钢筋混凝土以及其他施工荷载。支架的地基承载力应符合要求,必要时,应采取加强处理或其他措施。

模板、支架制作与安装时,其构件的连接应尽量紧密,以减小支架变形,使沉降量符合预计数值。为保证支架稳定,应防止支架与脚手架和便桥等接触。为防止跑浆现象,模板的接缝必须密合,如有缝隙,应及时采取处理措施,将其塞堵严密。对于建筑物外露面的模板应刨光并涂以石灰乳浆、肥皂水或润滑油等润滑剂。安装支架时,应根据梁体和支架的弹性、非弹性变形,设置预拱度,支架底部还应设良好的排水措施,不得被水浸泡。

(2)混凝土浇筑。

支架上浇筑混凝土时,无论采用哪种方法都应尽量减小模板和支架产生的平移、扭转、下沉等变形。支架上浇筑混凝土多采用水平分层浇筑、斜层浇筑和单元浇筑。

①水平分层浇筑。采用水平分层浇筑法施工时,分层的厚度应根据振捣器的能力而定,一般为 0.15~0.3 m。

②斜层浇筑。斜层法浇筑混凝土应从主梁两端对称向跨中进行,并在跨中合龙。当采用梁式支架、支点不设在跨中时,应在支架下沉量大的位置先浇筑混凝土,使应该发生的支架变形及早完成。采用斜层浇筑时,混凝土的倾斜角与混凝土的流动性有关,一般为 20°~25°。

③单元浇筑。每个单元的纵横梁可沿其长度方向采用水平分层浇筑、斜层浇筑,在纵梁间的横梁上设置工作缝,并在纵横梁浇筑完成后填缝连接。对于桥面板的浇筑可沿桥全宽一次完成,不设工作缝。但对于桥面板的浇筑应在纵横梁间设置水平工作缝。

2)混凝土梁(板)桥悬臂浇筑施工

悬臂浇筑施工适用于混凝土箱形连续梁桥、T 形刚构桥、变截面箱形梁桥等。其施工工艺如下。

(1)主墩及 0 号块施工。采用悬臂浇筑法施工的工艺流程基本相似,只有 T 形刚构的 0 号块件无须做临时固结处理。

（2）挂篮设计。进行挂篮结构设计时，挂篮质量与梁段混凝土的质量比值宜控制在 0.3～0.5，特殊情况下不得超过 0.7。允许最大变形（包括吊带变形的总和）为 20 mm。施工、行走时的抗倾覆安全系数不得小于 2，自锚固系统的安全系数不得小于 2，斜拉水平限位系统和上水平限位安全系数不得小于 2。

（3）1 号块件施工。0 号箱梁段施工完成后，两端 1 号箱梁段位置同时开始组装挂篮。

首先，吊装车导梁并锚固，随即安装前后横梁、斜拉梁及联结系统。通过前、后横梁利用吊链起吊前、后底横梁，并悬挂固定于前、后上横梁上。用吊车和吊链配合安装底纵梁及模板。

然后，吊装外侧模板，安装固定剪力销、内外侧拉斜带，并对称张拉 4 根斜拉带使之受力均匀，偏差不得大于设计要求。

最后，进行混凝土浇筑，两侧 1 号箱梁段同时浇筑，并进行养护。混凝土达到一定强度后，对预应力钢丝束进行张拉，并灌浆。

（4）2 号块件施工。

①拆除斜拉带。

②拆除底后横梁在 0 号箱梁底板上的后锚固点及剪力销。

③拆除内侧模板，放松外模板。

④放松前后横梁吊带，使底侧模板整体下落脱模。

⑤主墩两端分别同时用千斤顶顶推挂篮整体前移至 2 号箱梁段位置就位。

⑥挂篮前移就位后，立外模板。

⑦拉紧前、后吊带，固定底后横梁并安装剪力销。

⑧安装斜拉带，并按计算好的施工高程对称调高拉紧。

⑨绑钢筋、支内模板，浇筑混凝土。

⑩张拉预应力钢筋束、灌浆其他箱梁块件施工按上述循环往复直至跨中。

（5）端跨施工。在浇筑端跨梁段前，应考虑到端跨在受到预应力张拉时，箱梁身会向主墩侧发生微量移动，为了保证该段箱梁梁身能均匀地受到预压力，箱梁底板与下面主支架接触部加一层摩擦力系数小的滑动设施或释放支架的纵向约束，以使该段箱梁能自由滑移。

（6）连续梁（T 构）合龙与体系转换。连续梁（T 构）合龙前应按设计规定，将两悬臂端合龙口予以临时连接，并将合龙跨一侧墩的临时锚固放松或改成活动支座。并观测气温变化与梁端高程及悬臂端间的关系，应在一天中气温最低时进行合龙。首先在两端悬臂预加压重，并于浇筑混凝土过程中逐步撤除，以使悬

臂端挠度保持稳定,然后将合龙段的混凝土强度提高一级,以尽早施加预应力。

连续梁的梁跨体系转换,应在合龙段及全部纵向连续预应力筋张拉、压浆完成,并解除各墩临时固结后进行。梁跨体系转换时,支座反力的调整应以高程控制为主,反力作为校核。

3)混凝土梁(板)的装配式梁(板)施工

装配式梁(板)的施工可分为构件预制、运输、安装和横向联结 4 个施工过程。

(1)构件预制。混凝土梁(板)的预制场地应选择在距离安装和使用地点近、运输方便并满足"三通一平"要求的地方。场地选定后,可根据预制构件的加工数量、工期及占地时间等确定场地的范围大小,并根据地基及气候条件,采取必要的排水措施,防止场地被雨水浸泡和发生不均匀沉陷。一般情况下场地要铺二步灰土,且碾压密实,并高出附近地坪。对于长期进行构件预制的场地,可浇筑混凝土或砖砌后抹面。

(2)构件运输。

①构件场内运输。混凝土预制构件从工地预制场到桥头或桥孔下的运输称为场内运输。短距离的场内运输可采用龙门架配合轨道平板车来实现,首先由龙门架(或木扒杆)起吊移运构件出坑,将其横移至预制构件运输便道,卸落到轨道平车上,然后用绞车牵引至桥头或桥孔下。

②构件场外运输。混凝土预制构件从桥梁预制厂到桥孔或桥头的运输称为场外运输。一般中小跨径的预制板、梁或小构件可用汽车运输。50 kN 以内的小构件可用汽车吊装卸;大于 50 kN 的构件可用轮胎吊、履带吊、龙门架或扒杆装卸。运输较长的构件时,搁放预制构件前,可在汽车上先垫以长的型钢或方木,构件的支点应放在近两端处,以避免道路不平、车辆颠簸引起的构件开裂。运输特别长的构件时,应采用大型平板拖车或特制的运梁车运输。

(3)构件安装。预制梁(板)的安装是预制装配式混凝土梁桥施工中的关键性工序,应结合施工现场条件、工程规模、桥梁跨径、工期条件、架设安装的机械设备条件等具体情况,以安全可靠、经济简单和加快施工速度等为原则,合理选择架梁的方法。常见架梁方法有陆地架梁法、浮运架梁法和高空架梁法 3 种。鉴于篇幅有限,本书就不一一介绍了。

(4)构件横向联结。预制装配式混凝土梁桥待各预制梁在墩台安装就位后,必须进行横向联结施工,把各片主梁连成整体梁桥,才能作为整体桥梁共同承担二期恒载和活载。预制装配式混凝土梁桥的横向联结可分成横隔梁的联结和翼缘板的联结两种情况。

①横隔梁的横向联结。通常在设有横隔梁的混凝土梁桥中,均通过横隔梁的接头把所有主梁联结成整体。联结接头要有足够的强度,以保证结构的整体性,并在桥梁运营过程中不致因荷载反复作用和冲击作用而发生松动。

②翼缘板的横向联结。为改善翼缘板的受力状态,翼缘板之间应进行横向联结。翼缘板之间通常做成企口式的铰连接,由主梁翼缘板内伸出连接钢筋,横向联结施工时,将此钢筋交叉弯制,并在接缝处再局部安放 6 号钢筋网,然后将它们浇筑在桥面混凝土铺装层内;也可将主梁翼缘板内的顶层钢筋伸出,施工时将它弯转并套在一根纵向通长的钢筋上,形成纵向铰,然后浇筑在桥面铺装混凝土中。接缝处的桥面铺装层内应安放单层钢筋网,计算时不考虑铺装层受力。这种联结构造由于连接钢筋较多,为施工增加了一些困难。

4)混凝土梁(板)桥悬臂拼装施工

悬臂拼装法(简称悬拼)是悬臂施工法的一种。这种方法利用移动式悬拼吊机将预制梁段起吊至桥位,然后采用环氧树脂胶和预应力钢丝束连接成整体。其适用于预制场地及运吊条件好,特别是工程量大和工期较短的梁桥工程。

(1)悬拼方法。悬拼根据起重吊装方式不同,可分为浮吊拼装法、悬臂吊机拼装法、连续桁架拼装法、缆索起重机拼装法及移动式导梁拼装法等。

(2)拼装接缝处理。悬臂拼装时,预制构件接缝处理分为湿接缝和胶接缝两大类。不同的施工阶段和不同的施工部位,交叉采用不同的接缝形式。

湿接缝以高强细石混凝土或高强度等级水泥砂浆为接缝材料,施工工期较长,但有利于调整预制构件的位置和增强接头的整体性,通常用于拼装与 0 号块件连接的第一对预制块件。

胶接缝以环氧树脂为接缝材料,有利于消除水分对接头的有害影响。胶接缝主要有平面型、多齿型、单级型和单齿型等形式。齿型和单级型的胶接缝用于块件间摩阻力和黏结力不足以抵抗梁体剪力的情况,单级型的胶接缝有利于施工拼装。

(3)预应力张拉。连续梁(T 构)的合龙及体系转换除应符合相关规范规定,在体系转换前,应按设计要求张拉部分梁段底部的预应力束,并在悬臂端设置向下的预留度。

连续梁(T 构)桥纵向预应力钢筋的布置较多集中于顶板部位,且钢束布置

对称于桥墩,因此,拼装每一对对称于桥墩节段用的预应力钢丝束按锚固这一对节段所需长度下料。

5)混凝土梁(板)顶推法施工

预应力混凝土连续梁桥顶推法施工是沿桥纵轴方向的台后开辟预制场地,分节段预制混凝土梁身,并用纵向预应力筋连成整体,然后通过水平液压千斤顶施力,借助不锈钢与聚四氟乙烯模压板特制的滑动装置,将梁逐段向对岸顶进,就位后落架,更换正式支座完成桥梁施工。这里主要介绍有关梁段顶推的要求。

(1)检查顶推千斤顶的安装位置,校核梁段的轴线及高程,检测桥墩(包括临时墩)、临时支墩上的滑座轴线及高程,确认符合要求,方可顶推。

(2)顶推千斤顶用油泵必须配套同步控制系统,两侧顶推时,必须左右同步,多点顶推时各墩千斤顶纵横向均应同步运行。

(3)顶推前进时,应及时由后面插入补充滑块,插入滑块应排列紧凑,滑块间最大间隙不得超过 20 cm。滑块的滑面(聚四氯乙烯板)上应涂硅酮脂。

(4)顶推过程中导梁接近前面桥墩时,应及时顶升牛腿引梁,将导梁引上墩顶滑块,方可正常顶进。

(5)顶推过程中应随时检测桥梁轴线和高程,做好导向、纠偏等工作。梁段中线偏移大于 20 mm 时应采用千斤顶纠偏复位。滑块受力不均匀、变形过大或滑块插入困难时,应停止顶推,用竖向千斤顶将梁托起校正。竖向千斤顶顶升高度不得大于 10 mm。

(6)顶推过程中应随时检测桥墩墩顶变位,其纵横向位移均不得超过设计要求。

(7)顶推过程中如出现拉杆变形、拉锚松动、主梁预应力锚具松动、导梁变形等异常情况应立即停止顶推,妥善处理后方可继续顶推。

(8)平曲线弯梁顶推时应在曲线外设置法线方向向心千斤顶锚固于桥墩上,纵向顶推的同时应启动横向千斤顶,使梁段沿圆弧曲线前进。

(9)竖曲线上顶推时各点顶推力应计入升降坡形成的梁段自重水平分力,如在降坡段顶进纵坡大于 3‰,宜采用摩擦系数较大的滑块。

(10)当桥梁顶推完毕,拆除滑动装置时,顶梁或落梁应均匀对称,升降高差各墩台间不得大于 10 mm,同一墩台两侧不得大于 1 mm。

2. 钢梁(板)桥施工

1)钢梁制造

钢梁应由具有相应资质的企业制造,钢梁制造企业应向安装企业提供产品合格证、钢材和其他材料质量证明书和检验报告,施工图,拼装简图,工厂高强度螺栓摩擦面抗滑系数试验报告,焊缝无损检验报告和焊缝重大修补记录,产品试板的试验报告,工厂拼装记录,杆件发运和包装清单。

钢梁加工制造主要包括下列工艺过程:施工准备、放样、号料、切割、零件矫正和弯曲、制孔、组装、焊接及结构试拼装等。

2)钢梁安装

钢梁制造后,应运输到工地进行安装。

(1)钢梁连接。钢梁安装时分铆接、高强度螺栓连接和工地焊接三大类。目前,铆接已逐渐淘汰,所以本书只对高强度螺栓连接和工地焊接进行阐述。

①高强度螺栓连接。高强度螺栓连接施工应符合下列要求。

a.安装前应复验出厂所附摩擦面试件的抗滑移系数,合格后方可进行安装。

b.高强度螺栓使用前应进行外观检查并应在同批内配套使用。

c.使用前,高强度螺栓应按出厂批号复验扭矩系数,其平均值和标准偏差应符合设计要求。设计无要求时,扭矩系数平均值应为 0.11~0.15,其标准偏差应小于或等于 0.01。

d.高强度螺栓应顺畅穿入孔内,不得强行穿入,穿入方向全桥一致。被栓合的板束表面应垂直于螺栓轴线,否则应在螺栓垫圈下面加斜坡垫板。

e.施拧高强度螺栓时,不得采用冲击拧紧、间断拧紧方法。拧紧后的节点板与钢梁间不得有间隙。

f.当采用扭矩法施拧高强度螺栓时,初拧、复拧和终拧应在同一工作班内完成。初拧扭矩应由试验确定,可取终拧值的 50%。

g.当采用扭角法施拧高强度螺栓时,可按《钢结构高强度螺栓连接技术规程》(JGJ 82—2011)的相关规定执行。

h.施拧高强度螺栓采用的扭矩扳手,应定期进行标定,作业前应进行校正,其扭矩误差不得大于扭矩值的 ±5%。

高强度螺栓终拧完毕必须当班检查。每栓群应抽查总数的 5%,且不得少于 2 套。抽查合格率不得小于 80%,否则应继续抽查,直至合格率达到 80%。

对螺栓拧紧度不足者应补拧,对超拧者应更换、重新施拧并检查。

②工地焊接。钢桥构件在工厂焊接后运到工地,再全部焊接组装成钢桥,称为工地焊接连接。进行工地焊接连接应准备充足的机具设备,包括电焊机、角向磨光机、空压机、气焊工具、气刨工具、恒温干燥箱、手提干燥箱、液压千斤顶等。工地焊接施工应符合下列要求。

a.首次焊接之前必须进行焊接工艺评定试验。

b.焊工和无损检测员必须经考试合格取得资格证书后,方可从事资格证书中认定范围内的工作,焊工停焊时间超过 6 个月,应重新考核。

c.焊接环境温度:低合金钢不得低于 5 ℃,普通碳素结构钢不得低于 0 ℃。焊接环境湿度宜不高于 80%。

d.焊接前应进行焊缝除锈,并应在除锈后 24 h 内进行焊接。

e.焊接前,对厚度 25 mm 以上的低合金钢,预热温度宜为 80~120 ℃,预热范围宜为焊缝两侧 50~80 mm。

f.多层焊接宜连续施焊,并应控制层间温度。每一层焊缝焊完后应及时清除药皮、熔渣、溢流和其他缺陷后,再焊下一层。

g.钢梁杆件现场焊缝连接应按设计要求的顺序进行。设计无要求时,纵向应从跨中向两端进行,横向应从中线向两侧对称进行。

h.现场焊接应设防风设施,遮盖全部焊接处。雨天不得焊接,箱形梁内进行二氧化碳气体保护焊时,必须使用通风防护设施。

(2)钢梁架设。钢梁架设的方法主要包括悬臂拼装法、支架法、拖拉法、整孔架设法、横移法和浮运法等。

①悬臂拼装法。钢梁在悬臂安装过程中,应注意降低钢梁的安装应力、控制伸臂端挠度、减少悬臂孔的施工荷载及保证钢梁拼装时的稳定性。钢梁悬臂拼装的施工顺序如下。

a.杆件预拼。为了减少钢梁拼装的桥上的高空作业和吊装次数,应将桥梁单根杆件预先拼装成吊装单元,能在桥下进行的工作尽量在桥下预拼场内进行,以加快施工进度。

b.杆件拼装。经过预拼合格的杆件,可由提升站吊机把杆件提运至在钢梁上弦平面运行的平板车上,由牵引车运至拼梁吊机下拼装就位。钢梁拼装必须按一定的拼装顺序图进行。在拟定拼装顺序时应考虑拼梁吊杆机的性能和先装的杆件是否妨碍后装杆件的安装与吊机的运行等因素。

拼装时,应尽快将主桁杆件拼成闭合三角形,形成稳定的几何体系,并尽快安装纵横联结系,保证钢梁结构的空间稳定。主桁杆件拼装,应左右两侧对称进行,防止偏载的不利影响。

c.高强度焊栓施工。高强度焊栓施工时,常用的控制螺栓的预拉力方法是扭角法和扭矩系数法。安装高强螺栓时应设法保证各螺栓中的预拉力达到其规定值,避免超拉或欠拉。

d.临时支承布置。钢梁悬臂拼装时,临时支承的类型包括临时活动支座、临时固定支座、永久活动支座、永久固定支座、保险支座、接引支座等。这些支座随拼装阶段变化与作业程序的变化将交替使用。

e.钢梁纵移。钢梁悬臂拼装过程中,梁的自重引起的变形或温度变化、制造误差、临时支座摩阻力等因素引起的钢梁变形会导致钢梁纵向长度的几何尺寸产生偏差,使钢梁各支点不能按设计位置落在各桥墩上,使桥墩偏载。为了调整这一误差至允许范围内,钢梁需要纵移。

f.钢梁横移。钢梁悬臂拼装过程中,受日光偏照和偏载的影响,加之杆件本身的制造误差,钢梁中线的位置产生偏差,以至达到墩顶后,钢梁不能准确地落在设计位置上,造成桥墩偏载,因此需将钢梁横移。钢梁横移必须在拼装过程中逐孔进行,横移施工可用专用的横移设备,也可根据情况采取临时措施。

用悬臂和半悬臂法安装钢梁时,连接处所需冲钉数量应按所承受荷载计算确定,且不得少于孔眼总数的 1/2,其余孔眼布置精制螺栓。冲钉和精制螺栓应均匀安放。

②支架法。在满布支架上安装钢梁时,因钢梁自重支承压在支架上,故冲钉和粗制螺栓总数不得少于孔眼总数的 1/3,其中冲钉不得多于 2/3。孔眼较少的部位,冲钉和粗制螺栓不得少于 6 个或在全部孔眼插入冲钉和粗制螺栓。粗制螺栓只起夹紧板束的作用。

③拖拉法。拖拉法架设钢梁包括全悬臂的纵向拖拉和半悬臂的纵向拖拉。当水流较深且水位稳定,又有浮运设备而搭设中间膺架不便时,可考虑采用半悬臂纵向拖拉;当永久性墩(台)之间不设置任何临时中间支承的情况下应考虑采用全悬臂拖拉。当梁拖到设计位置后,应及时拆除临时连接杆件及导梁、牵引设备等。拆除时应先将导梁或梁的前端适当顶高或落低,使连接杆件处于不受力状态,然后拆除连接栓钉。临时连接杆件和导梁等拆除后,可以落梁。落梁时钢梁每端至少用两台千斤顶顶梁,以便交替拆除两侧枕木垛。

④整孔架设。小跨度的钢板梁桥宜采用整孔架设,常采用架桥机架梁法和钓鱼法架梁法。架桥机架梁有速度快、成本低的优点。目前,常用的架桥机有胜

利型架桥机、红旗型窄式架桥机。钓鱼法是通过立在前方墩台上有效高度不小于梁长1/3的扒杆,用固定于扒杆顶的滑轮组牵引的梁的前端(悬空)到前方墩台上。

⑤横移法。横移法施工适用于只有换桥跨结构的旧桥改建工程,施工时,在移梁脚手架上设滚轴滑道,滚轴滑道上放置用方木制成的大平车。大平车一端用砂袋支垫新梁,使新梁稍高于支承垫石。另一端搭枕木垛,枕木垛位置应在旧梁正下面。枕木垛设置千斤顶,以备换梁的时候起顶旧梁之用。新梁的桥面事先做好。另外,在滑道上做移梁到位的标记,并在大平车上安放指针,当指针对准滑道上的标记时,表示新梁已正确就位。当一切准备妥当后,可封锁交通,起顶旧梁,用绞车牵引大平车到位,然后割破砂袋,新梁即落到支座上,可开放通车。

⑥浮运法。浮运施工是在桥位下游侧面岸上将钢梁拼铆(或栓合)成整孔后,利用码头把钢梁滚移到浮船上,再浮运至预定架设的桥孔上落梁就位。浮运支承主要由浮船、船上支架、浮船加固桁架以及各种系缚工具组成。

3)钢桥涂装

钢梁杆件架设安装完毕并经过检验、除锈、洗刷并干燥后,再进行全部涂漆工作。涂装前应对杆件表面进行质量检查,如有未涂底漆或已涂而部分脱落处补涂底漆,待底漆干燥后,方可进行涂装施工。

防腐涂料应有良好的附着性、耐蚀性,其底漆应具有良好的封孔性能。钢梁表面处理的最低等级应为Sa2.5。

涂装应在天气晴朗、4级(不含)以下风力时进行,夏季应避免阳光直射。涂装时构件表面不应有结露,涂装后4 h内应采取防护措施。

涂装工序如下:清除面层间锈污→刮嵌腻子→打磨→第一道面漆→打磨→第二道面漆→打磨→第三道面漆。

钢桥涂装过程中,涂料、涂装层数和涂层厚度应符合设计要求;涂层干漆膜总厚度应符合设计要求。当规定层数达不到最小干漆膜总厚度时,应增加涂层层数。

3.4.2 拱桥施工

1.拱桥有支架施工

1)拱架施工

砌筑石拱桥或混凝土预制块拱桥,以及现浇混凝土或钢筋混凝土拱桥时,需要搭设拱架,以承受全部或部分主拱圈和拱上建筑的质量,保证拱圈的形状符合设计要求。

(1)拱架拼装。拱架可就地拼装或根据起吊设备能力预拼成组件后再进行安装。拱架拼装过程中必须注意各节点、各杆件的受力平衡,并准备好拱顶拆拱设备,以使拱装拆自如。

(2)拱架安装。

①工字钢拱架安装。工字钢拱架的架设应分片进行。架设每片拱片时,应同时将左、右半片拱片吊至一定高度,并将拱片脚纳入墩台缺口或预埋的工字钢支点上与拱座铰连接,然后安装拱顶卸拱设备进行合龙。对于横梁、弧形木及支承木,应先安装弧形木再安装支承、横梁及模板。弧形木上应通过操平以检查标高准确,当误差过大时,可在弧形木上加铺垫木或刻槽。横梁应严格按设计安放。

②钢桁架拱架安装。钢桁架拱架的安装方法主要包括悬臂拼装法、浮运安装法、半拱旋转法、竖立安装法等。

a.悬臂拼装法。悬臂拼装法适用于拼装式钢桁架拱架安装,拼装时从拱脚起逐节进行,拼装好的节段用滑车组系吊在墩台塔架上。

b.浮运安装法。拱架拼装后,即可进行安装,为便于拱架进孔与就位,拱架拼装时的矢高,应稍大于设计矢高(即预留沉降值)。在拱架进孔后,用挂在墩台上的大滑车和放置在支架上的千斤顶来调整矢高,并用水压仓,以降低拱架,使拱架就位。安装时,拱顶铰须临时捆紧,拱脚铰和铰座位置须稍加调整,以使铰座密合。

c.半拱旋转法。采用半拱旋转法安装钢桁架拱架的方法与安装工字形钢拱架相似,其不同之处在于钢桁架安装时,起吊前拱脚先安装在支座上,然后用拉索使半拱架向上旋转合龙。

d.竖立安装法。钢桁架拱架竖立安装是在桥跨内两端拱脚上,垂直地拼成两半孔骨架,再以绕拱脚铰旋转的方法放至设计位置进行合龙。

(3)拱架卸落与拆除。由于拱上建筑、拱背材料、连拱等因素对拱圈受力的影响,应选择在拱体产生最小应力时卸架,一般在砌筑完成后 20~30 d,待砌筑砂浆强度达到设计强度的 70% 以后才能卸落拱架。

实腹式拱架的卸落应在护拱、侧墙完成后进行,而空腹式拱架的卸落应在拱上小拱横墙完成后、小拱圈砌筑前进行。当必须提前卸架时,应适当提高砂浆(或混凝土)强度或采取其他措施。

拱架卸落时,应设专人用仪器观测拱圈挠度和墩台变化情况,并详细记录。另设专人观察是否有裂缝现象。对于裸拱卸架,应对裸拱进行截面强度及稳定性验算,并采取必要的稳定措施。对于较大拱桥的拱架卸落,一般在设计文件中有明确规定,应按设计规定进行。

拱架卸落的过程实质上是由拱架支承的拱圈的重力逐渐移给拱圈自身来承担的过程,为了使拱圈受力有利,而应采取一定的卸架程序和方法。

2)拱圈施工

(1)石料及混凝土预制块砌筑拱圈。石料及混凝土预制块砌筑拱圈施工时,对于跨径小于 10 m 的拱圈,当采用满布式拱架砌筑时,可从两端拱脚起顺序向拱顶方向对称、均衡地砌筑,最后在拱顶合龙。当采用拱式拱架砌筑时,宜分段、对称先砌拱脚和拱顶段。跨径 10～25 m 的拱圈,必须分多段砌筑。先对称地砌拱脚和拱顶段,再砌 1/4 跨径段,最后砌封顶段;跨径大于 25 m 的拱圈,砌筑程序应符合设计要求。

宜采用分段砌筑或分环分段相结合的方法砌筑。必要时可采用预压载,边砌边卸载的方法砌筑。分环砌筑时,应待下环封拱砂浆强度达到设计强度的70%以上后,再砌筑上环。

石料及混凝土预制块砌筑拱圈施工时,应在拱脚和各分段点设置空缝。空缝的宽度在拱圈外露面应与砌缝一致,空缝内腔可加宽至 30～40 mm。空缝的填塞应由拱脚逐次向拱顶对称进行,也可同时填塞。

空缝填塞应在砌筑砂浆强度达到设计强度的70%后进行,应采用 M20 以上半干硬水泥砂浆分层填塞。

(2)拱架上浇筑混凝土拱圈(拱肋)。在拱架上浇筑混凝土拱圈(拱肋)时,根据拱圈(拱肋)跨径不同应采取不同的浇筑方法。

跨径小于 16 m 的拱圈或拱肋混凝土,应按拱圈全宽从拱脚向拱顶对称、连续浇筑,并在混凝土初凝前完成。当预计不能在限定时间内完成时,则应在拱脚预留一个隔缝并最后浇筑隔缝混凝土。

跨径大于或等于 16 m 的拱圈或拱肋,可分段浇筑,也可纵向分隔浇筑。

(3)劲性骨架混凝土拱圈(拱肋)。劲性骨架混凝土拱圈(拱肋)浇筑前应进行加载程序设计,计算出各施工阶段钢骨架以及钢骨架与混凝土组合结构的变形、应力,并在施工过程中进行监控。

分环多工作面浇筑劲性骨架混凝土拱圈(拱肋)时,各工作面的浇筑顺序和速度应对称、均衡,对应工作面应保持一致,两个对称的工作段必须同步浇筑,且两段浇筑顺序应对称。

当采用水箱压载分环浇筑劲性骨架混凝土(拱肋)时,应严格控制拱圈(拱肋)的竖向变形和横向变形,防止骨架局部失稳。

当采用斜拉扣索法连续浇筑劲性骨架混凝土拱圈(拱肋)时,应设计扣索的张拉与放松程序,施工中应监控拱圈截面应力和变形,混凝土应从拱脚向拱顶对称连续浇筑。

3)钢管混凝土拱施工

(1)钢管拱肋安装。首先钢管拱肋成拱过程中,应同时安装横向连接系,未安装横向连接系的不得多于一个节段,否则应采取临时横向稳定措施。各节段间环焊缝的施焊应对称进行,并应采用定位板控制焊缝间隙,同时,应注意环焊缝施焊不得采用堆焊。

(2)钢管混凝土浇筑。管内混凝土宜采用泵送顶升压注施工,由两拱脚至拱顶对称均衡地连续压注完成。

大跨径拱肋钢管混凝土应根据设计加载程序,宜分环、分段并隔仓由拱脚向拱顶对称均衡压注。钢管混凝土压注前应清洗管内污物,润湿管壁,先泵入适量水泥浆再压注混凝土,直至钢管顶端排气孔排出合格的混凝土时停止。压注过程中拱肋变位不得超过设计规定。

压注混凝土完成后应关闭倒流截止阀。

4)中、下承式拱桥及施工

中、下承式拱桥一般是按拱肋、桥面系、吊杆的施工顺序来进行施工的。

钢筋混凝土拱肋及钢管混凝土拱肋施工应符合混凝土拱圈(拱肋)施工及钢筋混凝土拱肋施工的相关要求。

桥面系可采用预制安装的方法进行施工,这样可以加快施工进度。

吊杆分为刚性吊杆和柔性吊杆。刚性吊杆是在钢丝束或钢绞线束外包混凝土,柔性吊杆采用钢丝束或钢绞线束,并采用 PE 热挤防护套进行防护。吊杆一般在工厂制作后成捆运至工地安装。

5)系杆拱桥施工

系杆拱桥的系杆可分为刚性系杆和柔性系杆两种。对于刚性系杆拱桥,可采取先浇筑或安装系杆,然后在系杆上安装拱架,浇筑拱肋混凝土,最后安装吊

杆的程序施工;对于柔性系杆拱桥,可采取先安装拱架,然后浇筑拱肋混凝土,卸落拱架,安装吊杆、横梁,最后施工桥面系的程序施工。

2. 拱桥无支架施工

1)塔架法

塔架法进行拱桥施工是以临时设立桥台上的塔架立柱,将拱圈(拱肋)浇筑一段系吊一段的浇筑施工方法。施工时应按拱的跨径、矢跨比、桥宽等来确定塔架的高度和受力大小。斜吊杆可使用预应力钢筋或吊带,其数量视所系吊杆拱段长度和位置而定,要仔细进行工艺设计并计算。灌注拱圈混凝土施工一般用设在已浇筑完拱段上的悬臂吊篮逐段浇筑。亦可用吊架浇筑,吊架后端固定在已完成拱段上,前端系吊在塔架上。由拱脚两个半拱对称施工,最后在拱顶合龙。

2)悬臂浇筑法

悬臂浇筑法进行拱桥施工是为将拱圈、拱上立柱和预应力混凝土桥面板等同时施工,而一边浇筑一边构成拱架的悬臂浇筑方法。施工时,预应力钢筋临时作为桁架的斜拉杆和桥面板的明索,将桁架锚固在后面桥台上。

3)钢筋骨架法

钢筋骨架法进行拱桥施工应先将拱圈的全部钢筋骨架按设计形状和尺寸制成并安装在拱圈相应位置,然后用系吊在它上面的吊篮逐段浇筑混凝土。由两侧拱脚开始,对称、逐段浇筑,最后在拱顶合龙。钢筋骨架施工,钢筋骨架不但满足拱圈需要,而且起到临时拱架作用,因此,钢筋骨架应有相应的刚度,施工时要对钢筋骨架进行预压,以防浇筑混凝土后变形,破坏已浇筑混凝土与钢筋结合。

3. 拱桥转体施工

拱桥转体施工是将拱圈或整个上部结构分为两个半跨,分别在河流两岸利用地形或简单支架现浇或预制装配半拱,然后利用一些机具设备和动力装置将两个半跨拱体转动至桥轴线位置(或设计标高)合龙成拱。

拱桥转体施工可采用平面转体施工、竖向转体施工或平竖结合转体施工。

1)平面转体施工

平面转体施工适用于钢筋混凝土拱桥和钢管混凝土拱桥,可分为有平衡重转体施工和无平衡重转体施工。

(1)有平衡重转体施工。有平衡重转体一般以桥台背墙作为平衡重,并作为桥体上部结构转体用于拉杆的锚碇反力墙,用以稳定地转动体系和调整重心位置。为此,平衡重部分不仅在桥体转动时作为平衡重量,而且也要承受桥梁转体质量的锚固力。有平衡重转体施工应符合下列规定。

①转体平衡重可利用桥台或另设临时配重。

②箱形拱、肋拱宜采用外锚扣体系;桁架拱、刚架拱宜采用内锚扣(上弦预应力钢筋)体系。

③当采用外锚扣体系时,扣索宜采用精轧螺纹钢筋、带镦头锚的高强钢丝、预应力钢绞线等高强材料,安全系数不得低于 2。扣点应设在拱顶点附近。扣索锚点高程不得低于扣点。

④当采用内锚扣体系时,扣索可利用结构钢筋或在其杆件内另穿入高强钢筋。完成桥体转体合龙,当浇筑接头混凝土达到设计强度时,应解除扣索张力。利用结构钢筋做锚索时,应验算其强度。

⑤张拉扣索时的桥体混凝土强度应达到设计要求,当设计无要求时,应不低于设计强度的 80%,扣索应分批、分级张拉。扣索张拉至设计荷载后,应调整张拉力使桥体合龙高程符合要求。

⑥转体合龙应符合下列要求。

a. 应控制桥体高程和轴线,合龙接口相对偏差不得大于 10 mm。

b. 合龙应选择当日最低温度进行。当合龙温度与设计要求偏差 3 ℃或影响高程差±10 mm 时,应修正合龙高程。

c. 合龙时,宜先采用钢楔临时固定,再施焊接头钢筋,浇筑接头混凝土,封固转盘。在混凝土达到设计强度的 80% 后,再分批、分级松扣、拆除扣、锚索。

⑦转体牵引力应按式(3-5)计算:

$$T = \frac{2fGD}{3D} \tag{3-5}$$

式中:T 为牵引力(kN);G 为转体总重力(kN);R 为铰柱半径(m);D 为牵引力偶臂;f 为摩擦系数,无试验数据时,可取静摩擦系数为 0.10~0.12,动摩擦系数为 0.06~0.09。

⑧牵引转动时应控制速度,角速度宜为 0.01~0.02rad/min;桥体悬臂端线速度宜为 1.5~2.0 m/min。

(2)无平衡重转体施工。无平衡重转体施工需要有一个强大、牢固的锚碇,因此,宜在山区地质条件好或跨越深谷急流处建造大跨桥梁时选用。无平衡重平转施工应符合下列规定。

①应利用锚固体系代替平衡重。锚碇可设于引道或边坡岩层中。桥轴向可利用引桥的梁作为支承,或采用预制、现浇的钢筋混凝土构件作为支承。非桥轴向(斜向)的支承应采用预制或现浇的钢筋混凝土的构件。

②转动体系的下转轴宜设置在桩基上。扣索宜采用精轧螺纹钢筋,靠近锚块处宜接以柔性工作索。设于拱脚处的上转轴的轴心应按设计要求与下转轴的轴心设置偏心距。

③尾索引拉宜在立柱顶部的锚梁(锚块)内进行,操作程序同后张预应力施工。尾索张拉荷载达到设计要求后,应观测 1～3 d,如发现索间内力相差过大,应再进行一次尾索张拉,以求均衡达到设计内力。

④扣索张拉前应在支承以及拱轴线上(拱顶、3/8、1/5、1/8 跨径处)设立平面位置和高程观测点,在张拉前和张拉过程中应随时观测。每索应分级张拉至设计张拉力。

⑤拱体旋转到距设计位置约 5°时,应放慢转速,距设计位置差 1°时,可停止外力牵引转动,借助惯性就位。

⑥当拱体采用双拱肋平转安装时,上下游拱体宜同步对称向桥轴线旋转。

⑦当拱体采用两岸各预制半跨,平转安装就位,拱顶高程超差时,宜采用千斤顶张拉、松懈扣索的方法调整拱顶高差。

⑧当台座和拱顶合龙口混凝土达到设计强度的 80% 后,方可对称、均衡地卸除扣索。

⑨尾索张拉、扣索张拉、拱体平转、合龙卸扣等工序,必须进行施工观测。

2)竖向转体施工

竖向转体施工就是在桥台处先竖向预制半拱或在桥台前俯卧预制半拱,然后在桥位平面内绕拱脚将其转动合龙成拱。竖向转体施工时,应符合下列规定。

(1)竖转法施工适用于混凝土肋拱、钢筋混凝土拱。

(2)应根据提升能力确定转动单元,宜以横向连接为整体的双肋为一个转动单元。

(3)角速度宜控制在 0.005～0.01 rad/min。

(4)合龙混凝土和转动铰封填混凝土达到设计强度后,方可拆除提升体系。

3)平竖结合转体施工

拱桥采用转体施工时,由于河岸地形条件的限制,可能遇到既不能在设计标高处预制半拱,也不可能在桥位竖直平面内预制半拱的情况。在这种情况下,拱体只能在适当位置预制后既需平转,又需竖转才能就位,即平竖法结合转体施工。这种平竖法结合转体施工的基本方法与前述方法相似,但其转轴构造较为复杂,一般不选用;只有当地形、施工条件适合时,混凝土肋拱、刚架拱、钢管混凝土的施工可选用此法。

4.拱上结构施工

拱桥的拱上结构,应按照设计规定程序施工。如设计无规定,可由拱脚至拱顶均衡、对称加载,使施工过程中的拱轴线与设计拱轴线尽量吻合。

1)泄水管

拱桥除在桥面和台后设排水设施外,对于渗入拱腹内的水应通过防水层汇集于预埋在拱腹内的泄水管排出。

泄水管可采用管径为 6~10 cm 的铸铁管、混凝土管或陶管,严寒地区可适当增大管径,但应不大于 15 cm。泄水管进口处周围防水层应做成集水坡,并以大块碎石做成倒滤层,以防堵塞。泄水管外露长应不小于 10 cm,防流水污染结构物。泄水管不宜过长,且不能用弯管做泄水管。

2)防水层

(1)沥青麻布防水层。沥青麻布防水层主要用于冰冻地区的砖石拱桥。其做法常用"三油二布",即三层沥青二层麻布。

防水层铺设前,应用水泥砂浆抹平拱背,待水泥砂浆凝固后再涂 1~2 层沥青漆。铺设时,沥青应保持适宜温度,使能涂均匀。麻布应由低向高循环敷设,搭接长度应不小于 10 cm。

当防水层经过拱圈及拱上结构的伸缩缝或变形缝时,应做成 U 形。

当防水层处于泄水管处时,应紧贴泄水管漏斗之下敷设,以防止向防水层底漏水。

(2)石灰三合土防水层。石灰三合土防水层主要用在非冰冻地区,其厚度可在 10 cm 左右。铺设前将拱背按排水方向做成一定的坡度,并砌抹平整。为确保防水效果,最好涂抹一层沥青。

(3)胶泥防水层。胶泥防水层主要用在非冰冻地区的较小跨径拱桥,铺设时应严格控制含水量,以防干裂。

3）伸缩缝及变形缝

伸缩缝的宽度一般为 2～3 cm，缝内填料可用锯末加沥青配合制成。预制板锯末与沥青的比例一般为 1∶1，施工时将预制板嵌入。上缘一般做成能活动而不透水覆盖层。伸缩缝内的填充料，亦可采用沥青砂或其他适当材料。

4）拱背填充

拱背填充应采用透水性强和休止角较大的材料（包括砂砾、片石、碎石夹石混合料以及矿渣等）。填充时应按拱上建筑的顺序和时间，对称而均匀地分层填充并碾压密实。

3.4.3　斜拉桥施工

1. 索塔施工

1）钢主塔施工

钢主塔施工，应充分考虑垂直运输、吊装高度、起吊吨位等因素。钢主塔应在工厂分段立体试拼装合格后出厂。主塔在现场安装，常常采用现场焊接接头、高强度螺栓连接、焊接和螺栓混合连接的方式。经过工厂加工制造和立体试拼装的钢塔在正式安装时，应进行测量控制，并及时用填板或对螺栓孔进行扩孔来调整轴线和方位，防止加工误差、受力误差、安装误差、温度误差、测量误差的积累。

钢主塔可用耐候钢材或喷锌层进行防锈。但绝大部分钢塔都采用油漆涂料，一般可保持的使用年限为 10 年。油漆涂料常采用 2 层底漆、3 层面漆，其中 4 层由加工厂涂装，最后一道面漆由施工安装单位最终完成。

2）混凝土主塔施工

（1）模板。浇筑索塔混凝土的模板按结构形式不同可采用提升模板和滑升模板。提升模板按其吊点的不同，可分为依靠外部吊点的单节整体模板逐段提升、多节模板交替提升以及本身带爬升模板。滑升模数只适用于等截面的垂直塔柱。

（2）混凝土塔柱施工。混凝土塔柱一般可采用支架法、滑模法、爬模法施工。在塔柱内，在塔壁中间常常设有劲性骨架，劲性骨架在工厂加工，现场分段超前拼接，精确定位。劲性骨架安装定位后，可供测量放样、立模、扎筋、拉索、钢套管定位用,也可供施工受力用。

(3)混凝土横梁施工。在高空中进行大跨度、大断面现浇高强度等级预应力混凝土横梁的施工难度很大。施工时要考虑到模板支承系统和防止支承系统的连接间隙变形、弹性变形、支承不均匀沉降变形,混凝土梁、柱与钢支承不同的线膨胀系数影响,日照温差对混凝土、钢材的不同时间差效应等产生的不均匀变形的影响,以及相应的变形调节措施。每次浇筑混凝土的供应量应保证在混凝土初凝前完成浇筑,并且采取有效措施,防止在早期养护期间及每次浇筑过程中因支架的变形而造成混凝土梁开裂。

(4)主塔混凝土施工。主塔混凝土施工常采用现场搅拌、吊斗提送的方法。对于高度较高的主塔,施工时,应采用商品泵送大流动度混凝土。为了改善混凝土可泵性能并达到较高的弹性模量和较小的混凝土收缩、徐变性能,应采用高密度骨料、低水灰比、低水泥用量,适量掺加粉煤灰和泵送外加剂,以便满足缓凝、早强、高强的混凝土泵送要求。

泵送混凝土施工一般应考虑混凝土泵送设施的布置,即根据不同的部位、泵送高度、每段浇筑时间及每段浇筑混凝土工程量,考虑混凝土泵送设施来综合布置。

2. 主梁施工

斜拉桥主梁的施工常采用支架法、顶推法、转体法、悬臂施工法等方法进行。在实际施工中,混凝土斜拉桥多采用悬臂浇筑法,而结合梁斜拉桥和钢斜拉桥多采用悬臂拼装法。

1)钢主梁施工

钢主梁施工应根据梁体类型、地理环境、交通运输条件、结构特点等综合因素选择适宜的施工方案与施工设备。钢主梁施工应符合下列规定。

(1)主梁为钢箱梁时现场宜采用栓焊结合、全拴接方式连接。采用全焊接方式连接时,应采取防止温度变形措施。

(2)当结合梁采用整体梁段预制安装时,混凝土桥面板之间应采用湿接头连接,湿接头应现浇补偿收缩混凝土;当结合梁采用先安装钢梁,现浇混凝土桥面板时,也可采用补偿收缩混凝土。

(3)合龙前应不间断地观测数日的昼夜环境温度场变化、梁体温度场变化与合龙高程及合龙口长度变化的关系,确定合龙段的精确长度与适宜的合龙时间及实施程序,并考虑钢梁安装就位时高强螺栓定位、拧紧以及合龙后拆除墩顶段

的临时固结装置所需的时间。

（4）实地丈量计算合龙段长度时，应预估斜拉索的水平分力对钢梁压缩量的影响。

2）混凝土主梁施工

支架法现浇施工应消除温差、支架变形等因素对结构变形与施工质量产生的不良影响。支架搭设完成后应进行检验，必要时可进行静载试验。

（1）采用挂篮悬浇法或悬拼法施工之前，挂篮或悬拼设备应进行检验和试拼，确认合格后方可在现场整体组装；组装完成经检验合格后，必须根据设计荷载及技术要求进行预压，检验其刚度、稳定性、高程及其他技术性能，并消除非弹性变形。

（2）现浇混凝土主梁合龙段相毗邻的梁端部应预埋临时连接钢构件。合龙段现浇混凝土施工应符合下列要求。

①合龙段两端的梁段安装定位后，应及时将连接钢构件焊连一体，再进行混凝土合龙施工，并按设计要求适时解除临时连接。

②合龙前应不间断地观测数日的昼夜环境温度场变化与合龙高程及合龙口长度变化的关系，同时，应考虑风力对合龙精度的影响，综合诸因素确定适宜的合龙时间。

③合龙段现浇混凝土宜选择补偿收缩的早强混凝土。

④合龙前应按设计要求将合龙段两端的梁体分别向桥墩方向顶出一定距离。

3. 斜拉索施工

1）放索

斜拉索通常采用类似电缆盘的钢结构盘将其运输到施工现场，对于短索，可采用自身成盘，捆扎后运输。放索可采用立式转盘放索和水平转盘放索两种方法。

2）索在桥面上移动

在放索和安索过程中，要对斜拉索进行拖移，由于自身的弯曲，或者与桥面直接接触，在移动拉索的过程中可能使其防护层或索股发生损坏。为了避免这些情况的发生，可采取如下措施：如果索盘由驳船运来，放索时也可以将索盘吊运到桥面上进行，或直接在船上进行，采用滚筒法、移动平车法、导索法、垫层

118

法等。

3)斜拉索的塔部安装

斜拉索安装前,应计算索自重所需的拖拉力,选择合适的卷扬机、吊机和滑轮组配置方法。安装张拉端时,先要计算安装索力,由计算可知,当矢跨比小于0.15 时,可采用抛物线代替悬链线来计算曲线长度。计算出各施工阶段的索力后,即可选择适当的牵引设备和安装方法,进行斜拉索的塔部安装。根据张拉端设置的位置确定安装顺序:如果张拉端设置于塔部,则先于梁部安装;如果张拉端设置于梁部,则先于塔部安装。

4)斜拉索的梁部安装

斜拉索的梁部安装方法有吊点法和拉杆接长法两种。

3.5　桥面系及附属工程施工

3.5.1　桥面系施工

1.排水设施施工

桥面排水设施主要包括汇水槽、泄水口及泄水管。汇水槽、泄水口顶面高程应低于桥面铺装层 10～15 mm。泄水管下端至少应伸出构筑物底面 100～150 mm。泄水管宜通过竖向管道直接引至地面或雨水管线,其竖向管道应采用抱箍、卡环、定位卡等预埋件固定在结构物上。

2.桥面防水层施工

下雨时,雨水在桥面必须能及时排出,否则将影响行车安全,也会对桥面铺装和梁体产生侵蚀,影响梁体耐久性。桥面防水层设在钢筋混凝土桥面板与铺装层之间,尤其在主梁受负弯矩作用处。桥面防水层应按设计要求设置,主要由垫层、防(隔)水层与保护层 3 部分组成。其中,垫层多做成三角形,以形成桥面横向排水坡度。垫层不宜过厚或过薄。当厚度超过 5 cm 时,宜用小石子混凝土铺筑,厚度在 5 cm 以下时,可只用1:3 或1:4 水泥砂浆抹平。水泥砂浆的厚度宜不小于 2 cm。垫层的表面不宜光滑。有的梁桥防水层可由桥面铺装来充当。

桥面应采用柔性防水,不宜单独铺设刚性防水层。桥面防水层使用的涂料、卷材、胶黏剂及辅助材料必须符合环保要求。桥面防水层的铺设应在现浇桥面结构混凝土或垫层混凝土达到设计要求强度,经验收合格后进行。桥面防水层应直接铺设在混凝土表面上,不得在二者间加铺砂浆找平层。

3. 桥面铺装层施工

桥面防水层经验收合格后,即可进行桥面铺装层的施工,但在雨天或雨后桥面未干燥时,不能进行桥面铺装层的施工。铺装层应在纵向 100 cm、横向 40 cm 范围内,逐渐降坡,与汇水槽、泄水口平顺相接。

1)沥青混合料桥面铺装层施工

在水泥混凝土桥面上铺筑沥青铺装层前,应在桥面防水层上洒布一层沥青石屑保护层,或在防水黏结层上洒布一层石屑保护层,并用轻碾慢压。沥青铺装宜采用双层式,底层宜采用高温稳定性较好的中粒式密级配热拌沥青混合料,表层应采用防滑面层。铺装后宜采用轮胎或钢筒式压路机进行碾压。

2)水泥混凝土桥面铺装层施工

(1)铺装层的厚度、配筋、混凝土强度等应符合设计要求。结构厚度误差不得超过 20 mm。

(2)铺装层的基面(裸梁或防水层保护层)应粗糙、干净,并于铺装前湿润。

(3)桥面钢筋网应位置准确、连续。

(4)铺装层表面应做防滑处理。

(5)水泥混凝土施工工艺及钢纤维混凝土铺装的技术要求应符合《城镇道路工程施工与质量验收规范》(CJJ 1—2008)的相关规定。

3)人行天桥塑胶混合料面层施工

(1)人行天桥塑胶混合料的品种、规格、性能应符合设计要求和标准的规定。

(2)施工时的环境温度和相对湿度应符合材料产品说明书的要求,风力超过 5 级(含 5 级)、雨天和雨后桥面未干燥时,严禁铺装施工。

(3)塑胶混合料均应计量准确,严格控制拌和时间。拌和均匀的胶液应及时运到现场铺装。

(4)塑胶混合料必须采用机械搅拌,应严格控制材料的加热温度和洒布温度。

(5)人行天桥塑胶铺装宜在桥面全宽度内两条伸缩缝之间,一次连续完成。

(6)塑胶混合料面层终凝之前严禁行人通行。

4.桥梁伸缩装置施工

伸缩装置安装前应检查修正梁端预留缝的间隙,缝宽应符合设计要求,上下必须贯通,不得堵塞。伸缩装置安装前应对照设计要求、产品说明,对成品进行验收,合格后方可使用。安装伸缩装置时,应按安装时气温确定安装定位值,保证设计伸缩量。

(1)填充式伸缩装置安装。填充式伸缩装置安装应符合下列规定。

①预留槽宜为 50 cm 宽、5 cm 深,安装前预留槽基面和侧面应进行清洗和烘干。

②梁端伸缩缝处应黏固止水密封条。

③填料填充前应在预留槽基面上涂刷底胶,热拌混合料应分层摊铺在槽内并捣实。

④填料顶面应略高于桥面,并洒布一层黑色碎石,用压路机碾压成型。

(2)齿形钢板伸缩装置安装。齿形钢板伸缩装置安装应符合下列规定。

①底层支承角钢应与梁端锚固筋焊接。

②支承角钢与底层钢板焊接时,应采取防止钢板局部变形措施。

③齿形钢板宜采用整块钢板仿形切割成型,经加工后按序号置入。

④安装顶部齿形钢板,应按安装时气温经计算确定定位值。齿形钢板与底层钢板端部焊缝应采用间隔跳焊,中部塞孔焊应间隔分层满焊。焊接后齿形钢板与底层钢板应密贴。

⑤齿形钢板伸缩装置宜在梁端伸缩缝处采用 U 形铝板或橡胶板止水带防水。

(3)橡胶伸缩装置安装。橡胶伸缩装置安装应符合下列规定。

①安装橡胶伸缩装置应尽量避免预压工艺。气温在 5 ℃以下时,不宜安装橡胶伸缩装置。

②安装前应对伸缩装置预留槽进行修整,使其尺寸、高程符合设计要求。

③锚固螺栓位置应准确,焊接必须牢固。

④伸缩装置安装合格后应及时浇筑两侧过渡段混凝土,并与桥面铺装接顺。每侧混凝土宽度宜不小于 0.5 m。

(4)模数式伸缩装置安装。模数式伸缩装置安装应符合下列规定。

①模数式伸缩装置在工厂组装成型后运至工地,应按《公路桥梁伸缩装置通用技术条件》(JT/T 327—2016)对成品进行验收,合格后方可安装。

②伸缩装置安装时其间隙量定位值应由厂家根据施工时的气温在工厂完成,用定位卡固定。如需在现场调整间隙量应在厂家专业人员指导下进行,调整定位并固定后应及时安装。

③伸缩装置应使用专用车辆运输,按厂家标明的吊点进行吊装,防止变形。现场堆放场地应平整,并避免雨淋暴晒,采取防尘措施。

④安装前应按设计和产品说明书要求检查锚固筋规格和间距、预留槽尺寸,确认符合设计要求,并清理预留槽。

⑤分段安装的长伸缩装置需现场焊接时,宜由厂家专业人员施焊。

⑥伸缩装置中心线与梁段间隙中心线应对正重合。伸缩装置顶面各点高程应与桥面横断面高程对应一致。

⑦伸缩装置的边梁和支承箱应焊接锚固,并应在作业中采取防止变形措施。

⑧过渡段混凝土与伸缩装置相接处应黏固止水密封条。

⑨混凝土达到设计强度后,方可拆除定位卡。

5. 地袱、缘石、挂板施工

桥梁上部结构混凝土浇筑安装支架的卸落后,应进行地袱、缘石、挂板的施工。施工时,地袱、缘石、挂板的外侧线形应平顺,伸缩缝必须全部贯通,并与主梁伸缩缝相对应。预制或石材地袱、缘石、挂板安装应与梁体连接牢固。挂板安装时,直线段宜每 20 m 设一个控制点,曲线段宜每 3~5 m 设一个控制点,并应采用统一模板控制接缝宽度,确保外形流畅、美观。尺寸超差和表面质量缺陷的挂板不得使用。

6. 防护设施施工

桥梁防护设施一般包括栏杆、隔离设施护栏和防护网等。防护设施的施工应在桥梁上部结构混凝土的浇筑支架卸落后进行。其线形应流畅、平顺,伸缩缝必须全部贯通,并与主梁伸缩缝相对应。

防护设施采用混凝土预制构件安装时,砂浆强度应符合设计要求。当设计无规定时,宜采用 M20 水泥砂浆。

预制混凝土栏杆采用榫槽连接时,安装就位后应用硬塞块固定,灌浆固结。塞块拆除时,灌浆材料强度不得低于设计强度的 75%。采用金属栏杆时,焊接必须牢固,毛刺应打磨平整,并及时除锈防腐。

防撞墩必须与桥面混凝土预埋件、预埋筋连接牢固,并应在施作桥面防水层前完成。

护栏、防护网宜在桥面、人行道铺装完成后安装。

7. 人行道施工

人行道结构应在栏杆、地栿完成后施工,且在桥面铺装层施工前完成。

人行道施工应符合《城镇道路工程施工与质量验收规范》(CJJ 1—2008)的相关规定。人行道下铺设其他设施时,应在其他设施验收合格后,方可进行人行道铺装。悬臂式人行道构件必须在主梁横向连接或拱上建筑完成后方可安装。人行道板必须在人行道梁锚固后方可铺设。

3.5.2　附属结构施工

1. 隔声和防眩装置安装

基础混凝土达到设计强度后,即可进行桥梁隔声和防眩装置的安装。隔声和防眩装置安装过程中,应加强产品保护,不得对隔声和防眩板面及其防护性造成损伤。

(1)声屏障安装。屏障加工模数应根据桥梁两伸缩之间长度确定,声屏障安装时,必须与钢筋混凝土预埋件牢固连接,声屏障应连续安装,不得留有间隙,在桥梁伸缩缝部位应按设计要求处理。安装时应选择桥梁伸缩缝一侧的端部为控制点,依序安装。5级(含5级)以上大风时不得进行声屏障安装。

(2)防眩板安装。防眩板安装应与桥梁线形一致,防眩板的荧光标识面应迎向行车方向,板间距、遮光角应符合设计要求。

2. 梯道施工

梯道即梯形道,是城市竖向规划建设的步行系统,人行梯道按其功能和规模可分为3级:一级梯道为交通枢纽地段的梯道和城市景观性梯道;二级梯道为连接小区间步行交通的梯道;三级梯道为连接组团间步行交通或入户的梯道。梯道平台和阶梯顶面应平整,不得反坡造成积水。

钢结构梯道制造与安装,应符合相关规范规定。梯道每升高1.2~1.5 m宜设置休息平台,二、三级梯道连续升高超过5.0 m时,除应设置休息平台外,还应设置转折平台,且转折平台的宽度宜不小于梯道宽度。

3. 桥头搭板施工

桥头搭板一般包括现浇桥头搭板和预制桥头搭板两种,施工前,均应保证桥梁伸缩缝贯通、不堵塞,且与地梁、桥台锚固牢固。

现浇桥头搭板基底应平整、密实,在砂土上浇筑,应铺3～5 cm厚水泥砂浆垫层。

预制桥头搭板安装时应在与地梁、桥台接触面铺2～3 cm厚水泥砂浆,搭板应安装稳固不翘曲。预制板纵向留灌浆槽,灌浆应饱满,砂浆达到设计强度后方可铺筑路面。

4. 防冲刷结构施工

桥梁防冲刷结构主要包括锥坡、护坡、护岸、海墁及导流坝等,防冲刷结构的基础埋置深度及地基承载力应符合设计要求。锥坡、护坡、护岸、海墁结构厚度应满足设计要求。

干砌护坡时,护坡土基应夯实达到设计要求的压实度。砌筑时应纵横挂线,按线砌筑。需铺设砂砾垫层时,砂砾料的粒径宜不大于5 cm,含砂量宜不超过40%。施工中应随填随砌,边口处应用较大石块,砌成整齐坚固的封边。

栽砌卵石护坡应选择长径扇形石料,长度宜为25～35 cm。卵石应垂直于斜坡面,长径立砌,石缝错开。基脚石应浆砌。

栽砌卵石海墁,宜采用横砌方法,卵石应相互咬紧,略向下游倾斜。

5. 照明设施施工

灯柱通常只在城镇设有人行道的桥梁上设置。灯柱的设置位置有两种:一种是设在人行道上;另一种是设在栏杆立柱上。

人行道上的灯柱布设较为简单,只要在人行道下布埋管线,按设计位置预设灯柱基座,在基座上安装灯柱、灯饰,连接好线路即可。这种布设方法大方、美观、灯光效果好,适用于人行道较宽(大于1 m)的情况。但灯柱会缩小人行道的宽度,影响行人通过,且要求灯柱布置稍高一些,不能影响行车净空。

在石栏杆立柱上布设灯柱稍麻烦一些,电线在人行道下预埋后,还要在立柱内布设线路通至顶部,立柱既要承受栏杆上传来的荷载,又要承受灯柱的重量,因此,带灯柱的立柱要经过特殊设计和制作。在立柱顶部还要预设灯柱基座,保证其连接牢固。这种布设方法的优点是灯柱不占人行道空间,桥面开阔,但施工、维修较为困难。这种情况一般只适用于安置单火灯柱,灯柱顶部可向桥面内侧弯曲延伸一部分,以保证照明效果。

第4章 给水排水工程施工技术

4.1 给水排水系统分类与组成

4.1.1 城市给水系统分类与组成

1.城市给水系统的分类

1)按水源种类划分

按水源种类可将城市给水系统划分为以地下水为水源的给水系统和以地表水为水源的给水系统。

2)按供水方式划分

按供水方式可将城市给水系统划分为重力给水系统、多水源给水系统、分质给水系统、分压给水系统、循环给水系统和循序给水系统。

3)按使用目的划分

按使用目的可将城市给水系统划分为生活给水系统、生产给水系统和消防给水系统。

2.城市给水系统的组成

城市给水系统是维持城市正常运作的必要条件,通常由下列工程设施组成。

1)取水构筑物

取水构筑物是指用以从地表水源或地下水源取得满足要求的原水,并输往水厂的工程设施。其可分为地下水取水构筑物和地表水取水构筑物。

(1)地下水取水构筑物。地下水取水构筑物主要有管井、大口井、辐射井和渗渠几种形式。

(2)地表水取水构筑物。地表水取水构筑物有固定式和移动式两种,在修建

构筑物时,应根据不同的需求和河流的地质水文条件合理选择取水构筑物的位置和形式,它将直接影响取水的水质、水量和取水的安全、施工、运行等各个方面。

2)水处理构筑物

水处理构筑物是指用以对原水进行水质处理使水质达到生活饮用或工业生产所需要的水质标准的工程设施,常用的处理方法有沉淀、过滤、消毒等。

处理构筑物主要有过滤池、澄清池、化验室、加药间等原水处理系统设备。水处理构筑物常集中布置在水厂内。

3)泵站

泵站是指用以将所需水量提升到要求高度的工程设施。按泵站在给水系统中所起的作用,可分为以下几类。

(1)一级泵站。一级泵站直接从水源取水,并将水输送到净水构筑物,或者直接输送到配水管网、水塔、水池等构筑物中。

(2)二级泵站。二级泵站通常设在净水厂内,自清水池中取净化了的水,加压后通过管网向用户供水。

(3)加压泵站。加压泵站用于升高输水管中或管网中的压力,自一段管网或调节水池中吸水压入下一段输水管或管网,以便提高水压来满足用户的需要。

4)输水管(渠)和管网

(1)输水管(渠)。输水管(渠)是将原水送到水厂或将水厂处理后的清水送到管网的管(渠)。选择线路时,应充分利用地形,优先考虑重力流输水或部分重力流输水。管线走向有条件时最好沿现有道路或规划道路敷设,应尽量避免穿越河谷、重要铁路、沼泽、工程地质不良的地段,以及洪水淹没的地区。

(2)管网。管网是将处理后的水送到各个给水区的全部管道。

5)调节构筑物

调节构筑物是指各种类型的贮水构筑物,如高地水池、水塔和清水池,用以贮存水量以调节用水流量变化的工程设施。

城市供水量通常是按最高日用水量来计算的,但无论是生活用水还是工业用水,其每天的用水量都是不断变化的,完全靠二级泵房的流量来适应这种变化是很困难的,这就需要修建水塔和水池来调节水量,以解决供水和用水量的不平衡。

4.1.2　城市排水系统分类与组成

1. 城市排水水源的分类

在人们的日常生活和生产活动中,都要使用水。水在使用过程中受到了污染,成为污水,需进行处理与排除。另外,城市内降水(雨水和冰雪融化水),径流流量较大,应及时排放。城市排水水源分为生活污水、废水,工业废水及雨雪降水。

2. 城市排水系统的组成

1)城市污水排水系统

城市污水排水系统通常是指以收集和排除生活污水为主的排水系统,主要包括下列几部分。

(1)室内排水系统及设备。室内各种卫生器具(如大便器、污水池、洗脸盆等)和生产车间排水设备起到收集污、废水的作用,它们是整个排水系统的起点。生活污水及工业废水经过敷设在室内的水封管、支管、立管、干管和出户管等室内污水管道系统流入街区(厂区、街坊或庭院)污水管渠系统。

(2)室外污水排水系统。室外污水排水系统主要包括街区污水排水系统和街道污水排水系统。

(3)污水泵站及压力管道。在管道系统中,往往需要把低处的污水向上提升,这就须设置泵站,设在管道系统中途的泵站称中途泵站,设在管道系统终点的泵站称终点泵站。泵站后污水如须用压力输送,应设置压力管道。

(4)污水处理厂。城市污水处理厂是城市建设的重要组成部分,是城市生产和人民生活不可缺少的公共设施。处理厂的任务是认真贯彻为生产、为人民生活服务的方针,充分发挥现有设备的效能,按设计要求处理好城市污水,减少污染,改善环境。

(5)排出口及事故排出口。排出口是指污水排入水体的出口,是整个城市排水系统终点设备;事故排出口是指在管道系统中途,某些易于发生故障部位,往往设有辅助性出水口(渠),当发生故障,污水不能流通时,排除上游来的污水。如设在污水泵站之前的出水口,当泵站检修时污水可从事故出水口排出。

2)工业废水排水系统

有些工业废水没有单独形成系统,直接排入了城市污水管道或雨水管道;而

有些工厂则单独形成了工业废水排水系统,其主要由车间内部管道系统和设备、厂区管渠系统、厂区污水泵站、压力管道、废水处理站、出水口等几部分组成。

3)城市雨(雪)水排水系统

城市雨(雪)水排水系统主要分为房屋雨水管道系统、街区雨水管渠系统、街道雨水管渠系统、排洪沟、雨水排水泵站、雨水出水口。当然,雨水排水系统的管渠上,也须设有检查井、消能井、跌水井等附属构筑物。

4.2　给水排水管道开槽施工

4.2.1　管道安装

1.管道基础施工

1)采用原状地基施工

原状地基局部超挖或扰动时,应按有关规定进行处理;岩石地基局部超挖时,应将基底碎渣全部清理,回填低强度等级混凝土或粒径 10～15 mm 的砂石并夯实。原状地基为岩石或坚硬土层时,管道下方应铺设砂垫层,其厚度应符合规定。

2)混凝土基础施工

(1)平基与管座的模板,可一次或两次支设,每次支设高度宜略高于混凝土的浇筑高度。

(2)平基、管座的混凝土设计无要求时,宜采用强度等级不低于 C15 的低坍落度混凝土。

(3)管座与平基分层浇筑时,应先将平基凿毛冲洗干净,并将平基与管体相接触的腋角部位,用同强度等级的水泥砂浆填满、捣实后,再浇筑混凝土,使管体与管座混凝土结合严密。

(4)管座与平基采用垫块法一次浇筑时,必须先从一侧灌注混凝土,对侧的混凝土高过管底与灌注侧混凝土高度相同时,两侧再同时浇筑,并保持两侧混凝土高度一致。

(5)管道基础应按设计要求留变形缝,变形缝的位置应与柔性接口一致。

（6）管道平基与井室基础宜同时浇筑；跌落水井上游接近井基础的一段应砌砖加固，并将平基混凝土浇至井基础边缘。

（7）混凝土浇筑中应防止离析；浇筑后应进行养护，强度低于 1.2 MPa 时不得承受荷载。

3）砂石基础施工

（1）铺设前应先对槽底进行检查，槽底高程及槽宽须符合设计要求，且不应有积水和软泥。

（2）柔性管道的基础结构设计无要求时，宜铺设厚度不小于 100 mm 的中粗砂垫层；软土地基宜铺垫一层厚度不小于 150 mm 的砂砾或 5～40 mm 粒径碎石，其表面再铺厚度不小于 50 mm 的中、粗砂垫层。

（3）柔性接口的刚性管道的基础结构，设计无要求时一般土质地段可铺设砂垫层，亦可铺设 25 mm 以下粒径碎石，表面再铺 20 mm 厚的砂垫层（中、粗砂），垫层总厚度应符合规定。

（4）管道有效支承角范围必须用中、粗砂填充插捣密实，与管底紧密接触，不得用其他材料填充。

2. 钢管安装

1）钢管安装要求

（1）管道对口连接。

①管节组对焊接时应先修口、清根，管端端面的坡口角度、钝边、间隙，应符合设计要求；不得在对口间隙夹焊帮条或用加热法缩小间隙施焊。

②对口时应使内壁齐平，错口的允许偏差应为壁厚的 20%，且不得大于 2 mm。

③不同壁厚的管节对口时，管壁厚度相差宜不大于 3 mm。不同管径的管节相连时，两管径相差大于小管管径的 15% 时，可用渐缩管连接。渐缩管的长度应不小于两管径差值的 2 倍，且应不小于 200 mm。

（2）对口时纵、环向焊缝的位置。

①纵向焊缝应放在管道中心垂线上半圆的 45°角处。

②纵向焊缝应错开，管径小于 600 mm 时，错开的间距不得小于 100 mm；管径大于或等于 600 mm 时，错开的间距不得小于 300 mm。

③有加固环的钢管，加固环的对焊焊缝应与管节纵向焊缝错开，其间距应不

小于 100 mm;加固环距管节的环向焊缝应不小于 50 mm。

④环向焊缝距支架净距离应不小于 100 mm。

⑤直管管段两相邻环向焊缝的间距应不小于 200 mm,并应不小于管节的外径。

(3)管道上开孔。

①不得在干管的纵向、环向焊缝处开孔。

②管道上任何位置不得开方孔。

③不得在短节上或管件上开孔。

④开孔处的加固补强应符合设计要求。

(4)管道焊接。

①组合钢管固定口焊接及两管段间的闭合焊接,应在无阳光直照和气温较低时施焊;采用柔性接口代替闭合焊接时,应与设计协商确定。

②钢管对口检查合格后,方可进行接口定位焊接。

③焊接方式应符合设计和焊接工艺评定的要求,管径大于 800 mm 时,应采用双面焊。

(5)管道连接。

①直线管段宜不采用长度小于 800 mm 的短节拼接。

②钢管采用螺纹连接时,管节的切口断面应平整,偏差不得超过一扣;丝扣应光洁,不得有毛刺、乱扣、断扣,缺扣总长不得超过丝扣全长的 10%;接口坚固后宜露出 2～3 扣螺纹。

③管道采用法兰连接时,应符合下列规定。

a.法兰应与管道保持同心,两法兰间应平行。

b.螺栓应使用相同规格,且安装方向应一致;螺栓应对称紧固,紧固好的螺栓应露出螺母之外。

c.与法兰接口两侧相邻的第一个至第二个刚性接口或焊接接口,待法兰螺栓紧固后方可施工。

d.法兰接口埋入土中时,应采取防腐措施。

2)管道试压

(1)水压试验前应将管道进行加固。干线始末端用千斤顶固定,管道弯头及三通处用水泥支墩或方木支撑固定。

(2)当采用水泥接口时,管道在试压前用清水浸泡 24 h,以增强接口强度。

(3)管道注满水时,排出管道内的空气,注满后关闭排气阀,进行水压试验。

(4)试验压力为工作压力的 1.5 倍,但不得小于 0.6 MPa。

(5)用试压泵缓慢升压,在试验压力下 l0 min 内压力降应不大于 0.05 MPa。然后降至工作压力进行检查,压力应保持不变,检查管道及接口不渗不漏为合格。

3)管道冲洗、消毒

(1)冲洗水的排放管应接入可靠的排水井或排水沟,并保持通畅和安全。排放管截面应不小于被冲洗管截面的 60%。

(2)管道应以流速不小于 1.5 m/s 的水进行冲洗。

(3)管道冲洗应以出口水色和透明度与入口一致为合格。

(4)生活饮用水管道冲洗后用消毒液灌满管道,对管道进行消毒,消毒水在管道内滞留 24 h 后排放。管道消毒后,水质须经水质部门检验合格后方可投入使用。

3.球墨铸铁管安装

1)球墨铸铁管安装

(1)管节及管件下沟槽前,应清除承口内部的油污、飞刺、铸砂及凹凸不平的铸瘤;柔性接口铸铁管及管件承口的内工作面、插口的外工作面应修整光滑,不得有沟槽、凸脊缺陷;有裂纹的管节及管件不得使用。

(2)沿直线安装管道时,宜选用管径公差组合最小的管节组对连接,确保接口的环向间隙应均匀。

(3)采用滑入式或机械式柔性接口时,橡胶圈的质量、性能、细部尺寸,应符合国家有关球墨铸铁管及管件标准的规定。

(4)橡胶圈安装经检验合格后,方可进行管道安装。

(5)安装滑入式橡胶圈接口时,推入深度应达到标记环,并复查与其相邻已安好的第一个至第二个接口推入深度。

(6)安装机械式柔性接口时,应使插口与承口法兰压盖的轴线相重合;螺栓安装方向应一致,用扭矩扳手均匀、对称地紧固。

(7)管道沿曲线安装时,接口的允许转角应符合规定。

2)灌水试验

(1)管道及检查井外观质量已验收合格,管道未回填土且沟槽内无积水;全

部预留孔应封堵,不得渗水。

(2)管道两端封堵,预留进出水管和排气管。

(3)按排水检查井分段试验,试验水头应以试验段上游管顶加 1 m,时间不少于 30 min,管道无渗漏为合格。

3)管沟回填

(1)管道经过验收合格后,管沟方可进行回填土。

(2)管沟回填土时,以两侧对称下土,水平方向均匀地摊铺,用木夯捣实。管道两侧直到管顶 0.5 m 以内的回填土必须分层人工夯实,回填土分层厚度200～300 mm,同时,防止管道中心线位移及管口受到振动松动;管顶 0.5 m 以上可采用机械分层夯实,回填土分层厚度 250～400 mm;各部位回填土干密度应符合设计和相关规范规定。

(3)沟槽若有支撑,随同回填土逐步拆除,用横撑板的沟槽,先拆支撑后填土,自下而上拆卸支撑;若用支撑板或板桩时,可在回填土过半时再拔出,拔出后立刻灌砂充实;如拆除支撑不安全,可以保留支撑。

(4)沟槽内有积水必须排除后方可回填。

4. 硬聚氯乙烯管、聚乙烯管及其复合管安装

(1)管节及管件的规格、性能应符合国家有关标准的规定和设计要求,进入施工现场时其外观质量应符合下列规定。

①不得有影响结构安全、使用功能及接口连接的质量缺陷。

②内、外壁光滑、平整,无气泡,无裂纹,无脱皮和严重的冷斑及明显的痕纹、凹陷。

③管节不得有异向弯曲,端口应平整。

(2)管道敷设应符合下列规定。

①采用承插式(或套筒式)接口时,宜人工布管且在沟槽内连接;槽深大于 3 m或管外径大于 400 mm 的管道,宜用非金属绳索兜住管节下管;严禁将管节翻滚抛入槽中。

②采用电熔、热熔接口时,宜在沟槽边上将管道分段连接后以弹性敷管法移入沟槽;移入沟槽时,管道表面不得有明显的划痕。

(3)管道连接应符合下列规定。

①承插式柔性连接、套筒(带或套)连接、法兰连接、卡箍连接等方法采用的密封件、套筒件、法兰、紧固件等配套管件,必须由管节生产厂家配套供应;电熔

连接、热熔连接应采用专用电器设备、挤出焊接设备和工具进行施工。

②管道连接时必须将连接部位、密封件、套筒等配件清理干净,套筒(带或套)连接、法兰连接、卡箍连接用的钢制套筒、法兰、卡箍、螺栓等金属制品应根据现场土质并参照相关标准采取防腐措施。

③承插式柔性接口连接宜在当日温度较高时进行,插口端不宜插到承口底部,应留出不小于 10 mm 的伸缩空隙,插入前应在插口端外壁做出插入深度标记;插入完毕后,承插口周围空隙均匀,连接的管道平直。

④电熔连接、热熔连接、套筒(带或套)连接、法兰连接、卡箍连接应在当日温度较低或接近最低时进行;电熔连接、热熔连接时电热设备的温度控制、时间控制,挤出焊接时对焊接设备的操作等,必须严格按接头的技术指标和设备的操作程序进行;接头处应有沿管节圆周平滑对称的外翻边,内翻边应铲平。

⑤管道与井室宜采用柔性连接,连接方式符合设计要求;设计无要求时,可采用承插管件连接或中介层做法。

⑥管道系统设置的弯头、三通、变径处应采用混凝土支墩或金属卡箍拉杆等技术措施;在消火栓及闸阀的底部应加垫混凝土支墩;非锁紧型承插连接管道,每根管节应有 3 点以上的固定措施。

⑦安装完的管道中心线及高程调整合格后,即将管底有效支撑角范围用中粗砂回填密实,不得用土或其他材料回填。

4.2.2　城市污水管与雨水管

1. 城市污水管

1) 污水管布置

(1)在城镇和工业企业进行污水管渠系统规划设计时,首先要在总平面图上进行污水管渠系统的平面布置。

(2)排水区界是指排水系统设置的边界,排水界限之内的面积,即排水系统的服务面积,它是根据城镇规划的建筑界限确定的。在地势平坦,无明显分水线的地区,应使干线在合理的埋深情况下,采用重力排水。根据地形及城市和工业区的竖向规划,划分排水流域,形成排水区界。

(3)污水管的布置应遵循:充分利用地形,在管线较短、埋深较小的情况下,使污水能够自流排除。

2）污水设计流量

城市生活污水设计流量包括居住区生活污水设计流量和工业企业职工生活污水设计流量。

3）污水管道敷设

（1）污水管道一般沿道路敷设并与道路中心平行。在交通繁忙的道路下应避免横穿埋置污水管道，当道路宽度大于 40 m 且两侧街区都需要向支管排水时，常在道路两侧各设一条污水管道。

（2）城市街道下常有多种管道和地下设施，这些管道和地下设施互相之间，以及与地面建筑之间，应当很好地配合。

（3）污水管道与其他地下管线或建筑设施之间的互相位置，应满足下列要求。

①保证在敷设和检修管道时互不影响。

②污水管道损坏时，不致影响附近建筑物及基础，不致污染生活饮用水。

③污水管道与其他地下管线或建筑设施的水平和垂直最小净距，应根据两者的类型、标高、施工顺序和管线损坏的后果等因素确定。

（4）在寒冷地区，必须防止管内污水冰冻和因土壤冰冻膨胀而损坏管道。污水在管道中冰冻的可能性与土壤的冰冻深度、污水水温、流量及管道坡度等因素有关。

（5）在气候温暖的平坦地区，管道的最小覆土厚度取决于房屋排出管在衔接上的要求。

（6）为防止管壁承受荷载过大，管顶须有一定的覆土厚度，该厚度取决于管道的强度、荷载的大小及覆土的密实程度等。

4）污水管道衔接

（1）管道水面平接。水面平接指污水管道水力计算中，上、下游管段在设计充满度下水面高程相同。同径管段往往使下游管段的充满度大于上游管段的充满度，为避免上游管段回水而采用水面平接。在平坦地区，为减少管道埋深，异径管段有时也采用水面平接，但由于小口径管道的水面变化大于大口径管道的水面变化，难免在上游管道中形成回水。城市污水管道通常采用管顶平接法。

（2）管道跌水衔接。当坡度突然变陡时，下游管段的管径可小于上游管段的管径，但宜采用跌水井衔接，而避免上游管段回水。在坡度较大的地段，污水管道应用阶梯连接或跌水井连接。

（3）管道管顶平接。管顶平接指污水管道水力计算中，上、下游管段的管顶内壁位于同一高程。采用管顶平接时，可以避免上游管段产生回水，但增加了下游管段的埋深，管顶平接一般用于不同口径管道的衔接。

2. 城市雨水管道

1）雨水排放

（1）雨水水质虽然与它流经的地面情况有关，但一般来说，是比较清洁的，可以直接排入湖泊、池塘、河流等水体，一般不至于破坏环境卫生和水体的经济价值。所以，管渠的布置应尽量利用自然地形的坡度，以较短的距离，以重力流方式排入水体。

（2）当地形坡度较大时，雨水管道宜布置在地形较低处；当地形较平坦时，宜布置在排水区域中间。应尽可能扩大重力流排除雨水的范围，避免设置雨水泵站。

（3）雨水管渠接入池塘或河道的出水口构造一般比较简单，造价不高，增加出水口数量不致大幅增加基建费用，且由于雨水就近排放，管线较短，管径也较小，可以降低工程造价。

（4）雨水干管的平面布置宜采用分散式出水口的管道布置形式，这在技术上、经济上都是比较合理的。

（5）当河流的水位变化很大，管道出水口离水体很远时，出水口的建造费用很大，这时不宜采用过多的出水口，而应考虑集中式出水口的管道布置形式。

2）雨水管道布置

（1）街区内部的地形、道路布置和建筑物的布置是确定街区内部雨水地面径流分配的主要因素。

（2）道路通常是街区内地面径流的集中地，所以，道路边沟最好低于相邻街区的地面标高。应尽量利用道路两侧边沟排除地面径流，在每一个集水流域的起端 100～200 m 可以不设置雨水管渠。

（3）雨水口的作用是收集地面径流。雨水口的布置应根据汇水面积及地形确定，以雨水不致漫过路面为宜，通常设置在道路交叉口及地形低洼处。在道路交叉口设置雨水口的位置与路面的倾斜方向有关。

3）雨水管设计流量

降落在地面上的雨水，在经过地面植物和洼地的截留、地面蒸发、土壤下渗以后，剩余雨水在重力作用下形成地面径流，进入附近的雨水管渠。雨水管渠的设计流量与地区降雨强度、地面情况、汇水面积等因素有关。

4.2.3 管道附件安装

1. 阀门安装

（1）阀门在搬运时不允许随手抛掷，以免损坏。批量阀门堆放时，不同规格、不同型号的阀门应分别堆放。禁止碳钢阀门和不锈钢阀门或有色金属阀门混合堆放。

（2）阀门吊装时，钢丝绳应拴在阀体的法兰处，切勿拴在手轮或阀杆上，以防阀杆和手轮扭曲或变形。

（3）阀门应安装在维修、检查和操作方便的地方，不论何种阀门均应不埋地安装。

（4）在水平管道上安装阀门时，阀杆应垂直向上，必要时，也可向上倾斜一定的角度，但不允许阀杆向下安装。如果装在难于接近的地方或者较高的地方时，为了操作方便，可以将阀杆水平安装。

（5）阀门介质的流向应和阀门流向指示相一致，各种阀门的安装一定要满足阀门的特性要求，如升降式止回阀导向装置一定要铅垂，旋转式止回阀的销轴一定要水平。

（6）安装直通式阀门要求阀门两端的管子平行且同轴。

（7）电动阀门的电机转向要正确。若阀门开启或关闭到位后电机仍继续运转，应检修行程开关以后才可投入运行。

2. 消火栓安装

（1）安装位置通常选定在交叉路口或醒目地点，与建筑物距离不小于 5 m，与道路边距离不大于 2 m；地下式消火栓应在地面上标记明显的位置标记。

（2）消火栓连接管管径应大于或等于 DN100。

（3）地下式安装在考虑消火栓出水接口处要有接管的充分余地，保证接管用时操作方便。

（4）乙型地上式消火栓安装试水后应打开水龙头，放掉消火栓主管中的水，以防冬季冻坏。

2. 排气阀安装

(1)排气阀应设在管线的最高点处,一般在管线隆起处均应设排气阀。

(2)在长距离输水管线上,应考虑设置一个排气阀。

(3)排气阀应垂直安装,不得倾斜。

(4)地下管道的排气阀应设置在井内,安装处环境应清洁,寒冷地区应采取保温措施。

(5)管线施工完毕试运行时,应对排气阀进行调校。

4. 泄水阀安装

(1)泄水管与泄水阀应设在管线最低处,用以放空管道及冲洗管道排水之用。一般常与排泥管合用,也用于排出管内沉积物。

(2)泄水管放出的水可进入湿井,由水泵抽出。若高程及其他条件允许可不设湿井,直接将水排入河道或排水管内。

(3)泄水阀安装完毕后应予以关闭。

5. 水表安装

大口径水表的组装,安装时应注意以下几点。

(1)尽量将水表设置于便于抄读的地方,并尽量与主管靠近,以减少进水管长度。

(2)选择安装位置时,应当考虑拆装和搬运的方便,必要时考虑今后换大口径水表的空间要求或预留水表的位置,且应考虑防冻与卫生条件。

(3)注意水表安装方向,必须使进水方向与表上标志方向一致。旋翼式水表应水平安装,切勿垂直安装。水平螺翼式水表可以水平、倾斜、垂直安装,但倾斜或垂直安装时,须保持水流流向自上而下。

(4)为使水流稳定地流过水表,使水表计量准确,表前阀门与水表之间的稳流长度应为 8～10 倍管径。

(5)大口径水表的组装应加旁通管,确保水表有故障时不影响通水。

4.3　给水排水管道不开槽施工

4.3.1　工作坑施工

1. 工作坑位置的确定

工作坑位置应根据地形、管线设计、地面障碍物情况等因素确定。

一般按下列条件进行选择。

(1)根据管线设计情况确定,如排水管线可选在检查井处。

(2)单向顶进时,应选在管道下游端,以利于排水。

(3)考虑地形和土质情况,有无可利用的原土后背等。

(4)工作坑要与被穿越的建筑物有一定的安全距离。

(5)便于清运挖掘出来的泥土,有堆放管材、工具设备的场所。

(6)距离水源、电源较近。

2. 工作坑尺寸的计算

工作坑应有足够的空间和工作面,不仅要考虑管道的下放、各种设备的进出、人员的上下以及坑内操作等必要的空间,还要考虑弃排土的位置等,因此,其平面形状一般采用矩形。

(1)工作坑的宽度。工作坑的宽度和管道的外径与坑深有关。一般对于较浅的坑,施工设备放在地面上;对于较深的坑,施工设备都要放在坑下。

浅工作坑:
$$B = D + S \tag{4-1}$$

深工作坑:
$$B = 3D + S \tag{4-2}$$

式中:B 为工作坑底宽度(m);D 为被顶进管道外径(m);S 为操作宽度(m),一般可取 2.4~3.2 m。

(2)工作坑的长度。
$$L = L_1 + L_2 + L_3 + L_4 + L_5 \tag{4-3}$$

式中:L 为矩形工作坑的底部长度(m);L_1 为工具管长度(m),当采用管道第一节管作为工具管时,钢筋混凝土管宜不小于 0.3 m,钢管宜不小于 0.6 m;L_2 为管节长度(m);L_3 为运土工作间长度(m);L_4 为千斤顶长度(m);L_5 为后背墙的厚度(m)。

(3)工作坑的深度。
$$H_1 = h_1 + h_2 + h_3 \tag{4-4}$$
$$H_2 = h_1 + h_3 \tag{4-5}$$

式中:H_1 为顶进坑地面至坑底的深度(m);H_2 为接受坑地面至坑底的深度(m);h_1 为地面至管道底部外缘的深度(m);h_2 为管道外缘底部至导轨底面的高度(m);h_3 为基础及其垫层的厚度(m),但应不小于该处坑室的基础及垫层厚度。

3. 工作坑施工方法

工作坑施工方法有两种:一种方法是采用钢板桩或普通支撑,用机械或人工在选定的地点,按设计尺寸挖成,坑底用混凝土铺设垫层和基础;另一种方法是利用沉井技术,将混凝土井壁下沉至设计高度,用混凝土封底。前者适用于土质较好、地下水位埋深较大的情况,顶进后背支撑需要另外设置;后者混凝土井壁既可以作为顶进后背支撑,又可以防止塌方。矩形工作坑的四角应加斜撑。当采用永久性构筑物做工作坑时,方可采用钢筋混凝土结构等,其结构应坚固、牢靠,能全方面地抵抗土压力、地下水压及顶进时的顶力。

4.3.2　顶管施工

根据管道口径的不同,可以分为小口径、中口径和大口径 3 种。

小口径是指内径小于 800 mm 的不适宜人进入操作的管道;中口径管道的内径为 800～1800 mm;大口径管道是指内径不小于 1800 mm 的操作人员进出比较方便的管道。通常,顶管法施工主要针对大口径管道。管道顶进作业的操作要求根据所选用的工具管和施工工艺的不同而不同。

1. 大口径顶管

(1)人工掘进顶管。由人工负责管前挖土,随挖随顶,挖出的土方由手推车或矿车运到工作坑,然后用吊装机械吊出坑外。这种顶进方法工作条件差,劳动强度大,仅适用于顶管不受地下水影响,距离较短的场合。

(2)机械掘机顶管法。机械掘进顶管法与手工掘进顶管法大致相同,但是掘进和管内运土不同。它是在顶进工具管里面安装了一台小型掘土机,把掘出来的土装在其后的上料机上,然后通过矿车、吊装机械将土直接排弃到坑外。该法不受地下水的影响,可适用于较长距离的施工现场。

(3)水力掘进顶管法。水力掘进顶管法是利用管端工具管内设置的高压水枪喷出高压水,将管前端的水冲散,变成泥浆,然后用水力吸泥机或泥浆泵将泥浆排除出去,这样边冲边顶,不断前进。管道顶进工作应连续进行,除非管道在顶进过程中,工具管前方遇到障碍;后背墙变形严重;顶铁发生扭曲现象;管位偏差过大且校正无效;顶力超过管端的允许顶力;油泵、油路发生异常现象;接缝中漏泥浆等情况时,应暂停顶进,并应及时处理。顶管过程中,前方挖出的土可用卷扬机牵引或电动、内燃的运土小车及时运送,并由起重设备吊运到工作坑外,避免管端因堆土过多而下沉,而改变工作环境。

2. 小口径顶管

小口径顶管常用的施工方法可以分为挤压类、螺旋钻输类和泥水钻进类

3 种。

（1）挤压类。挤压类施工法常适用于软土层，如淤泥质土、砂土、软塑状态的黏性土等，不适用于土质不均或混有大小石块的土层。其顶进长度一般不超过30 m。

挤压类顶管管端的形状有锥形挤压（管尖）和开口挤压（管帽）两种。锥形挤压类顶管正面阻力较大，容易偏差，特别是土体不均和碰到障碍时更容易偏差。管道压入土中时，管道正面挤土并将管轴线上的土挤向四周，无须排泥。

（2）螺旋钻输类。螺旋钻输类顶管是指在管道前端管外安装螺旋钻头，钻头通过管道内的钻杆与螺旋输送机连接。随着螺旋输送机的转动，带动钻头切削土体，同时将管道顶进，就这样边顶进、边切削、边输送，将管道逐段向前敷设。这类顶管法适用于砂性土、砂砾土以及呈硬塑状态的黏性土。顶进距离可达100 m 左右。

（3）泥水钻进类。泥水钻进顶管法是指采用切削法钻进，弃土排放用泥水作为载体的一类施工方法，常适用于硬土层、软岩层及流砂层和极易坍塌的土层。

碎石型泥水掘进机具有切削和破碎石块的功能，故而常采用碎石型泥水掘进机来顶进管道，一次可顶进 100 m 以上，且偏差很小。

顶进过程中产生的泥水，一般由送水管和排泥管构成的流体输送系统来完成。

扩管也是小口径顶管中常用的一种工艺，它是先把一根直径比较小的管道顶好，然后在这根管道的末端安装一只扩管器，再把所需管径的管道顶进去，或者把扩管器安装在已顶管子的起端，将所需的管道拖入。

4.3.3 盾构法施工

1.盾构掘进

1）始顶

盾构的始顶是指盾构在下放至工作坑导轨上后，自起点井开始至完全没入土中的这一段距离。它常需要借助另外的千斤顶来进行顶进工作。

盾构千斤顶是以已砌好的砌块环作为支承结构来推进盾构的，在始顶阶段，尚未有已砌好的砌块环，在此情况下，常常通过设立临时支撑结构来支承盾构千斤顶。一般情况下，砌块环的长度为 30～50 m。

在盾构初入土中后，可在起点井后背与盾构衬砌环内，各设置一个其外径和内径均与砌块环的外径与内径相同的圆形木环。在两木环之间砌半圆形的砌块环,而在木环水平直径以上用圆木支撑,作为始顶段的盾构千斤顶的支承结构。随着盾构的推进,第一圈永久性砌块环用黏结料紧贴木环砌筑。

在盾构从起点井进入土层时,由于起点井井壁挖口的土方很容易坍塌,因此,必要时可对土层采取局部加固措施。

2)顶进

(1)确保前方土体的稳定,在软土地层,应根据盾构类型采取不同的正面支护方法。

(2)盾构推进轴线应按设计要求控制质量,推进中每环测量一次。

(3)纠偏时应在推进中逐步进行。

(4)推进千斤顶应根据地层情况、设计轴线、埋深、胸板开孔等因素确定。

(5)推进速度应根据地质、埋深、地面的建筑设施及地面的隆陷值等情况调整盾构的施工参数。

(6)盾构推进中,遇有需要停止推进且间歇时间较长时,必须做好正面封闭、盾尾密封并及时处理。

(7)在拼装管片或盾构推进停歇时,应采取防止盾构后退的措施。

(8)当推进中盾构旋转时,采取纠正的措施。

(9)根据盾构选型、施工现场环境,选择土方输送方式和机械设备。

3)挖土

在地质条件较好的工程中,手工挖土依然是最好的一种施工方式。挖土工人在切削环保护罩内接连不断地挖土,工作面逐渐呈现锅底形状,其挖深应等于砌块的宽度。为减少砌块间的空隙,贴近盾壳的土可由切削环直接切下,其厚度为10~15 cm。如果在不能直立的松散土层中施工,可将盾构刃脚先行切入工作面,然后由工人在切削环保护罩内施工。

对于土质条件较差的土层,可以支设支撑,进行局部挖土。局部挖土的工作面在支设支撑后,应依次进行挖掘。局部挖掘应从顶部开始,当盾构刃脚难于先切入工作面,如砂砾石层,可以先挖后顶,但必须严格控制每次掘进的纵深。

2. 管片拼装

(1)管片下井前应进行防水处理,管片与连接件等应由专人检查,配套送至工作面,拼装前应检查管片编组编号。

（2）千斤顶顶出长度应满足管片拼装要求。

（3）拼装前应清理盾尾底部，并检查拼装机运转是否正常；拼装机在旋转时，操作人员应退出管片拼装作业范围。

（4）每环中的第一块拼装定位准确，自下而上，左右交叉对称依次拼装，最后封顶成环。

（5）逐块初拧管片环向和纵向螺栓，成环后环面应平整；管片脱出盾尾后应再次复紧螺栓。

（6）拼装时保持盾构姿态稳定，防止盾构后退、变坡变向。

（7）拼装成环后应进行质量检测，并记录填写报表。

（8）防止损伤管片、防水密封条、防水涂料及衬垫；有损伤或挤出、脱槽、扭曲时，及时修补或调换。

（9）防止管片损伤，并控制相邻管片间环面平整度、整环管片的圆度、环缝及纵缝的拼接质量，所有螺栓连接件应安装齐全并及时检查复紧。

3. 管片安装

（1）盾构顶进后应及时进行衬砌工作，其使用的管片通常采用钢筋混凝土或预应力钢筋混凝土砌块。预制钢筋混凝土管片应满足设计强度及抗渗规定，并不得有影响工程质量的缺损。管中应进行整环拼装检验，衬砌后的几何尺寸应符合质量标准。

（2）根据施工条件和盾构的直径，可以确定每个衬砌环的分割数量。矩形砌块形状简单，容易砌筑，产生误差时容易纠正，但整体性差；梯形砌块的衬砌环的整体性要比矩形砌块好。

（3）砌块有平口和企口两种连接形式，可根据不同的施工条件选择不同的连接。企口接缝防水性好，但拼装不易；有时也可采用黏结剂进行连接，只是连接较宜偏斜，常用黏结剂有沥青胶或环氧胶泥等。

（4）管片下井前应编组编号，并进行防水处理。管片与连接件等应有专人检查，配套送至工作面；千斤顶顶出长度应大于管片宽度 20 cm。

（5）拼装前应清理盾尾底部，并检查举重设备运转是否正常；拼装每环中的第一块时，应准确定位；拼装次序应自下而上，左右交叉对称安装，前后封顶成环。拼装时应逐块初拧环向和纵向螺栓；成环后环面平整时，复紧环向螺栓。继续推进时，复紧纵向螺栓。拼装成环后应进行质量检测，并记录、填写报表。

（6）对管片接缝，应进行表面防水处理。螺栓与螺栓孔之间应加防水垫圈，并拧紧螺栓。当管片沉降稳定后，应将管片填缝槽填实，如有渗漏现象，应及时封堵,注浆处理。拼装时,应防止损伤管片防水涂料及衬垫;如有损伤或衬垫挤出环面,应进行处理。

(7)随着施工技术的不断进步,施工现场常采用杠杆式拼装器或弧形拼装器等砌块拼装工具,不但可加快施工速度,也可使施工质量得到大大提高。为了提高砌块的整圆度和强度,有时也采用彼此间有螺栓连接的砌块。

4. 注浆

盾构衬砌的目的是使砌块在施工过程中,作为盾构千斤顶的后背,承受千斤顶的顶力;在施工结束后作为永久性承载结构。

为了在衬砌后可以用水泥砂浆灌入砌块外壁与土壁间留的空隙,部分砌块应留有灌注孔,直径应不小于 36 mm。一般情况下,每隔 3～5 环应砌一灌注孔环,此环上设有 4～10 个灌注孔。

衬砌脱出盾尾后,应及时进行壁后注浆。注浆应多点进行,压浆量须与地面测量相配合,宜大于环形空隙体积的 50%,压力宜为 0.2～0.5 MPa,使空隙全部填实。注浆完毕后,压浆孔应在规定时间内封闭。

常用的填灌材料有水泥砂浆、细石混凝土、水泥净浆等;灌浆材料应不产生离析、不丧失流动性、灌入后体积不减少,早期强度不低于承受压力。灌入顺序应当自下而上,左右对称地进行,以防止砌块环周的孔隙宽度不均匀。浆料灌入量应为计算孔隙量的 130%～150%。灌浆时应防止料浆漏入盾构内。

在一次衬砌质量完全合格的情况下,可进行二次衬砌,常采用浇灌细石混凝土或喷射混凝土的方法。对在砌块上留有螺栓孔的螺栓连接砌块,也应进行灌浆。

4.3.4　定向钻及夯管施工

1. 定向钻施工

(1)导向孔钻进应符合下列规定。

①钻机必须先进行试运转,确定各部分运转正常后方可钻进。

②第一根钻杆入土钻进时,应采取轻压慢转的方式,稳定钻进导入位置和保证入土角;且入土段和出土段应为直线钻进,其直线长度宜控制在 20 m 左右。

③钻孔时应匀速钻进,并严格控制钻进给进力和钻进方向。

④每进一根钻杆应进行钻进距离、深度、侧向位移等的导向探测,曲线段和有相邻管线段应加密探测。

⑤保持钻头正确姿态,发生偏差应及时纠正,且采用小角度逐步纠偏;钻孔的轨迹偏差不得大于终孔直径,超出误差允许范围宜退回进行纠偏。

⑥绘制钻孔轨迹平面、剖面图。

(2)扩孔应符合下列规定。

①从出土点向入土点回扩,扩孔器与钻杆连接应牢固。

②根据管径、管道曲率半径、地层条件、扩孔器类型等确定一次或分次扩孔方式;分次扩孔时每次回扩的级差宜控制在 100~150 mm,终孔孔径宜控制在回拖管节外径的 1.2~1.5 倍。

③严格控制回拉力、转速、泥浆流量等技术参数,确保成孔稳定和线形要求,无坍孔、缩孔等现象。

④扩孔孔径达到终孔要求后应及时进行回拖管道施工。

(3)回拖应符合下列规定。

①从出土点向入土点回拖。

②回拖管段的质量、拖拉装置安装及其与管段连接等经检验合格后,方可进行拖管。

③严格控制钻机回拖力、扭矩、泥浆流量、回拖速率等技术参数,严禁硬拉硬拖。

④回拖过程中应有发送装置,避免管段与地面直接接触和减小摩擦力;发送装置可采用水力发送沟、滚筒管架发送道等形式,并确保进入地层前的管段曲率半径在允许范围内。

(4)定向钻施工的泥浆(液)配制应符合下列规定。

①导向钻进、扩孔及回拖时,及时向孔内注入泥浆(液)。

②泥浆(液)的材料、配比和技术性能指标应满足施工要求,并可根据地层条件、钻头技术要求、施工步骤进行调整。

③泥浆(液)应在专用的搅拌装置中配制,并通过泥浆循环池使用;从钻孔中返回的泥浆经处理后回用,剩余泥浆应妥善处置。

④泥浆(液)的压力和流量应按施工步骤分别进行控制。

2.夯管施工

(1)第一节管入土层时应检查设备运行工作情况,并控制管道轴线位置;每夯入 1 m 应进行轴线测量,其偏差控制在 15 mm 以内。

(2)后续管节夯进应符合下列规定。

①第一节管夯至规定位置后,将连接器与第一节管分离,吊入第二节管进行

与第一节管接口焊接。

②后续管节每次夯进前,应待已夯入管与吊入管的管节接口焊接完成,按设计要求进行焊缝质量检验和外防腐层补口施工后,方可与连接器及穿孔机连接夯进施工。

③后续管节与夯入管节连接时,管节组对拼接、焊缝和补口等质量应检验合格,并控制管节轴线,避免偏移、弯曲。

④夯管时,应将第一节管夯入接收工作井不少于 500 mm,并检查露出部分管节的外防腐层及管口损伤情况。

(3)管节夯进过程中应严格控制气动压力、夯进速率,气压必须控制在穿孔机工作气压定值内;并应及时检查导轨变形情况以及设备运行、连接器连接、导轨面与滑块接触情况等。

(4)夯管完成后进行排土作业,排土方式采用人工结合机械方式排土;小口径管道可采用气压、水压方法;排土完成后应进行余土、残土的清理。

(5)出现下列情况时,必须停止作业,待问题解决后方可继续作业。

①设备无法正常运行或损坏,导轨、工作井变形。

②气动压力超出规定值。

③穿孔机在正常的工作气压、频率、冲击功等条件下,管节无法夯入或变形、开裂。

④钢管夯入速率突变。

⑤连接器损伤、管节接口破坏。

⑥遇到未预见的障碍物或意外的地质变化。

⑦地层、邻近建(构)筑物、管线等周围环境的变形量超出控制值。

(6)定向钻和夯管施工管道贯通后应做好下列工作。

①检查露出管节的外观、管节外防腐层的损伤情况。

②工作井洞口与管外壁之间进行封闭、防渗处理。

③定向钻管道轴向伸长量经校测应符合管材性能要求,并应等待 24 h 后方能与已敷设的上下游管道连接。

④定向钻施工的无压力管道,应对管道周围地钻进泥浆(液)进行置换改良,减少管道后期沉降量。

⑤夯管施工管道应进行贯通测量和检查,并按《给水排水管道工程施工及验收规范》(GB 50268—2008)的相关规定和设计要求进行内防腐施工。

(7)定向钻和夯管施工过程监测和保护应符合下列规定。

①定向钻的入土点、出土点以及夯管的起始、接收工作井设有专人联系和有效的联系方式。

②定向钻施工时,应做好待回拖管段的检查、保护工作。

③根据地质条件、周围环境、施工方式等,对沿线地面、建(构)筑物、管线等进行监测,并做好保护工作。

4.4　管道附属构筑物施工

4.4.1　支墩

(1)管节及管件的支墩和锚定结构位置准确,锚定牢固。钢制锚固件必须采取相应的防腐处理。

(2)支墩应在坚固的地基上修筑。无原状土作后背墙时,应采取措施保证支墩在受力情况下,不致破坏管道接口。采用砌筑支墩时,原状土与支墩之间应采用砂浆填塞。

(3)支墩应在管节接口做完、管节位置固定后修筑。

(4)支墩施工前,应将支墩部位的管节、管件表面清理干净。

(5)支墩宜采用混凝土浇筑,其强度等级应不低于 C15,采用砌筑结构时,水泥砂浆强度应不低于 M7.5。

(6)管节安装过程中的临时固定支架,应在支墩的砌筑砂浆或混凝土达到规定强度后方可拆除。

(7)管道及管件支墩施工完毕,并达到强度要求后方可进行水压试验。

4.4.2　雨水口

1.基础施工

(1)开挖雨水口槽及雨水管支管槽,每侧宜留出 300～500 mm 的施工宽度。

(2)槽底应夯实并及时浇筑混凝土基础。

(3)采用预制雨水口时,基础顶面宜铺设 20～30 mm 厚的砂垫层。

2.雨水口内砌筑

(1)管端面在雨水口内的露出长度,不得大于 20 mm,管端面应完整无破损。

(2)砌筑时,灰浆应饱满,随砌随勾缝,抹面应压实。

(3)雨水口底部应用水泥砂浆抹出雨水口泛水坡。

(4)砌筑完成后雨水口内应保持清洁,及时加盖,保证安全。

3. 雨水口安装

(1)预制雨水口安装应牢固,位置平正。

(2)雨水口与检查井的连接管的坡度应符合设计要求,管道敷设应符合《给水排水管道工程施工及验收规范》(GB 50268—2008)的相关规定。

(3)位于道路下的雨水口、雨水支、连管应根据设计要求浇筑混凝土基础。坐落于道路基层内的雨水支连管应作 C25 级混凝土包封,且包封混凝土达到75%设计强度前,不得放行交通。

(4)井框、井箅应完整无损、安装平稳、牢固。

(5)井周回填土应符合设计要求和《给水排水管道工程施工及验收规范》(GB 50268—2008)的相关规定。

4.4.3　井室

1. 管道穿过井壁施工

(1)混凝土类管道、金属类无压管道,其管外壁与砌筑井壁洞圈之间为刚性连接时水泥砂浆应坐浆饱满、密实。

(2)金属类压力管道,井壁洞圈应预设套管,管道外壁与套管的间隙应四周均匀一致,其间隙宜采用柔性或半柔性材料填嵌密实。

(3)化学建材管道宜采用中介层法与井壁洞圈连接。

(4)对于现浇混凝土结构井室,井壁洞圈应振捣密实。

(5)排水管道接入检查井时,管口外缘与井内壁平齐;接入管径大于 300 mm时,对于砌筑结构井室应砌砖圈加固。

2. 砌筑结构井室施工

(1)砌筑前砌块应充分湿润;砌筑砂浆配合比符合设计要求,现场拌制应拌和均匀、随用随拌。

(2)排水管道检查井内的流槽,宜与井壁同时进行砌筑。

(3)砌块应垂直砌筑,须收口砌筑时,应按设计要求的位置设置钢筋混凝土梁进行收口;圆井采用砌块逐层砌筑收口,四面收口时每层收进应不大于30 mm,偏心收口时每层收进应不大于 50 mm。

（4）砌块砌筑时，铺浆应饱满，灰浆与砌块四周黏结紧密、不得漏浆，上下砌块应错缝砌筑。

（5）砌筑时，应同时安装踏步，踏步安装后在砌筑砂浆未达到规定抗压强度前不得踩踏。

（6）内外井壁应采用水泥砂浆勾缝；有抹面要求时，抹面应分层压实。

3. 预制装配式结构井室施工

（1）预制构件及其配件经检验符合设计和安装要求。

（2）预制构件装配位置和尺寸正确，安装牢固。

（3）采用水泥砂浆接缝时，企口坐浆与竖缝灌浆应饱满，装配后的接缝砂浆凝结硬化期间应加强养护，并不得受外力碰撞或振动。

（4）设有橡胶密封圈时，胶圈应安装稳固，止水严密可靠。

（5）设有预留短管的预制构件，其与管道的连接应按有关规定执行。

（6）底板与井室、井室与盖板之间的拼缝，水泥砂浆应填塞严密，抹角光滑平整。

4. 现浇钢筋混凝土结构井室施工

（1）浇筑前，钢筋、模板工程经检验合格，混凝土配合比满足设计要求。

（2）振捣密实，无漏振、走模、漏浆等现象。

（3）及时进行养护，强度等级未达设计要求不得受力。

（4）浇筑时，应同时安装踏步，踏步安装后在混凝土未达到规定抗压强度前不得踩踏。

5. 井室内部处理

（1）预留孔、预埋件应符合设计和管道施工工艺要求。

（2）排水检查井的流槽表面应平顺、圆滑、光洁，并与上下游管道底部接顺。

（3）透气井及排水落水井、跌水井的工艺尺寸应按设计要求进行施工。

（4）阀门井的井底距承口或法兰盘下缘以及井壁与承口或法兰盘外缘应留有安装作业空间，其尺寸应符合设计要求。

（5）不开槽法施工的管道，工作井作为管道井室使用时，其洞口处理及井内布置应符合设计要求。

第5章 燃气热力工程施工技术

5.1 燃气输配工程施工技术

5.1.1 土方工程

1. 开槽

(1)机械挖槽,应确保槽底土壤结构不被扰动或破坏,同时,由于机械不可能准确地将槽底按规定高程整平,设计槽底高程以上应留 20 cm 左右一层不挖,待人工清挖。

(2)人工清挖槽底时,应认真控制槽底高程和宽度,并注意不使槽底土壤结构遭受扰动或破坏。

(3)在农田中开槽时,应根据需要将表层熟土与生土分开堆存,填土时熟土仍填于表层。

(4)挖槽挖出的土方,应妥善安排堆存位置。沟槽挖土一般堆在沟槽两侧。在下管一侧的槽边,应根据下管操作的需要,不堆土或少堆土。

(5)堆土应堆在距槽边 1 m 以外,计划在槽边运送材料的一侧,其堆土边缘至槽边的距离,应根据运输工具而定。

(6)沟槽两侧不能满足堆土需要时,应选择堆土场所和运土路线,随挖随运。管道结构所占位置多余的土方,应及时外运,以免影响交通、市容和排水。

(7)在高压线下及变压器附近堆土,应按照供电局的相关规定办理。

(8)靠房屋、墙壁堆土高度,不得超过檐高的 1/3,同时不得超过 1.5 m。结构强度较差的墙体,不得靠墙堆土。

(9)堆土不得掩埋消火栓、雨水口、测量标志、各种地下管道的井盖及施工料具等。

(10)沟槽一侧或两侧临时堆土位置和高度不得影响边坡的稳定性和管道安装。堆土前应对消火栓、雨水口等设施进行保护。

（11）局部超挖部分应回填压实。当沟底无地下水时，超挖在 0.15 m 以内，可采用原土回填；超挖在 0.15 m 及以上，可采用石灰土处理。当沟底有地下水或含水量较大时，应采用级配砂石或天然砂回填至设计标高。超挖部分回填后应压实，其密实度应接近原地基天然土的密实度。

（12）在湿陷性黄土地区，不宜在雨期施工，或在施工时切实排除沟内积水，开挖时应在槽底预留 0.03～0.06 m 厚的土层进行压实处理。

（13）沟底遇有废弃构筑物、硬石、木头、垃圾等杂物时必须清除，并应铺一层厚度不小于 0.15 m 的砂土或素土，整平压实至设计标高。

（14）对软土基及特殊性腐蚀土壤，应按设计要求处理。

（15）当开挖难度较大时，应编制安全施工的技术措施，并向现场施工人员进行安全技术交底。

2. 管道地基处理

沟底土层加固处理方法必须根据实际土层情况，土壤扰动程度、施工排水方法以及管道结构形式等因素综合考虑。通常采用砂垫层或砂石垫层、灰土垫层以及打桩等方法处理。

1）砂垫层或砂石垫层

当在坚硬的岩石或卵（碎）石上铺设燃气管道时，应在地基表面垫上 0.10～0.15 m 厚的砂垫层，防止管道防腐绝缘层受重压而损伤。

承载能力较软弱的地基，例如杂填土或淤泥层等，可将地基下一定厚度的软弱土层挖除，再用砂垫层或砂石垫层来进行加固，可使管道荷载通过垫层将基底压力分散，以降低对地基的压应力，减少管道下沉或挠曲。垫层厚度一般为 0.15～0.20 m，垫层宽度一般与管径相同。湿陷性黄土地基和饱和度较大的黏土地基，因其透水性差，管道沉降不能很快稳定，所以垫层应加厚。

2）灰土垫层

灰土的土料应采用有机质含量少的黏性土，使用前要过筛，其粒径不得大于 15 mm；石灰须用块灰，使用前 24 h 浇水粉化，过筛后的粒径不得大于 5 mm。灰与土常用的体积比为 3∶7 或 2∶8，使用时应搅拌均匀，含水量适当，分层铺垫并夯实，每层虚铺厚度 0.2～0.25 m，夯打遍数不少于 4 遍。

3）打桩处理法

（1）长桩可把管道的荷载传至未扰动的深层土中，短桩则使扰动的土层挤密,恢复其承载力。桩的材料可用木桩、钢筋混凝土桩和砂桩。桩的布置分密桩及疏桩。

(2)长桩适用于扰动土层深度达 2.0 m 以上的情况,桩的长度可至 4.0 m 以上。每米管道上可根据管直径及荷重情况,择用 2～4 根,具体数据按设计计算。长桩一般采用直径 0.2～0.3 m 的钢筋混凝土桩。

(3)短桩适用于扰动土层深度 0.8～2.0 m,可用木桩或砂桩。桩的直径约 0.15 m,桩间距 0.5～1.0 m,桩长度应满足桩打入深度比土层的扰动深度大 1.0 m 的要求,一般桩长为 1.5～3.0 m。桩和桩之间若土质松软可挤入块石卡严。

(4)为防止上方管道沉陷、相互碰损,两交叉管道之间除须保持 10 cm 净距外,还应在处于上方管道的交叉两侧砌筑混凝土基础,小于 DN300 的管道可用垫块为支点。

(5)两根管道同沟铺设时,管底标高应尽量相同。当两根管道的埋深出现高差时,其高差 H 应控制小于两管的净距 L。施工时应先铺设较深的管道,并回填黄砂或干土,然后铺设较浅管道。当 $H>L$,或虽然 $H<L$ 但处于流砂地区时,在开挖沟槽前应在两管间打入若干根槽钢作支撑,待较深管道铺设完,并回填黄砂或干土于管子两侧后,再开挖较浅管道的沟槽。最后根据土壤情况决定槽钢是否拔出来。

3. 土方回填

1)回填土的密实度

(1)沟槽回填时,应先回填管底局部悬空部位,然后回填管道两侧。

(2)回填土应分层压实,每层虚铺厚度 0.2～0.3 m,管道两侧及管顶以上 0.5 m 内的回填土,必须采用人工压实;管顶 0.5 m 以上的回填土,可采用小型机械压实,每层虚铺厚度宜为 0.25～0.4 m。

(3)回填土压实后,应分层检查密实度,并做好回填记录。土的压实或夯实程度用密实度 $D(\%)$ 来表示,即

$$D=\frac{\rho_d}{\rho_d^{max}}\times100\%　　　　　　　　　　(5\text{-}1)$$

式中:ρ_d 为回填土夯(压)实后的干密度(kg/m³);ρ_d^{max} 为标准击实仪所测定的最大干密度(kg/m³)。

沟槽各部位的密实度应符合下列要求。

①对Ⅰ、Ⅱ区部位,密实度应不小于 90%。

②对Ⅲ区部位,密实度应符合相应地面对密实度的要求。

(4)当管道沟槽位于路基范围内时,管顶以上 25 cm 范围内回填土的压实度应不小于 87%,其他部位回填土的压实度应符合规定。

(5)处于绿地或农田范围内的沟槽回填,表层 50 cm 范围内应不压实,但可将表面整平,并预留沉降量。

2)回填土夯实

回填土夯实的方法主要有人工夯实和机械夯(压)实两种。

(1)人工夯实法。对于填土的Ⅰ和Ⅱ两部位一般均采用人工分层夯实,每层填土厚 0.2～0.25 m。打夯时沿一定方向进行,夯实过程中要防止管道中心线位移,或损坏钢管绝缘层。人工夯实通常适用于缺乏电源动力或机械不能操作的部位。

(2)机械夯(压)实法。机械夯(压)实只有Ⅲ部位才可使用。当使用小型夯实机械时,每层铺土厚度 0.2～0.4 m。打夯之前应对填土初步平整,打夯机依次夯打,均匀分布,不留间隙。

4. 路面恢复

(1)沥青路面和混凝土路面的恢复,应由具备专业施工资质的单位施工。

(2)回填路面的基础和修复路面材料的性能不应低于原基础和路面材料。

(3)当地市政管理部门对路面恢复有其他要求时,应按当地市政管理部门的要求执行。

5.1.2　燃气管道施工及其附属设备安装

1. 燃气管道穿越道路与铁路

1)燃气管道穿越道路

(1)管道穿越公路的夹角应尽量接近 90°,在任何情况下不得小于 30°。应尽量避免在潮湿或岩石地带以及需要深挖处穿越。

(2)燃气管道管顶距离公路路面埋深不得小于 1.2 m,距离路边边坡最低处的埋深不得小于 0.9 m。

(3)套管保护。采用套管保护施工应符合下列要求。

①套管两端须超出路基底边。

②当燃气管道外径不大于 200 mm 时,套管内径应比燃气管道外径大

100 mm。当燃气管道外径大于 200 mm 时,套管内径应比燃气管道外径大 200 mm。

③在套管内的燃气管道尽量不设焊口,若有焊口,应在无损探伤和强度试验合格后,方准穿入套管内。

④燃气管道需要穿过套管时,需要做特加强绝缘防腐层。

⑤当穿越段有铁轨时,从轨底到套管顶应不小于 1.2 m。

(4)敷设方式。燃气管道穿越公路时,有地沟敷设、套管敷设和直埋敷设。

①地沟敷设:地沟须按设计要求砌筑,在重要的地沟端部应安装检漏管。

②套管敷设:套管端部距离电车轨道应不小于 2.0 m,距离道路边缘应不小于 2.0 m。套管敷设有顶管法和明沟开挖两种形式。

③直埋敷设:当燃气管道穿越县、乡公路和机耕道时,可直接敷设在土壤中,不加套管。

2)燃气管道穿越铁路

管道穿越铁路时夹角应尽量接近 90°,不小于 30°。穿越点应选择在铁路区间直线段路堤下,土质均匀,地下水位低,有施工场地。穿越点不能选在铁路站区域和道岔内,穿越电气铁路不能选在回流电缆与钢轨连接处。

燃气管道穿越铁路施工。采用钢套管或钢筋混凝土套管防护,套管内径应比燃气管道外径大 100 mm 以上。铁路轨道至套管顶应不小于 1.2,套管端部距路堤坡脚外距离应不小于 2.0 m。

(1)套管安装:穿越铁路的套管敷设采用顶管法。采用钢套管时,套管外壁与燃气管道应具有相同的防腐绝缘层。采用钢筋混凝土套管时,要求管子接口能承受较大顶力而不破裂,管节不易错开,防渗漏好,在管基不均匀沉陷时的变形较小等。钢筋混凝土套管多用平口管,两管节之间加塑料圈或麻辫,抹石棉水泥后内加钢圈。套管两端与燃气管道的间隙应采用柔性的防腐、防水材料密封,其中一端应装检漏管。检漏管用于鉴定套管内燃气管道的严密性,主要由管罩、检查管和防护罩组成。管罩与燃气管之间填以碎石或中砂,以便燃气管道漏气时,燃气易漏出。检查管要伸入安装在地面的防护罩内,并装有管接头和管堵。

(2)套管内燃气管道的安装:安装在套管内的燃气管道不宜有对接焊缝。当有对接焊缝时,焊接应采用双面焊,焊缝检查合格后,须做特级加强防腐处理。为了防止燃气管道进入套管时损坏防腐层,燃气管道应安装滚动或滑动支座。滑动支座事先固定在燃气管道上,支座与燃气管道之间垫橡胶板或油毛毡,防止

移动燃气管道时支座损伤防腐层,支座间距按设计要求。安装支座时,要保证支座与燃气管道使用寿命相同,避免因锈蚀使支座损坏而使燃气管道悬空、承受过大的弯曲应力。

另外,当燃气管道穿越铁路干线处,路基下已做好涵洞,施工时将涵洞挖开,在涵洞内安装。涵洞两侧设检查井,均安装阀门。安装完毕后,按设计要求将挖开的涵洞口封住。穿越电气化铁路以及铁路编组枢纽一般采用架空跨越。

2. 燃气管道穿、跨越河流

1)燃气管道穿越河流

(1)沟槽开挖。

①沟槽宽度及边坡坡度应按设计规定执行;当设计无规定时,由施工单位根据水底泥土流动性和挖沟方法在施工组织设计中确定,但最小沟底宽度应大于管道外径 1 m。

②当两岸没有泥土堆放场地时,应使用驳船装载泥土运走。在水流较大的江中施工,且没有特别环保要求时,开挖泥土可排至河道中,任水流冲走。

③水下沟槽挖好后,应做沟底标高测量,宜按 3 m 间距测量,当标高符合设计要求后即可下管。若挖深不够应补挖,若超挖应采用砂或小块卵石补到设计标高。

(2)管道组装。

①在岸上将管道组装成管段,管段长度宜控制在 50～80 m。

②组装完成后,焊缝质量应符合相关规定的要求,并应进行试验,合格后按设计要求加焊加强钢箍套。

③焊口应进行防腐补口,并应进行质量检查。

④组装后的管段应采用下水滑道牵引下水,置于浮箱平台,并调整至管道设计轴线水面上,将管段组装成整管。焊口应进行射线照相探伤和防腐补口,并应在管道下沟前对整条管道的防腐层做电火花绝缘检查。

(3)运管沉管。

沉管前,检查设置的定位标志是否准确、稳固;开挖沟槽断面是否满足沉管要求,必要时由潜水员下水摸清沟槽情况,并清除沟槽内的杂物。

沉管方法有围堰法、河底拖运法、浮运法和船运法等。

①围堰法。围堰法就是首先将燃气管道穿越河底(或浅滩海底)处的河流段用围堰隔开,然后将隔开段的河水排尽,最后在河底进行开槽、敷管等工序,施工

结束后把围堰拆除。

围堰与燃气管道的距离应视水系及围堰结构等具体条件而定,一般应在2 m以上。两岸河底应挖排水井,用于集聚河底淤水、围堰渗水及降低地下水位。

围堰施工法可以采用一次围堰或交替围堰将河流部分隔断。交替围堰的施工时,第一道围堰围住河面的2/3,待第一段管道敷设完毕再围第二道围堰,敷设第二段管道。这种方法的优点是河道不必断流,但在安装第一段管道的同时应做好第一段管与第二道围堰接缝处的止水处理,最简单的方法是用黏土沿管周捣实,也可以用防水卷材在接缝处包扎数层。

②拖运法。拖运法适合于两岸场地空旷,河面较窄,航运船只不多处。将检验合格并做好防腐层的管子四周包扎木条,木条用铁丝扎紧以防损坏防腐层。包扎好的管道用卷扬机沿沟底拖拉至对岸,为了减少牵引力,在管端焊上堵板,以防河水进入管内。

③浮运法。首先在岸边把管子焊接成一定的长度,并进行压力试验和涂敷包扎防腐绝缘层,然后拖拉下水浮运至设计确定的河面管道中心线位置,最后向管内灌水,使管子平稳地沉入到预先挖掘的沟槽内。

a.开挖水下沟槽。开挖前,应在两岸设置岸标,确定沟槽开挖的方向。当水深较浅,小于0.7 m时,可用人工开挖沟槽,否则就要采用机械设备开挖沟槽。

b.拖拉敷管法。在河岸一边组对管道,岸边宽度应足以放置整段过河管,拖拉设备全部安装在另一河边。下管时,沿沟槽中心线位置边拖拉边灌水,直至对岸。

当管线头部设孔眼自动灌水拖管时,拖管速度与灌水速度应一致。若拖管速度大于灌水速度,则未充满水的管段有可能上浮。为保持管线稳定,管线中的平均水面应在河面以下1 m。

c.水面浮管法。利用浮筒或船只把管子运(拖)至水下沟槽中线位置的河面上,然后用灌水或脱开浮筒的方法使管线沉入水下沟槽。

水从管线一端的进水管灌入,管内空气从另一端的排气阀放出。

敷设在河底或低洼地的燃气管道必须以不位移、不上浮为稳定条件,防止管道损坏。

④船运法。当河水流速较大或管子浮力较大时,可采用此法。

将待运管平行河流方向排列,将数根管连接一体,系在船上,由船只将管道运至沟槽上方,用浮筒抛锚定位。等下沉管道运至沟槽上方检查无误后,开启进

水口和排气孔阀门,边注水,边排气,管子边下沉,逐渐解开或放松绳索,管道下沉接近于沟底时,潜水员根据定位桩或岸标控制下沉管的位置。

（4）回填。

管道就位后,检查管底与沟底接触的均匀程度和紧密性及管道接口情况,并测量管道高程和位置。为防止在拖运和就位过程中管道有损伤,必要时可进行第二次试压。以上项目经检查符合设计要求后,即可进行回填。

（5）稳管。

水下管道敷设后,沟槽回填土比较松软,存在较大的空隙,且竣工后由于河水流动、冲刷,会影响管道的稳定性,可采取以下措施稳管。

①平衡重块。在燃气管道上扣压重块,防止燃气管道上浮。常用的有钢筋混凝土重块和铸铁重块。为了便于施工扣压,钢筋混凝土抗浮块一般为鞍形,铸铁重块均为铰链形。

②抗浮抱箍。当燃气管道采用混凝土地基时,可以在地基上预埋螺栓,然后用扁钢或角钢制作的抱箍将燃气管道固定在地基上。抱箍须经防腐绝缘处理。

③复壁管。复壁管就是双重管,即燃气管道外套套管,套管与燃气管之间用连接板焊接固定,为了增大管线重力,还可在复壁管的环形空间注入重混凝土拌合物。

④挡桩。即在管线下游一侧以一定间距布置挡桩,减少管线裸露跨度,使之能承受水流压力。

⑤石笼压重。使用细钢筋或钢丝编织成笼,内装块石,称为石笼。石笼稳管就是在管线的管顶间隔地铺放石笼,铺放位置略偏于管线上游一侧。石笼可采用投掷方法铺放、固定,适用于浮运施工法安装的燃气管道。

2）燃气管道跨越河流

（1）选择跨越路线。

①跨越点应选河流的直线部分,因为在直线部分,水流对河床及河岸冲刷较少,水流流向比较稳定,跨越工程的墩台基础受漂流物的撞击机会较少。

②跨越点应在河流与其支流汇合处的上游,避免将跨越点设置在支流出口和推移泥砂沉积带的不良地质区域。

③跨越点应选在河道宽度较小、远离上游坝闸及可能发生冰塞和筏运壅阻的地段。

④跨越点必须在河流历史上无变迁的地段。

⑤跨越工程的墩台基础应在岩层稳定,无风化、错动、破碎的地质良好的地段。必须避开坡积层滑动或沉陷地区,洪积层分选不良及夹层地区;冲积层含有大量有机混合物的淤泥地区。

⑥跨越点附近不应有稠密的居民点。

⑦跨越点附近应有施工组装场地或有较为方便的交通运输条件,以便施工和后续维修。

(2)沿桥架设。

将管道架设在已有的桥梁上,这样架设简便、投资少,但必须征得有关部门的同意。利用道路桥梁跨越河流的燃气管道,其管道输送压力应不大于0.4 MPa,且应采取必要的安全措施。如燃气管道应采用加厚的无缝钢管或焊接钢管,尽量减少焊缝,并对焊缝进行 100％探伤;采用较高等级的防腐保护并设置必要的温度补偿和减振措施。在确定管道位置时,应与沿桥架设的其他管道保持一定距离。

(3)管桥跨越。

当不能沿桥架设、河流情况复杂或河道较窄时,应采用管桥跨越。将燃气管桥搁置在河床上自建的管道支架上,管道支架应采用非燃烧材料制成,且应在任何可能的荷载情况下,能保证管道稳定和不受破坏。

3. 燃气管道附属设备安装

1)阀门安装

燃气管道中阀门是重要的控制设备,主要用以切断或接通管线,调节燃气的压力和流量。阀门经常处于备而不用的状态,又不便于检修,因此对它的质量和可靠性有严格的要求。

(1)阀门的检查和水压试验。

阀门的检查通常是将阀盖拆下,彻底清洗后进行全面检查。阀芯与阀座是否吻合,密封面有无缺陷;阀杆与阀芯连接是否灵活可靠,阀杆有无弯曲,螺纹有无断丝;阀杆与填料压盖是否配合适当;阀体内外表面有无缺陷等。对高温或中高压阀门的腰垫及填料必须逐个检查更换。

阀门要按规定压力进行强度试验和严密性试验,试验介质一般为压缩空气,也可使用常温清水。强度试验时,打开阀门通路让压缩空气充满阀腔,在试验压力下检查阀体、阀盖、垫片和填料等有无渗漏。

强度试验合格后,关闭阀路进行严密性试验,从一侧打入压缩空气至试验压

力,从另一侧检查有无渗漏,两侧分开试验。

(2)阀门的研磨。

阀门密封面的缺陷深度小于 0.05 mm 时都可用研磨方法消除。

深度大于 0.05 mm 时应先在车床上车削或补焊后车削,然后研磨。研磨时必须在研磨表面涂一层研磨剂,常用的有人造刚玉、人造金刚砂和人造碳化硼。研磨方法可采用手工研磨和研磨机研磨。

对截止阀、升降式止回阀和安全阀,可直接将阀盘上的密封圈与阀座上的密封圈互相研磨,也可分开研磨。对闸阀,要将闸板与阀座分开研磨。

(3)阀门井砌筑。

地下燃气管道上的阀门一般都设置在阀门井中(塑料管可不设)。阀门井应坚固耐久,有良好的防腐性能,并预留出检修的空间。

安装阀门前,先施工阀门井的底板,当混凝土达到强度后,然后安装阀门或者先砌筑阀门井都可。当砖砌阀门井时,应妥善保护已安装好的阀件与管道,以免损伤和污染。若先砌筑阀门井后安装阀门时,为了便于施工,应在阀门安装后,再盖阀门井顶板。

阀门井的中心线应与管道平行,尺寸符合设计要求,底板坡向集水坑。防水层应合格,当场地限制无法在阀门井外壁做防水层时,应作内防水。人孔盖板应与地面一致,不可高于或低于地面,以免影响交通。

(4)阀门安装。

①闸阀的安装。

a.闸阀可以安装在管道或设备的任何位置,通常没有规定介质的流向。

b.闸阀的安装姿态,根据闸阀的结构而定。双闸板结构的闸阀,阀杆应铅垂直安装,闸阀整体直立安装,手轮在上面;单闸板结构的闸阀,可在任意角度上安装,但不允许倒装,若倒装,介质将长期存于阀体提升空间,检修不方便;对明杆闸阀必须安装在地面上,以免引起阀杆锈蚀。

c.小直径的闸阀在螺纹连接中,若安装空间有限,须拆卸压盖和阀杆手轮时,应略微开启阀门,再加力拧动和拆卸压盖。如果闸板处于全闭状态时,加力拧动压盖,易将阀杆拧断。

②地下手动阀的安装。

a.地下的手动阀门一般设在阀门井内,钢燃气管道上的阀门与补偿器可以预先组对好,然后与套在管子上的法兰组对。组对时应使阀门和补偿器的中心轴线与管道一致,并用螺栓将组对法兰紧固到一定程度后,进行管道与法兰的焊接。最后加入法兰垫片把组对法兰完全紧固。

b.铸铁燃气管道上的阀门安装,安装前应先配备与阀门具有相同公称直径的承盘或插盘短管,以及法兰垫片和螺栓,并在地面上组对紧固后,再吊装至地下与铸铁管道连接,其接口最好采用柔性接口。

③截止阀和止回阀安装。

a.安装截止阀和止回阀时,应使介质流动方向与阀体上的箭头指向一致。

b.升降式止回阀只能水平安装;旋启式止回阀要保证阀盘的旋转轴呈水平状态,水平或垂直安装均可。

c.截止阀的安装,有着严格的方向限制,其原则是"低进高出",即首先看清两端阀孔的高低,使进入管接入低端,出口管接于高端。这种方式安装时,其流动阻力小,开启省力,关闭后,填料不与介质接触,易于检修。

④旋塞阀安装。

a.旋塞阀广泛应用于小直径的燃气管道。根据密封方式分为无填料旋塞和有填料旋塞。

b.无填料旋塞利用阀芯尾部螺栓的作用,使阀芯与阀体紧密接触,不致漏气,只能用于低压管道上。

c.填料旋塞是利用填料填塞阀体与阀芯之间的间隙而避免漏气;可用于中压管道上。

d.安装时注意旋塞与管道的连接方式。如与燃气灶具相连的旋塞阀,进气接口与室内送气管相连,通常采用螺纹连接,在安装时应留有使用扳手的部位;出气接口与胶管相连,插上以后的胶管应该不易脱落。

⑤传动阀安装。

a.对 DN≥500 mm 齿轮传动的闸阀,水平安装有困难时可将阀体部分直埋土内,法兰接口用玻璃布包缠,而阀盖和传动装置必须用闸门井保护。

b.当站内地下闸阀埋深较浅时,阀体以下部分可直立直埋土内,法兰接口用玻璃布包缠,填料箱、传动装置和电动机等必须露出地面,并用不可燃材料保护。

⑥防爆阀安装。

a.防爆阀主要由阀体、阀盖、安全膜(由薄铝板制造)和重锤组成。

b.当燃气管道压力突然升高时,安全膜首先破裂,气体向外冲出,并掀动阀盖,因而支撑杆自动脱落,泄压后阀盖在重锤的作用下封闭阀口,防止空气渗入管路系统。

c.安全膜在安装前应进行破坏性试验,试验压力为工作压力的 1.25 倍。安

装好后,应保证动作部分灵活,阀盖严密不漏。

2)补偿器安装

补偿器也称调长器,常用于架空管道和需要进行蒸汽吹扫的管道上。在阀门的下侧(按气流方向),作用是调节管道张缩量,便于阀门检修。常用于架空管道和需要用蒸汽吹扫的管道上。其补偿量约为 10 mm。

(1)波纹补偿器安装。

波纹管是用薄壁不锈钢板通过液压或辊压而制成波纹形状,然后与端管、内套管及法兰组对焊接而成补偿器。波纹的形状有 U 形和 Ω 形两种。燃气管道上用的波纹补偿器均不带拉杆。

波纹补偿器安装前,先在两端接好法兰短管,用拉管器拉伸(或压缩)到预定值,整体和管道焊接完后,再将拉管器拆下。另外,波纹补偿器的安装应符合下列要求。

①安装前应按设计规定的补偿量进行预拉伸(压缩),受力应均匀。

②补偿器应与管道保持同轴,不得偏斜。安装时不得用补偿器的变形(轴向、径向、扭转等)来调整管位的安装误差。

③安装时应设临时约束装置,待管道安装固定后再拆除临时约束装置,并解除限位装置。

(2)填料式补偿器安装。

填料式补偿器有铸铁制和铸钢制两种,每种又分单向和双向两种。单向补偿器应安装在固定支架旁边的直线管道上,双向补偿器安装在两个固定支架中间。安装前要将补偿器拆开,检查内部零件质量和填料是否齐全,是否符合设计技术要求。安装时要求补偿器中心线和直管段中心线一致,并在靠近补偿器两侧各设置一个导向支架,防止在运行时偏离中心位置。补偿器在安装时也应进行预拉伸,其拉伸值按设计规定。

此外,填料式补偿器的安装应符合下列要求。

①应按设计规定的安装长度及温度变化,留有剩余收缩量,允许偏差应满足产品安装说明书的要求。

②应与管道保持同心,不得歪斜。

③导向支座应保证运行时自由伸缩,不得偏离中心。

④插管应安装在燃气流入端。

⑤填料石棉绳应涂石墨粉并应逐圈装入,逐圈压紧,各圈接口应相互错开。

3)凝水缸安装

钢制凝水缸在安装前,应按设计要求对外表面进行防腐;安装完毕后,凝水缸的抽液管应按同管道的防腐等级进行防腐;凝水缸必须按现场实际情况,安装在所在管段的最低处;而凝水缸盖应安装在凝水缸井的中央位置,出水口阀门的安装位置应合理,并应有足够的操作和检修空间。

4)排水器安装

排水器又称抽水缸,其作用是把燃气中的水或油收集起来并能排出管道之外。管道应有一定的坡度,且坡向排水器,设在管道低点,通常每 500 m 设置一台。考虑到冬季防止水结冰和杂物堵塞管道,排水器的直径可适当加大。排水器分为连续排水器和定期排水器。对于凝结水较少的燃气管道采用定期排水器。燃气管道投入运行后,其干管内产生的凝结水通过排水立管进入圆筒,积存于底,此时橡胶球浮起,凝结水通过泄水口排除。对于架空敷设的管道常用水封式连续排水器。根据燃气压力的高低确定为双级水封或单级水封,水封由隔离式漏斗补水。

(1)排水器安装前,应将其内部清理干净,并保证芯管完好。

(2)将排水器按图施工,进行组装。

(3)将排水器平放于铲平的原土上,如土方开挖超深,应在排水器底部垫放水泥预制板,水泥预制板必须置于原土上。大口径排水器安装时,应预先浇筑混凝土基础,其面积大于排水器底部,厚度一般大于 30 mm。注意排水器应位于管道的最低点。在我国北方地区,应对排水器的简体及排凝结水的立管进行保温,以免冬季冻坏。

5.1.3　燃气场站安装

1.燃气场站管道安装

1)垫铁的安装

(1)使用斜垫铁或平垫铁调平时,应符合下列规定。

①承受负荷的垫铁组,应使用成对斜垫铁,且调平后灌浆前用定位焊焊牢,钩头成对斜垫铁能用灌浆层固定牢固的可不焊。

②承受重负荷或有较强连续振动的设备,宜使用平垫铁。

（2）每一组垫铁宜减少垫铁的块数，不宜超过 5 块，且不宜采用薄垫铁。放置平垫铁时，厚的放在下面，薄的放在中间，且不宜小于 2 mm，并应将各垫铁相互用定位焊焊牢，但铸铁垫铁可不焊。

（3）每一组垫铁应放置整齐平稳，接触良好。设备调平后，每组垫铁均应压紧，并应用手锤逐组轻击听声音检查。对高速运转的设备，当采用 0.05 mm 塞尺检查垫铁之间及垫铁与底座面之间的间隙时，在垫铁同一断面处以两侧塞入的长度总和不得超过垫铁长度或宽度的 1/3。

（4）设备调平后，垫铁端面应露出设备底面外缘，平垫铁宜露出 10～30 mm；斜垫铁宜露出 l0～50 mm。垫铁组伸入设备底座底面的长度应超过设备地脚螺栓的中心。

（5）安装在金属结构上的设备调平后，其垫铁均应与金属结构用定位焊焊牢。

（6）设备用螺栓调整垫铁调平应符合下列要求。

①螺纹部分和调整块滑动面上应涂以耐水性较好的润滑脂。

②调平应采用升高升降块的方法。需要降低升降块时，应在降低后重新再做升高调整，调平后，调整块应留有调整的余量。

③垫铁垫座应用混凝土灌牢，但不得灌入活动部分。

（7）设备采用调整螺钉调平时，应符合下列要求。

①不作永久性支承的调整螺钉调平后，设备底座下应用垫铁垫实，再将调整螺钉松开。

②调整螺钉支承板的厚度宜大于螺钉的直径。

③支承板应水平，并应稳固地装设在基础面上。

④作为永久性支承的调整螺钉伸出设备底座底面的长度，应小于螺钉直径。

（8）当采用坐浆法放置垫铁时，坐浆混凝土配制的施工方法应符合下列要求。

①在设置垫铁的混凝土基础部位凿出坐浆坑，坐浆坑的长度和宽度应比垫铁的长度和宽度大 60～80 mm，坐浆坑凿入基础表面的深度应不小于 30 mm，且坐浆层混凝土的厚度应不小于 50 mm。

②用水冲或用压缩空气吹除坑内的杂物，并浸润混凝土坑约为 30 min，除尽坑内积水，坑内不得沾有油污。

③在坑内涂一层薄的水泥浆，水泥浆的水灰比宜为（2～2.4）∶1。

④将搅拌好的混凝土灌入坑内。灌注时应分层捣固，每层厚度宜为 40～

50 mm,连续捣至浆浮表层。混凝土表面形状应呈中间高四周低的弧形。

⑤当混凝土表面不再泌水或水迹消失后(具体时间视水泥性能、混凝土配合比和施工季节而定),即可放置垫铁并测定标高。垫铁上表面标高允许偏差为±0.5 mm。垫铁放置于混凝土上应用手压、木锤敲击或手锤垫木板敲击垫铁面,使其平稳下降,敲击时不得斜击。

⑥垫铁标高测定后,应拍实垫铁四周混凝土。混凝土表面应低于垫铁面2~5 mm,混凝土初凝前应再次复查垫铁标高。

⑦盖上草袋或纸袋并浇水湿润养护。养护期间不得碰撞和振动垫铁。

(9)设备采用减振垫铁调平,且应符合下列要求。

①基础或地坪应符合设备技术要求,在设备占地范围内,地坪(基础)的高低差不得超出减振垫铁调整量的 30%~50%,放置减振垫铁的部位应平整。

②减振垫铁按设备要求,可采用无地脚螺栓或胀锚地脚螺栓固定。

③设备调平时,各减振垫铁的受力应基本均匀,在其调整范围内应留有余量,调平后应将螺母锁紧。

④采用橡胶垫型减振垫铁时,设备调平 1~2 周后,应再进行一次调平。

2)地脚螺栓的安装

(1)埋设预留孔中的地脚螺栓应符合下列要求。

①地脚螺栓在预留孔中应垂直,无倾斜。

②地脚螺栓任一部分离孔壁的距离应大于 15 mm,地脚螺栓底端不应碰孔底。

③地脚螺栓上的油污和氧化皮等应清除干净,螺纹部分应涂少量油脂。

④螺母与垫圈、垫圈与设备底座间的接触均应紧密。

⑤拧紧螺母后,螺栓应露出螺母,其露出的长度宜为螺栓直径的 1/3~2/3。

⑥应在预留孔中的混凝土达到设计强度的 75% 以上时拧紧地脚螺栓,各螺栓的拧紧力应均匀。

(2)当采用和装设 T 形头地脚螺栓时,应符合下列要求。

①T 形头地脚螺栓的规格、尺寸和质量应符合《T 形头地脚螺栓》(JBZQ 4362—2006)的相关规定。

②埋设 T 形头地脚螺栓基础板应牢固、平正。螺栓安装前,应加设临时盖板保护,并应防止油、水、杂物掉入孔内。

③地脚螺栓光杆部分和基础板应刷防锈漆。

④预留孔或管状模板内的密封填充物,应符合设计规定。

(3)装设胀锚螺栓应符合下列要求。

①胀锚螺栓的中心线应按施工图放线。胀锚螺栓的中心至基础或构件边缘的距离不得小于 $7d$(d 为胀锚螺栓公称直径),底端至基础底面的距离不得小于 $3d$,且不得小于 30 mm。相邻两根胀锚螺栓的中心距离不得小于 $10d$。

②装设胀锚螺栓的钻孔应防止与基础或构件中的钢筋、预埋管和电缆等埋设物冲突,不得采用预留孔。

③安设胀锚螺栓的基础混凝土强度不得小于 10 MPa。

④基础混凝土或钢筋混凝土有裂缝的部位不得使用胀锚螺栓。

⑤胀锚螺栓钻孔的直径和深度应符合规定,钻孔深度可超过规定值 5～10 mm,成孔后应对钻孔的孔径和深度及时进行检查。

(4)地脚螺栓露出基础部分应垂直,设备底座套入地脚螺栓应有调整余量,每个地脚螺栓均不得有卡住现象。

(5)装设环氧树脂砂浆锚固地脚螺栓,应符合下列要求。

①螺栓中心线至基础边缘的距离应不小于 $4d$(d 为螺栓直径),且应不小于 100 mm;当小于 100 mm 时,应在基础边缘增设钢筋网或采取其他加固措施。螺栓底端至基础底面的距离应不小于 100 mm。

②螺栓孔应避开基础受力钢筋的水电、通风管线等埋设物。

③当钻地脚螺栓孔时,基础混凝土强度应不小于 10 MPa,螺栓孔应垂直,孔壁应完整,周围无裂缝和损伤,其平面位置偏差不得大于 2 mm。

④成孔后,应立即清除孔内的粉尘、积水,并应用螺栓插入孔中检验深度,深度适宜后,将孔口临时封闭。在浇筑环氧树脂砂浆前,应使孔壁保持干燥,孔壁不得沾染油污。

⑤地脚螺栓表面的油污、铁锈和氧化铁皮应清除,且露出金属光泽,并应用丙酮擦洗洁净,方可插入灌有环氧砂浆的螺栓孔中。

3)灌浆

(1)预留地脚螺栓孔或设备底座与基础之间的灌浆,应符合《混凝土结构工程施工质量验收规范》(GB 50204—2015)的相关规定。

(2)预留孔灌浆前,灌浆处应清洗洁净,灌浆宜采用细碎石混凝土,其强度应比基础或地坪的混凝土强度高一级,灌浆时应捣实,并不应使地脚螺栓倾斜和影响设备的安装精度。

(3)当灌浆层与设备底座面接触要求较高时,宜采用无收缩混凝土或水泥砂浆。

(4)灌浆层仅用于固定垫铁或防止油、水进入,厚度应不小于 25 mm。当灌浆有困难时,其厚度可小于 25 mm。

(5)灌浆前应敷设外模板。外模板至设备底座面外缘的距离宜不小于 60 mm。模板拆除后,表面应进行抹面处理。

(6)当设备底座下不需要全部灌浆,且灌浆层需承受设备负荷时,应敷设内模板。

4)管道焊接

(1)管道连接时,不得采用强力对口、加热、加偏心垫或多层垫等方法来消除接口端面的偏差。

(2)工作压力等于或大于 6.3 MPa 的管道,其对口焊缝的质量,应不低于Ⅱ级焊缝标准;工作压力小于 6.3 MPa 的管道,其对口焊缝质量应不小于Ⅲ级焊缝标准。

(3)壁厚大于 25 mm 的 10 号、15 号和 20 号低碳钢管道在焊接前应进行预热,预热温度为 100～200 ℃;当环境温度低于 0 ℃时,其他低碳钢管道也应预热至手有温感;合金钢管道的预热按设计规定进行。

壁厚大于 36 mm 的低碳钢、壁厚大于 20 mm 的低合金钢、壁厚大于 10 mm 的不锈钢管道,焊接后应进行相应的热处理。

(4)采用氩弧焊焊接或用氩弧焊打底时,管内宜通保护气体。

焊后应进行探伤抽查,按规定抽查量探伤不合格者,应加倍抽查该焊工的焊缝,仍不合格时,应对其全部焊缝进行无损探伤。

5)管道的防腐和保护

(1)液压、润滑管道的除锈,应采用酸洗法。管道的酸洗,应在管道配制完成,已具备冲洗条件后进行。对涂有油漆的管子,在酸洗前应把油漆除净。

(2)油库或液压站内的管道,宜采用槽式酸洗法;从油库或液压站至使用点或工作缸的管道,可采用循环酸洗法。

(3)槽式酸洗法可按下述要求进行。

①槽式酸洗法的一般操作程序:脱脂→水冲洗→酸法→水冲洗→中和→钝化→水冲洗→干燥→喷防锈油(剂)→封口。

②酸洗应严格按所选配方要求进行。

③将管道放入酸洗槽时,宜小管在上,大管在下。

(4)循环酸洗法可按下述要求进行。

①循环酸洗法的一般操作程序:水试漏→脱脂→水冲洗→酸洗→中和→钝化→水冲洗→干燥→喷防锈油(剂)。

②组成回路的管道长度,可根据管径、管压和实际情况确定,但不宜超过300 m。回路的构成,应使所有管道的内壁全部接触酸液。

③回路的管道最高部位应设排气点,在酸洗进行前,应将管内空气排尽;最低部位应设排空点,在酸洗完成后,应将溶液排净。

④在酸洗回路中应通入中和液,并应使出口溶液不呈酸性为止。

溶液的酸碱度可采用 pH 试纸检查。

⑤可采用将脱脂、酸洗、中和、钝化四个工序合一的清洗液(四合一清洗剂)进行管道酸洗。

(5)气动系统管道安装完成后,应采用干燥的压缩空气进行吹扫。各种阀门及辅助元件不得投入吹扫。气缸和气动马达的接口应封闭。

(6)管道吹扫后的清洁度,应在排气口采用白布或涂有白漆的靶板检查。在5 min 内,其白布或靶板上以无铁锈、灰尘及其他脏物为合格。

(7)管道涂漆应符合下列要求。

①管道涂防锈漆前,应除净管外壁的铁锈、焊渣、油垢及水分等。

②管道涂面漆应在试压合格后进行,当需要在试压前涂面漆时,其焊缝部位不应涂漆,待试压合格后补涂。

③涂漆施工宜在 5~40 ℃的环境温度下进行,漆后自然干燥。未干燥前应采取防冻、防雨、防止灰尘脏物的措施。

④涂层厚度应符合设计规定,涂层应均匀、完整、无损坏和漏涂。

⑤漆膜应附着牢固,无剥落、褶皱、气泡、针孔等缺陷。

2. 燃气场站内机具安装

1)风机安装

(1)风机的开箱检查应符合下列要求。

①按设备装箱单清点风机的零件、部件和配套件应齐全。

②核对叶轮、机壳和其他部位的主要安装尺寸应与设计相符。

③风机进口和出口的方向(或角度)应与设计相符,叶轮旋转方向和定子导流叶片的导流方向应符合设备技术文件的规定。

④风机外露部分各加工面应无锈蚀,转子的叶轮和轴颈、齿轮的齿面和齿轮轴的轴颈等主要零件、部件的重要部位应无碰伤和明显的变形。

⑤整体出厂的风机,进气口和排气口应有盖板遮盖,并防止尘土和杂物进入。

(2)风机的搬运和吊装应符合下列要求。

①整体出厂的风机搬运和吊装时,绳索不得捆缚在转子和机壳上盖或轴承上盖的吊耳上。

②解体出厂的风机绳索的捆缚不得损伤机件表面,转子和齿轮的轴颈、测振部位均不得作为捆缚部位,转子和机壳的吊装应保持水平。

③当输送特殊介质的风机转子和机壳内涂有保护层时,应妥善保护,不得损伤。

④转子和齿轮不得直接放在地上滚动或移动。

(3)风机组装前应进行清洗和检查。

(4)风机机组轴系的找正应首先选择位于轴系中间或质量大、安装难度大的机器作为基准机器进行调平,其余非基准机器应以基准机器为基准找正调平,使机组轴系在运行时成为两端扬度相当的连续曲线。机组轴系的最终找正应以实际转子通过联轴器进行并达到上述要求。

(5)风机的进气、排气管路和其他管路的安装,除应按《工业金属管道工程施工质量验收规范》(GB 50184—2011)执行外,还应符合下列要求。

①风机的进气、排气系统的管路、大型阀件、调节装置、冷却装置和润滑油系统等管路均应有单独的支承,并与基础或其他建筑物连接牢固。

②与风机进气口和排气口法兰相连的直管段上,不得有阻碍热胀冷缩的固定支撑。

③各管路与风机连接时,法兰面应对中并平行。

④气路系统中补偿器的安装,应按设备技术文件的规定执行。

⑤管路与机壳连接时,机壳不得承受外力。连接后,应复测机组的安装水平和主要间隙,并应符合要求。

(6)润滑、密封、控制和冷却系统以及进气、排气系统的管路除应进行除锈、清洗洁净保持畅通外,其受压部分应按设备技术文件的规定做严密性试验。

(7)风机传动装置的外露部分、直接通大气的进口,其防护罩(网)在试运转前应安装完毕。

2)压缩机安装

(1)解体出厂的往复活塞式压缩机。

①组装机身和中体时应符合下列要求。

a.将煤油注入机身内,使润滑油升至最高油位,持续时间不得小于 4 h,并无渗漏现象。

b.机身安装的纵向和横向水平偏差应不大于 0.05/1000。

c.两机身压缩机主轴承孔轴线的同轴度应不大于 0.05 mm。

②组装曲轴和轴承时应符合下列要求。

a.曲轴和轴承的油路应洁净和畅通,曲轴的堵油螺塞和平衡块的锁紧装置应紧固。

b.轴瓦钢壳与轴承合金层黏合应牢固,并无脱壳和哑声现象。

c.轴瓦背面与轴瓦座应紧密贴合,其接触面面积应不小于 70%。

d.轴瓦与主轴颈之间的径向和轴向间隙应符合设备技术文件的规定。

e.对开式厚壁轴瓦的下瓦与轴颈的接触弧面夹角应不小于 90°,接触面面积应不小于该接触弧面面积的 70%;四开式轴瓦的下瓦和侧瓦与轴颈的接触面面积应不小于每块瓦面积的 70%。

f.薄壁瓦的瓦背与瓦座应紧密贴合。当轴瓦外圆直径小于或等于 200 mm 时,其接触面面积应不小于瓦背面积的 85%;当轴瓦外圆直径大于 200 mm 时,其接触面面积应不小于瓦背面积的 70%,且接触应均匀。薄壁瓦的组装间隙应符合设备技术文件的规定,瓦面的合金层不宜刮研,当需要刮研时,应修刮轴瓦座的内表面。

g.曲轴安装的水平偏差应不大于 0.10/1000,并在曲轴每转 90°的位置上,用水平仪在主轴颈上进行测量。

h.曲轴轴线对滑道轴线的垂直度偏差应不大于 0.10/1000。

i.检查各曲柄之间上、下、左、右 4 个位置的距离,其允许偏差应符合设备技术文件的规定。当无规定时,其偏差应不大于行程的 0.10/1000。

j.曲轴组装后盘动数转,无阻滞现象。

③组装气缸时应符合下列要求。

a.气缸组装后,其冷却水路应按设备技术文件的规定进行严密性试验,并无渗漏。

b.卧式气缸轴线对滑道轴线的同轴度允许偏差应符合规定,其倾斜方向应与滑道倾斜方向一致。在调整气缸轴线时,不得在气缸端面加放垫片。

c.立式气缸找正时,活塞在气缸内四周的间隙应均匀,其最大与最小间隙之差应不大于活塞与气缸间平均间隙值的1/2。

④组装连杆时应符合下列要求。

a.油路应清洁和畅通。

b.厚壁的连杆大头瓦与曲柄轴颈的接触面面积应不小于大头瓦面积的70%;薄壁的连杆大头瓦不宜研刮,其连杆小头轴套(轴瓦)与十字销的接触面面积应不小于小头轴套(轴瓦)面积的70%。

c.连杆大头瓦与曲柄轴颈的径向间隙、轴向间隙应符合设备技术文件的规定。

d.连杆小头轴套(轴瓦)与十字销的径向间隙、轴向间隙,均应符合设备技术文件的规定。

e.连杆螺栓和螺母应按设备技术文件规定的预紧力,均匀拧紧和锁牢。

⑤组装十字头时应符合下列要求。

a.十字头滑履与滑道接触面面积应不小于滑履面积的60%。

b.十字头滑履与滑道间的间隙在行程的各位置上均应符合设备技术文件的规定。

c.对称平衡型压缩机的十字头在组装时,应按制造厂所做的标记进行,并不得装错,以保持活塞杆轴线与滑道轴线重合。

d.十字头销的连接螺栓和锁紧装置,均应拧紧和锁牢。

⑥组装活塞和活塞杆时应符合下列要求。

a.活塞环表面应无裂纹、夹杂物和毛刺等缺陷。

b.活塞环应在气缸内做漏光检查。

c.活塞环与活塞环槽端面之间的间隙、活塞环放入气缸的开口间隙,均应符合设备技术文件的规定。

d.活塞环在活塞环槽内应能自由转动,手压活塞环时,环应能全部沉入槽内,相邻活塞环开口的位置应互相错开。

e.活塞与气缸镜面之间的间隙和活塞在气缸内的内、外止点间隙应符合设备技术文件的规定。

f.浇有轴承合金的活塞支承面,与气缸镜面的接触面面积应不小于活塞支承弧面的60%。

g.活塞杆与活塞、活塞杆与十字头应连接牢固并且锁紧。

⑦组装填料和刮油器时应符合下列要求。

a. 油、水、气孔道应清洁和畅通。

b. 各填料环的装配顺序不得互换。

c. 填料与各填料环端面、填料盒端面的接触应均匀,其接触面面积应不小于端面面积的 70%。

d. 填料、刮油器与活塞杆的接触面面积应符合设备技术文件的规定。当无规定时,其接触面面积应不小于该组环面积的 70%,且接触应均匀。

e. 刮油刃口应不倒圆,刃口应朝向来油方向。

f. 填料和刮油器组装后,各处间隙应符合设备技术文件的规定,并能自由转动。

g. 填料压盖的锁紧装置应锁牢。

⑧组装气阀时应符合下列要求。

a. 各气阀弹簧的自由长度应一致,阀片和弹簧无卡住和歪斜现象。

b. 阀片升程应符合设备技术文件的规定。

c. 气阀组装后应注入煤油进行严密性试验,且无连续的滴状渗漏。

⑨组装盘车装置应符合下列要求。

a. 盘车装置可在曲轴就位后进行组装,并应符合设备技术文件的规定。

b. 应调整操作手柄的各个位置,其动作应正确可靠。

(2)整体出厂的压缩机。

压缩机的安装水平偏差应不大于 0.20/1000,并应在下列部位进行测量。

①卧式压缩机、对称平衡型压缩机应在机身滑道面或其他基准面上测量。

②立式压缩机应拆去气缸盖,并在气缸顶平面上测量。

③其他形式的压缩机应在主轴外露部分或其他基准面上测量。

(3)螺杆式压缩机。

①整体安装的压缩机在防锈保证期内安装时,其内部可不拆清洗。

②整体安装的压缩机纵向和横向安装水平偏差应不大于 0.20/1000,并应在主轴外露部分或其他基准面上进行测量。

③压缩机空负荷试运转应符合下列要求。

a. 起动油泵,在规定的压力下运转应不小于 15 min。

b. 单独起动驱动机,其旋转方向应与压缩机相符;当驱动机与压缩机连接后,盘车应灵活、无阻滞现象。

c. 起动压缩机并运转 2~3 min,无异常现象后其连续运转时间应不小于 30

min；停机时，油泵应在压缩机停转 15 min 后，方可停止运转，停泵后应清洗各进油口的过滤网。

　　d. 再次起动压缩机，应连续进行吹扫，并不小于 2 h，轴承温度应符合设备技术文件的规定。

　　④压缩机空气负荷试运转应符合下列要求。

　　a. 各种测量仪表和有关阀门的开启或关闭应灵敏、正确、可靠。

　　b. 起动压缩机空负荷运转应不少于 30 min。

　　c. 应缓慢关闭旁通阀，并按设备技术文件规定的升压速率和运转时间，逐级升压试运转，使压缩机缓慢地升温。在前一级升压运转期间无异常现象后，方可将压力逐渐升高，升压至额定压力下连续运转的时间应不小于 2 h。

　　⑤压缩机升温试验运转应按设备技术文件的规定执行。

　　⑥压缩机试运转合格后，应彻底清洗润滑系统，并更换润滑油。

　　(4)压缩机的附属设备的安装。

　　①压缩机的附属设备(冷却器、气液分离器、缓冲器、干燥器、储气罐、滤清器、放空罐)就位前，应检查管口方位、地脚螺栓孔和基础的位置，并与施工图相符，各管路应清洁和畅通。

　　②附属设备中的压力容器在安装前的强度试验和严密性试验，应按《固定式压力容器安全技术监察规程》(TSG 21—2006)的规定执行。当压力容器外表完好、具有合格证、在规定的质量保证期内安装时，可不做强度试验，但应做严密性试验。

　　③卧式设备的安装水平和立式设备的铅垂度偏差应不大于 1/1000。

　　④淋水式冷却器排管的安装水平和排管立面的铅垂度偏差应不大于 1/1000，其溢水槽的溢水口应水平。

3)泵的安装

　　(1)检查泵的安装基础的尺寸、位置和标高是否符合工程设计要求。

　　(2)泵的开箱检查应符合下列要求。

　　①按设备技术文件的规定清点泵的零件和部件，无缺件、损坏和锈蚀等，管口保护物和堵盖应完好。

　　②核对泵的主要安装尺寸是否与工程设计相符。

　　③核对输送特殊介质的泵的主要零件、密封件以及垫片的品种和规格。

　　(3)出厂时已装配、调整完善的部分不得拆卸。

（4）驱动机与泵连接时，应以泵的轴线为基准找正；驱动机与泵之间有中间机器连接时，以中间机器轴线为基准找正。

（5）管道的安装除应符合《工业金属管道工程施工规范》（GB 50235—2010）的规定外，还应符合下列要求。

①管子内部和管端应清洗洁净，清除杂物，密封面和螺纹不应损伤。

②吸入管道和输出管道应有各自的支架，泵不得直接承受管道的质量。

③相互连接的法兰端面应平行，螺纹管接头轴线应对中，不应借法兰螺栓或管接头强行连接。

④管道与泵连接后，应复检泵的原找正精度，发现管道连接引起偏差时，应调整管道。

⑤管道与泵连接后，不应在其上进行焊接和气割；当需焊接和气割时，应拆下管道或采取必要的措施，并应防止焊渣进入泵内。

⑥泵的吸入和排出管道的配置应符合设计规定。

（6）润滑、密封、冷却和液压等系统的管道应清洗洁净保持畅通，其受压部分应按设备技术文件的规定进行严密性试验。当无规定时，应按现行国家标准《工业金属管道工程施工规范》（GB 50235—2010）的相关规定执行。

（7）泵的试运转应在其各附属系统单独试运转正常后进行。

（8）泵应在有介质情况下进行试运转，试运转的介质或代用介质均应符合设计的要求。

3. 燃气储气罐安装

燃气储气罐可分为低压储气罐和高压储气罐。低压储气罐的工作压力一般在 10 kPa 以下，储气压力基本稳定，储气量的变化使储罐容积相应变化。低压储气罐又可分为湿式储气罐和干式储气罐；高压储气罐按其形状可分圆筒形储气罐和球形储气罐两种。本书主要介绍球形储气罐的安装。

1）球形储气罐安装

球形储气罐安装前应对基础各部位尺寸进行检查和验收。

（1）球壳板的预制。

①球壳板的外形尺寸要求。

a.球壳板曲率检查所用的样板及球壳板与样板允许间隙应符合规定。

b.球壳板几何尺寸允许偏差应符合规定。

②球壳板焊接坡口要求。

a. 气割坡口表面质量应符合下列要求。

(a)平面度应小于或等于球壳板名义厚度($6n$)的 0.04 倍,且不得大于 1 mm。

(b)表面应平滑,表面粗糙度 $R \leqslant 25~\mu$m。

(c)缺陷间的极限间距 $Q \geqslant 0.5$ m。

(d)熔渣与氧化皮应清除干净,坡口表面不应有裂纹和分层等缺陷。用标准抗拉强度大于 540 MPa 的钢材制造的球壳板,坡口表面应经磁粉或渗透检测抽查,不应有裂纹、分层和夹渣等缺陷。抽查数量为球壳板数量的 20%,若发现有不允许的缺陷,应加倍抽查;若仍有不允许的缺陷,应逐件检测。

b. 坡口几何尺寸允许偏差应符合下列要求。

(a)坡口角度(α)的允许偏差为 $\pm 2°30'$。

(b)坡口钝边(P)及坡口深度(h)的允许偏差为 ± 1.5 mm。

③球壳板周边 100 mm 范围内应进行全面积超声检测抽查,抽查数量不得少于球壳板总数的 20%,且每带应不少于 2 块。对球壳板有超声检测要求的还应进行超声检测抽查,抽查数量与周边抽查数量相同。检测方法和结果应符合《承压设备无损检测》(NB/T 47013—2015 或 JB/T 4730)的相关规定,合格等级应符合设计图样的要求。若有不允许的缺陷,应加倍抽查,若仍有不允许的缺陷,应逐件检测。

④当相邻板的厚度差大于或等于 3 mm,或大于其中的薄板厚度的 1/4 时,厚板边缘应削成斜边,削边后的端部厚度应等于薄板厚度。

(2)球罐的组装。

球罐常用组装方法有三种:半球法(适应公称容积 $V_g \geqslant 400$ m³)、环带组装法(适应公称容积 400 m³ $\leqslant V_g <$ 1000 m³)和拼板散装法(适应公称容积 $V_g \geqslant$ 1000 m³)。这里重点介绍拼板散装法。

拼板散装法是指在球罐基础上,将球壳板逐块地组装起来,也可以在地面将各环带上相邻的两块、三块或四块拼对组装成大块球壳板,然后将大块球壳板逐块组装成球。

①球板地面拼对。

在地面拼对组装时,注意对口错边及角变形。在点焊前应反复检查,严格控制几何尺寸变化。所有与球壳板焊接的定位块,焊接应按焊接工艺完成。用完拆除时禁止用锤强力击落,以免拉裂母材。

a. 支柱与赤道板地面拼对,首先在支柱、赤道板上画出纵向中心线(板上还

须画出赤道线）。把赤道板放在规定平台的垫板上，支柱上部弧线与赤道板贴合，应使其自然吻合，否则应进行修整。赤道板与支柱相切线应满足（符合）基础中心直径，同时，用等腰三角形原理调整支柱与赤道带板赤道线的垂直度，再用水准仪找平。拼对尺寸符合要求后再点焊。

b.上下温带板、寒带板及极板地面拼对，按制造厂的编号顺序把相邻的两三块球壳板拼成一大块，拼对须在胎具上进行，在球壳板上按 800 mm 左右的间距焊接定位块，用卡码连接两块球壳板并调整间隙。

c.球罐组装时，相邻焊缝的边缘距离应不小于球壳板厚度的 3 倍，且应不小于 10 mm。

②吊装组对。

a.支柱赤道带吊装组对，支柱对焊后，对焊缝进行着色检查，测量从赤道线到支柱底的长度，并在距支柱底板一定距离处画出标准线，作为组装赤道带时找水平，以及水压试验前后观测基础沉降的标准线。基础复测合格后，摆上垫铁，找平后放上滑板，在滑板上画出支柱安装中心线。

按支柱编号顺序，把焊好的赤道板，支柱吊装就位，找正支柱垂直度后，固定预先捆好的 4 根揽风绳，使其稳定，然后调整预先垫好的平垫铁，使其垂直后，用斜楔卡子使之固定。两根支柱之间插装一块赤道板，用卡具连接相邻的两块板，并调整间隙错边及角变形使其符合要求，在吊下一根支柱直至一圈吊完，并安装柱间拉杆。

赤道带是球罐的基准带，其组装精确度直接影响其他各环带甚至整个球罐的安装质量，所以吊装完的赤道带应校正调圆间隙，错边角变形等应符合以下要求：间隙（3±2）mm；错边＜3 mm；角变形≤7 mm；支柱垂直度允差≤12 mm；椭圆度不得大于 80 mm。检查以上尺寸合格后方可允许点焊。

b.上下温带吊装相对，拼接好的上下温带，在吊装前应将挂架、跳板、卡具带上并捆扎牢固，吊装按以下工艺进行。

先吊装下温带板，吊点布置为大头两个吊点，小头两相近的吊点成等腰三角形，用钢丝绳和倒链连接吊点，并调整就位角度。就位后用预先带在块板上的卡码连接下温带板与赤道带板的环缝，使其稳固，并用弧度与球罐内弧度相同的龙门板作连接支撑（大头龙门板 9 块，小头龙门板 3 块），再用方楔圆销调整焊缝使其符合要求。

用同样的方法吊装第二块温带板，就位后紧固第一块温带板的竖缝与赤道带板的环缝的连接卡具，并调整各部位的尺寸间隙，后带上五块连接龙门板。依次把该环吊装组对完,再按上述工艺吊装上温带。

上、下温带组装点焊后,对组装的球罐进行一次总体检查,其错边、间隙、角变形、椭圆度等均应符合要求后,方可进行主体焊接。

上、下极板吊装组对与上、下温带组对工艺基本相同。

c. 上下极吊装组对,赤道带、温带等所有对接焊缝焊完并经外观和无损检测合格后,吊装组对极板。先吊装放置于基础内的下极板,后吊装上极板。吊装前检测温带径口及极板径口尺寸。尺寸相符再组对焊接。极板就位后应检查接管方位符合图纸要求并调整环口间隙,错边及角变形均符合要求,方可进行点焊。

(3)附件制作安装。

①盘梯的组对与安装。盘梯内外侧栏杆放出实样后,应在下边线上画出踏步板的位置线,然后将踏步板对号安装,逐块点焊牢固。

盘梯安装一般采用两种方法。一种方法是先把支架焊在球罐上再整体吊装盘梯。这种方法要求支架在球罐上的安装位置必须准确。另一种方法是把支架焊在盘梯上,连同支架一起将盘梯吊起,在球罐上找正就位。

②人孔及接管等受压元件的安装。

a. 开孔位置允许偏差为 5 mm。

b. 开孔直径与组装件直径之差宜为 2～5 mm。

c. 接管外伸长度及位置允许偏差为 5 mm。

d. 除设计规定外,接管法兰面应与接管中心轴线垂直,且应使法兰面水平或垂直,其偏差不得超过法兰外径的 1‰(法兰外径小于 100 mm 时,按 100 mm 计),且应不大于 3 mm。

e. 以开孔中心为圆,开孔直径为半径的范围外,采用弦长不小于 1 m 的样板检查球壳板的曲率,其间隙不得大于 3 mm。

f. 补强圈应与球壳板紧密贴合。

③球罐上的连接板应与球壳紧密贴合,并在热处理之前与球壳焊接。当连接板与球壳的角焊缝是连续焊缝时,应在不易流进雨水的部位留出 10 mm 的通气孔隙。连接板安装位置的允许偏差为 10 mm。

④影响球罐焊后整体热处理及充水沉降的零部件,应在热处理及沉降试验完成后再与球罐固定。

2)球形储罐焊接

(1)球形储罐焊接。

①焊接材料使用前应按产品使用说明进行烘干,也可按照规定的烘干温度和时间进行烘干。烘干后的焊条应保存在 100～150 ℃的恒温箱中随用随取,焊条表面药皮应无脱落和明显裂纹。

②手工电弧焊时,在现场应备有符合产品标准的保温筒,焊条在保温筒内的保存时间应不超过 4 h;当超过时,应按原烘干温度重新干燥,焊条重复烘干次数应不超过两次。

③焊剂中不得混入异物,当有异物混入时,应对焊剂进行清理或更换。

④焊丝在使用前应清除铁锈和油污等。

(2)球形储罐焊后修补。

①球罐在制造、运输和施工中所产生的各种不合格缺陷都应进行修补。

②焊缝内部缺陷的修补应符合下列要求。

a.应根据产生缺陷的原因,选用适用的焊接方法,并制定修补工艺。

b.修补前宜采用超声检测确定缺陷的位置和深度,确定修补侧。

c.当内部缺陷的清除采用碳弧气刨时,应采用砂轮清除渗碳层,打磨成圆滑过渡,并经渗透检测或磁粉检测合格后方可进行焊接修补。气刨深度应不超过板厚的 2/3,当缺陷仍未清除时,应焊接修补后,从另一侧气刨。

d.修补焊缝长度不得小于 50 mm。

e.焊接修补时如须预热,预热温度应取要求值的上限,有后热处理要求时,焊后应立即进行后热处理;线能量应控制在规定范围内,焊短焊缝时,线能量应不取下限值。

f.同一部位(焊缝内、外侧各作为一个部位)修补不宜超过两次,对经过两次修补仍不合格的焊缝,应采取可靠的技术措施,并经单位技术负责人批准后方可修补。

g.焊接修补的部位、次数和检测结果应做记录。

③球罐修补后应按下列规定进行无损检测。

a.各种缺陷清除和焊接修补后均应进行磁粉或渗透检测。

b.当表面缺陷焊接修补深度超过 3 mm 时(从球壳板表面算起)应进行射线检测。

c.焊缝内部缺陷修补后,应进行射线检测或超声检测,选用的方法应与修补前发现缺陷的方法相同。

(3)球形储罐焊接焊后处理。

①热处理工艺。

a.热处理温度应符合设计图样要求。

b.热处理时,最少恒温时间应按最厚球壳板对接焊缝厚度的每 25 mm 保持 1 h 计算,且应不少于 1 h。

c.加热时,在 300 ℃及以下可不控制升温速度;在 300 ℃以上,升温速度宜控制在 50～80 ℃/h 的范围内。

d.降温时,从热处理温度到 300 ℃的降温速度宜控制在 30～50 ℃/h 范围内,300 ℃以下可在空气中自然冷却。

e.在 300 ℃以上阶段,球壳表面上任意两个测温点的温差不得大于 130 ℃。

②保温要求。

a.热处理时,应选用能耐最高热处理温度、对球罐无腐蚀、堆积密度低、导热系数小和施工方便的保温材料。

b.保温材料应保持干燥,不得受潮。

c.保温层应紧贴球壳表面,局部间隙宜不大于 20 mm。接缝应严密,多层保温时,各层接缝应错开。在热处理过程中保温层不得松动、脱落。

d.球罐上的人孔、接管、连接板均应进行保温。从支柱与球壳连接焊缝的下端算起,向下不少于 1 m 长度范围内的支柱应进行保温。

e.在恒温时间内,保温层外表面温度宜不大于 60 ℃。

③测温系统。

a.测温点应均匀地布置在球壳表面,相邻测温点的间距宜小于 4.5 m。距离上下人孔与球壳板环焊缝边缘 200 mm 范围内应设测温点各 1 个。

b.测温用的热电偶可采用储能焊或螺栓固定于球壳外表面上,热电偶和补偿导线应固定。

c.应对温度进行连续自动记录。热电偶及记录仪表应经过校准并在有效周期内,准确度应达到±1%的要求。

④柱脚处理。

a.热处理时,应松开拉杆及地脚螺栓,并在支柱地脚板底部设置移动装置和位移测量装置。

b.热处理过程中,应监测实际位移值,并按计算位移值调整柱脚的位移,温度每变化 100 ℃应调整一次。移动柱脚时应平稳缓慢。

c.热处理后,应测量并调整支柱垂直度和拉杆挠度。

3)气密性试验

气密性试验的球罐,应在液压试验合格后进行气密性试验。

(1)试验前的准备工作。

①试验前,安全阀须经过检查校核后按图纸要求装好。压力表与水压试验相同。

②试压前拆除球罐内部脚手架,清除一切杂物。球罐周围不得有易燃易爆物品。

③试验压力不低于设计压力,介质应用压缩空气,介质温度不得低于5 ℃。

(2)气密性试验方法,空气压缩机压送空气经贮气罐后送入球罐,达到试验压力后,关闭阀门,通过球罐顶部和底部的压力表现测球罐内压力的变化。

(3)气密性试验的试验压力应符合设计图样规定。

(4)气密性试验时,应监测环境温度的变化和监视压力表读数,不得发生超压。

(5)设计图样规定进行气压试验的球罐,气密性试验可与气压试验同时进行。

4)压力试验

(1)球罐在压力试验前应具备下列条件。

①球罐和零部件焊接工作全部完成并经检验合格。

②基础二次灌浆达到强度要求。

③须热处理的球罐,已完成热处理,产品焊接试板经检验合格。

④补强圈焊缝已用0.4~0.5 MPa的压缩空气做泄漏检查合格。

⑤支柱找正和拉杆调整完毕。

(2)除设计图样有规定外,不得采用气体代替液体进行压力试验。

(3)进行压力试验时,应在球罐顶部和底部各设置一块量程相同并经校准合格的压力表,其准确度等级应不低于1.5级。压力表量程宜为试验压力的2倍,应控制在1.5~4倍试验压力之间。压力表的直径宜不小于150 mm。

(4)压力试验时,严禁碰撞和敲击球罐。

(5)液压试验应符合下列规定。

①液压试验介质应采用清洁水。

②碳素钢、Q345B和正火Q390球罐液压试验时,试验用水温度不得低于5 ℃;其他低合金钢球罐(不含低温球罐),试验用水温度不得低于15 ℃。当由

于板厚等因素造成材料无延性转变温度升高时,应相应提高试验用水温度。

③液压试验的试验压力,应按设计图样规定,且应不小于球罐设计压力的 1.25 倍。试验压力读数应以球罐顶部的压力表为准。

④液压试验应按下列步骤进行。

a.试验时球罐顶部应设排气口,充液时应将球罐内的空气排尽。试验过程中,应保持球罐外表面干燥。

b.试验时,压力应缓慢上升,当压力升至试验压力的 50% 时,应保持 15 min,再对球罐的所有焊缝和连接部位进行检查,确认无渗漏后继续升压。

c.当压力升至试验压力的 90% 时,应保持 15 min,再次进行检查,确认无渗漏后再升压。

d.当压力升至试验压力时,应保持 30 min,然后将压力降至试验压力的 80% 并进行检查,以无渗漏和无异常现象为合格。

e.液压试验完毕后,应将水排尽。排水时,应不就地排放。

(6)气压试验应符合下列规定。

①气压试验必须采取安全措施,并经单位技术负责人批准。试验时应有本单位安全部门监督检查。气压试验时必须设置两个或两个以上安全阀和紧急放空阀。

②气压试验的试验压力应符合设计图样规定。

③气压试验的介质应采用空气或氮气,介质温度应不低于 15 ℃。

④气压试验应按下列步骤进行。

a.压力升至试验压力的 10% 时,宜保持 5~10 min,对球罐的所有焊缝和连接部位做初次泄漏检查,确认无泄漏后,继续升压。

b.压力升至试验压力的 50% 时,应保持 10 min,当无异常现象时,应以 10% 的试验压力为级差,逐级升至试验压力,并保持 10~30 min 后,降至设计压力进行检查,以无泄漏和无异常现象为合格。

c.缓慢卸压。

⑤气压试验时,应监测环境温度的变化和监视压力表读数,不得发生超压。

⑥气压试验用安全阀应符合下列要求。

a.安全阀必须使用有制造许可证的单位生产的符合技术标准的产品。

b.安全阀必须经校准合格。

c.安全阀的初始开启压力应定为试验压力加 0.05 MPa。

(7)球罐在充水、放水过程中,应对基础的沉降进行观测,做实测记录,并应

符合下列规定。

①沉降观测应在下列阶段进行：充水前；充水到球壳内直径的 1/3 时；充水到球壳内直径的 2/3 时；充满水时；充满水 24 h 后；放水后。

②每个支柱基础均应测定沉降量，各支柱上应按规定焊接永久性的水平测定板。

③支柱基础沉降应均匀。放水后，不均匀沉降量应不大于基础中心圆直径的 1/1000，相邻支柱基础沉降差应不大于 2 mm。

④当不均匀沉降量大于上述要求时，应采取措施进行处理。

5.1.4　燃气工程试验

燃气管道在安装过程中须进行压力试验，压力试验就是利用空气压缩机向燃气管道内充入压缩空气，借助空气压力来检验管道接口和材质的致密性的试验。燃气工程试验根据检验目的分为强度试验和严密性试验。

1. 强度试验

1）试验要求强度试验前应具备的条件

（1）试验用的压力计及温度记录仪应在校验有效期内。

（2）试验方案已经批准，有可靠的通信系统和安全保障措施，已进行技术交底。

（3）管道焊接检验、清扫合格。

（4）埋地管道回填土宜回填至管上方 0.5 m 以上，并留出焊接口。

2）试验内容

（1）一般情况下试验压力为设计输气压力的 1.5 倍，但钢管不得低于 0.3 MPa，塑料管不得低于 0.1 MPa。

（2）管道应分段进行压力试验，试验管道分段最大长度宜按规定执行，管道强度试验压力和介质应符合要求。

（3）当压力达到规定值后，应稳定 1 h，然后用肥皂水对管道接口进行检查，全部接口均无漏气现象认为合格。若有漏气处，可放气后进行修理，修理后再次试验，直至合格。

2. 严密性试验

（1）严密性试验应在强度试验合格、管线回填后进行。

(2)试验用压力计应在校验有效期内,其量程应为试验压力的1.5~2倍,其精度等级、最小分格值及表盘直径应满足相关要求。

(3)严密性试验介质宜采用空气,试验压力应满足下列要求。

①设计压力小于5 kPa时,试验压力应为20 kPa。

②设计压力大于或等于5 kPa时,试验压力应为设计压力的1.15倍,且不得小于0.1 MPa。

③试压时的开压速度不宜过快。

3. 管道吹扫

管道吹扫范围内的管道安装工程除补口、涂漆外,已按设计图纸全部完成。管道安装检验合格后,应由施工单位负责组织吹扫工作,并应在吹扫前编制吹扫方案。管道吹扫应按主管、支管、庭院管的顺序进行吹扫,吹扫出的脏物不得进入已合格的管道。

(1)公称直径小于100 mm或长度小于100 m的钢质管道,可采用气体吹扫。气体吹扫应符合下列要求。

①吹扫气体流速宜不小于20 m/s。

②吹扫口与地面的夹角应在30°~45°,吹扫管段与被吹扫管段必须采取平缓过渡对焊,吹扫口直径符合规定。

③每次吹扫管道的长度宜不超过500 m;当管道长度超过500 m时宜分段吹扫。

④当管道长度在200 m以上,且无其他管段或储气容器可利用时,应在适当部位安装吹扫阀,采取分段储气,轮换吹扫;当管道长度不足200 m,可采用管道自身储气放散的方式吹扫,打压点与放散点应分别设在管道两端。

⑤当目测排气无烟尘时,应在排气口设置的布或涂白漆木靶板上检验,5 min内靶上无铁锈、尘土等其他杂物为合格。

(2)公称直径大于或等于100 mm的钢质管道,宜采用清管球进行清扫。清管球清扫应符合下列要求。

①管道直径必须是同一规格,不同管径的管道应断开分别进行清扫。

②对影响清管球通过的管件、设施,在清管前应采取必要措施。

③清管球清扫完成后,应按《城镇燃气输配工程施工及验收规范》(CJJ 33—2005)进行检验,如不合格可采用气体再清扫至合格。

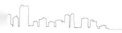

5.2　供热管网工程施工技术

5.2.1　土方工程

(1)供热管网土方和石方工程的施工及验收应符合《建筑地基基础工程施工质量验收规范》(GB 50202—2018)的相关规定。

(2)施工前,应对开槽范围内的地上、地下障碍物进行现场核查,逐项查清障碍物构造情况,以及与工程的相对位置关系。当开挖管沟发现文物时,应采取措施保护并及时通知文物管理部门。

(3)土方施工中,对开槽范围内各种障碍物的保护措施应符合下列规定。

①应取得所属单位的同意和配合。

②给水、排水、燃气、电缆等地下管线及构筑物必须能正常使用。

③加固后的线杆、树木等必须稳固。

④各相邻建筑物和地上设施在施工中和施工后,不得发生沉降、倾斜、塌陷。

(4)土方开挖应根据施工现场条件、结构埋深、土质、有无地下水等因素选用不同的开槽断面,确定各施工段的槽底宽、边坡、留台位置、上口宽、堆土及外运土量等施工措施。

(5)当施工现场条件不能满足开槽上口宽度时,应采取相应的边坡支护措施。边坡支护工程应符合《建筑基坑支护技术规程》(JGJ 120—2012)的相关规定。

(6)在地下水位高于槽底的地段应采取降水措施,将土方开挖部位的地下水位降至槽底以下后开挖。降水措施应符合《建筑与市政工程地下水控制技术规范》(JGJ 111—2016)的相关规定。

(7)土方开挖中发现事先未查到的地下障碍物时应停止施工。应采取措施并经有关单位同意后,再进行施工。

(8)土方开挖前应先测量放线、测设高程。开挖过程中应进行中线、横断面、高程的校核。机械挖土,应有 200 mm 预留量,宜人工配合机械挖掘,挖至槽底标高。

(9)土方开挖时,必须按有关规定设置沟槽边护栏、夜间照明灯及指示红灯等设施,并按需要设置临时道路或桥梁。

(10)土方开挖至槽底后,应由设计和监理等单位共同验收地基。

对松软地基应确定加固措施,对槽底的坑穴空洞应确定处理方案。

(11)已挖至槽底的沟槽,后续工序应缩短晾槽时间,应不扰动及破坏土壤结构。对不能连续施工的沟槽,应留出 150～200 mm 的预留量。

(12)土方开挖应保证施工范围内排水畅通,并应采取措施防止地面水或雨水流入沟槽。

(13)当沟槽遇有风化岩或岩石时,开挖应由有资质的专业施工单位进行施工。采用爆破法施工时,必须制定安全措施,并经有关部门同意,由专人指挥进行施工。

(14)直埋管道的土方开挖,管线位置、槽底高程、坡度、平面拐点、坡度折点等应经测量检查合格。设计要求做垫层的直埋管道的垫层材料、厚度、密实度等应按设计要求施工。

(15)直埋管道的土方开挖,宜以一个补偿段作为一个工作段,一次开挖至设计要求。在直埋保温管接头处应设工作坑,工作坑宜比正常断面加深、加宽250～300 mm。

(16)沟槽的开挖质量应符合下列规定。

①槽底不得受水浸泡和受冻。

②槽壁平整,边坡坡度不得小于施工设计的规定。

③沟槽中心线每侧的净宽应不小于沟槽底部开挖宽度的一半。

④槽底高程的允许偏差:开挖土方时应为 ±20 mm;开挖石方时应为 −200～20 mm。

5.2.2　热力管道及其附件设备安装

1.市政供热管道焊接

(1)焊件组对时的定位焊应符合下列规定。

①焊接定位焊缝时,应采用与根部焊道相同的焊接材料和焊接工艺。

②在焊接前,应对定位焊缝进行检查,当发现缺陷时应处理后方可焊接。

③在焊件纵向焊缝的端部(包括螺旋管焊缝)不得进行定位焊。

④焊缝长度及点数可按规定执行。

(2)采用氧-乙炔焊接时,应先按焊件周长等距离适当点焊,点焊部位应焊透,厚度应不大于壁厚的 2/3。每道焊缝应一次焊完,根部应焊透,中断焊接时,

火焰应缓慢离去。重新焊接前,应检查已焊部位,发现缺陷应铲除重焊。

(3)电焊焊接有坡口的钢管及管件时,焊接层数不得少于两层。在壁厚为3～6 mm,且不加工坡口时,应采用双面焊。管道接口的焊接顺序和方法,应不产生附加应力。

(4)多层焊接时,第一层焊缝根部应均匀焊透,不得烧穿。各层接头应错开,每层焊缝的厚度宜为焊条直径的0.8～1.2倍,不得在焊件的非焊接表面引弧。

(5)每层焊完后,应清除熔渣、飞溅物等并进行外观检查,发现缺陷,应铲除重焊。

(6)在零度以下的气温中焊接,应符合下列规定。

①清除管道上的冰、霜、雪。

②在工作场地做好防风、防雪措施。

③预热温度可根据焊接工艺制定;焊接时,应保证焊缝自由收缩和防止焊口的加速冷却。

④应在焊口两侧50 mm范围内对焊件进行预热。

⑤在焊缝未完全冷却之前,不得在焊缝部位进行敲打。

(7)在焊缝附近明显处,应有焊工钢印代号标志。

(8)不合格的焊接部位,应采取措施进行返修,同一部位焊缝的返修次数不得超过两次。

2. 市政供热管道安装

1)管道支、吊架安装

(1)管道安装前,应完成管道支、吊架的安装。支、吊架的位置应正确、平整、牢固,坡度应符合设计要求。管道支架支承表面的标高可采用加设金属垫板的方式进行调整,但不得浮加在滑托和钢管、支架之间,金属垫板不得超过两层,垫板应与预埋铁件或钢结构进行焊接。

(2)管沟敷设的管道。在沟口0.5 mm处应设支、吊架;管道滑托、吊架的吊杆应处于与管道热位移方向相反的一侧。其偏移量应按设计要求进行安装,设计无要求时应为计算位移量的一半。

(3)两根热伸长方向不同或热伸长量不等的供热管道,设计无要求时,应不共用同一吊杆或同一滑托。

(4)支架结构接触面应洁净、平整;固定支架卡板和支架结构接触面应贴实;导向支架、滑动支架和吊架不得有歪斜和卡涩现象。

(5)弹簧支、吊架安装高度应按设计要求进行调整。弹簧的临时固定件,应待管道安装、试压、保温完毕后拆除。

(6)支、吊架和滑托应按设计要求焊接,不得有漏焊、缺焊、咬边或裂纹等缺陷。管道与固定支架、滑托等焊接时,管壁上不得有焊痕等现象存在。

(7)管道支架用螺栓紧固在型钢的斜面上时,应配置与翼板斜度相同的钢制斜垫片找平。

(8)管道安装时,不宜使用临时性的支、吊架;必须使用时,应做出明显标记,且应保证安全。其位置应避开正式支、吊架的位置,且不得影响正式支、吊架的安装。管道安装完毕后,应拆除临时支、吊架。

(9)有补偿器的管段,在补偿器安装前,管道和固定支架之间不得进行固定。

(10)固定支架、导向支架等型钢支架的根部,应做防水护墩。

2)管沟与地上敷设管道安装

(1)管道安装前,准备工作应符合下列规定。

①根据设计要求的管径、壁厚和材质,应进行钢管的预先选择和检验,矫正管材的平直度,整修管口及加工焊接用的坡口。

②清理管内外表面、除锈和除污。

③根据运输和吊装设备情况及工艺条件,可将钢管及管件焊接成预制管组。

④钢管应使用专用吊具进行吊装,在吊装过程中不得损坏钢管。

(2)管道安装应符合下列规定。

①在管道中心线和支架高程测量复核无误后,方可进行管道安装。

②安装过程中不得碰撞沟壁、沟底、支架等。

③吊、放在架空支架上的钢管应采取必要的固定措施。

④地上敷设管道的管组长度应按空中就位和焊接的需要来确定,宜等于或大于 2 倍支架间距。

⑤每个管组或每根钢管安装时都应按管道的中心线和管道坡度对接管口。

(3)管口对接应符合下列规定。

①对接管口时,应检查管道平直度,在距离接口中心 200 mm 处测量,允许偏差为 lm,在所对接钢管的全长范围内,最大偏差值应不超过 10 mm。

②钢管对口处应垫置牢固,不得在焊接过程中产生错位和变形。

③管道焊口距支架的距离应保证焊接操作的需要。

④焊口不得置于建筑物、构筑物等的墙壁中。

(4)套管安装应符合下列规定。

①管道穿过构筑物墙板处应按设计要求安装套管,穿过结构的套管长度每侧应大于墙厚 20～25 mm;穿过楼板的套管应高出板面 50 mm。

②套管与管道之间的空隙可采用柔性材料填塞。

③防水套管应按设计要求制造,并应在墙体和构筑物砌筑或浇灌混凝土之前安装就位,套管缝隙应按设计要求进行充填。

④套管中心的允许偏差为 10 mm。

3)直埋保温管道安装

(1)直埋保温管道和管件应采用工厂预制,并应分别符合相关标准的规定。

(2)现场施工的补口、补伤、异形件等节点处理应符合设计要求和有关标准的规定。

(3)直埋保温管道和施工分段宜按补偿段划分,当管道设计有预热伸长要求时,应以一个预热伸长段作为一个施工分段。

(4)在雨、雪天进行接头焊接和保温施工时应搭盖罩棚。

(5)预制直埋保温管道在运输、现场存放、安装过程中,应采取必要措施封闭端口,不得拖拽保温管,不得损坏端口和外护层。

(6)现场接头使用的材料在存放过程中应采取有效保护措施。

(7)直埋保温管道安装应按设计要求进行;管道安装坡度应与设计一致;在管道安装过程中,出现折角时,必须经设计确认。

(8)对于直埋保温管道系统的保温端头,应采取措施对保温端头进行密封。

(9)直埋保温管道在固定点没有达到设计要求之前,不得进行预热伸长或试运行。

(10)保护套管不得妨碍管道伸缩,不得损坏保温层及外保护层。

(11)预制直埋保温管的现场切割应符合下列规定。

①管道配管长度宜不小于 2 m。

②在切割时应采取措施防止外护管脆裂。

③切割后的工作钢管裸露长度应与原成品管的工作钢管裸露长度一致。

④切割后裸露的工作钢管外表面应清洁,不得有泡沫残渣。

(12)直埋保温管接头的保温和密封应符合下列规定。

①接头施工采取的工艺应有合格的型式检验报告。

②接头的保温和密封应在接头焊口检验合格后进行。

③接头处钢管表面应干净、干燥。

④当周围环境温度低于接头原料的工艺使用温度时,应采取有效措施,保证接头质量。

⑤接头外观应不出现熔胶溢出、过烧、鼓包、翘边、褶皱或层间脱离等现象。

⑥一级管网的现场安装的接头密封应进行 100% 的气密性检验。二级管网的现场安装的接头密封应进行不少于 20% 的气密性检验。气密性检验的压力为 0.2 MPa,用肥皂水仔细检查密封处,无气泡为合格。

(13)直埋保温管道预警系统应符合下列规定。

①预警系统的安装应按设计要求进行。

②管道安装前应对单件产品预警线进行断路、短路检测。

③在管道接头安装过程中,应首先连接预警线,并在每个接头安装完毕后进行预警线断路、短路检测。

④在补偿器、阀门、固定支架等管件部位的现场保温应在预警系统连接检验合格后进行。

3.供热管道附件设备安装

1)除污器的安装

除污器安装一般用法兰与干管连接,以便于拆装检修。安装时应设专门支架,但所设支架不能妨碍排污,同时须注意水流方向,不得装反。

2)法兰的安装

(1)安装前应对法兰密封面及密封垫片进行外观检查,法兰密封面应表面光洁,法兰螺纹完整、无损伤。

(2)法兰端面应保持平行,偏差不大于法兰外径的 1.5%,且不得大于 2 mm;不得采用加偏垫、多层垫或加强力拧紧法兰一侧螺栓的方法,消除法兰接口端面的缝隙。

(3)法兰与法兰、法兰与管道应保持同轴,螺检孔中心偏差不得超过孔径的 5%。

(4)垫片的材质和涂料应符合设计要求;当大口径垫片需要拼接时,应采用斜口拼接或迷宫形式的对接,不得直缝对接。垫片尺寸应与法兰密封面相等。

(5)严禁采用先加垫片并拧紧法兰螺栓,再焊接法兰焊口的方法进行法兰焊接。

(6)螺栓应涂防锈油脂,作为保护。

(7)法兰连接应使用同一规格的螺栓,安装方向应一致,紧固螺栓时应对称、均匀地进行,松紧适度;紧固后丝扣外露长度应为2～3倍螺距,需要用垫圈调整时,每个螺栓应采用一个垫圈。

(8)法兰内侧应进行封底焊。

(9)软垫片的周边应整齐,垫片尺寸应与法兰密封面相符。

(10)法兰与附件组装时,垂直度允许偏差为2～3 mm。

3)疏水器的安装

(1)疏水器应安装在便于检修的地方,并应尽量靠近用热设备凝结水排出口下,并应安装在排水管的最低点。

(2)疏水器安装应按设计设置旁通管、冲洗管、检查管、止回阀和除污器。用气设备应分别安装疏水器,几台设备不能合用一个疏水器。

(3)疏水器的进出口要保持水平,不可倾斜,阀体箭头应与排水方向一致,疏水器的排水管径不能小于进水口管径。

(4)疏水器旁通管安装使用方法同减压阀旁通管。

4)阀门的安装

(1)阀门安装应符合下列规定。

①按设计要求校对型号,外观检查应无缺陷,开闭灵活。

②清除阀口的封闭物及其他杂物。

③阀门的开关手轮应放在便于操作的位置;水平安装的闸阀、截止阀的阀杆应处于上半周范围内。

④当阀门与管道以法兰或螺纹方式连接时,阀门应在关闭状态下安装;当阀门与管道以焊接方式连接时,阀门不得关闭。

⑤有安装方向的阀门应按要求进行安装,并确认开关的指示标志。

⑥并排安装的阀门应整齐、美观,便于操作。

⑦阀门运输吊装时,应平稳起吊和安放,不得用阀门手轮作为吊装的承重点,不得损坏阀门,已安装就位的阀门应防止重物撞击。

⑧水平管道上的阀门,其阀杆及传动装置应按设计规定安装,动作应灵活。

(2)减压阀安装应符合下列规定.

①减压阀只允许安装在水平干管上,阀体应垂直,并使介质流动方向与阀体上箭头所示方向一致,其两端应设置截止阀。

②减压装置配管时,减压阀前管道直径应与减压阀公称直径相同。但减压

阀后管道直径应比减压阀的公称直径大 1～2 个规格。

③减压装置前后应安装压力表,减压后的管道上还应安装安全阀。安全阀的排气管应接至室外不影响人员安全处。

④减压阀一般沿墙安装在适当高度上,以便于操作维修。

⑤平衡阀应按照设计要求位置安装,介质流向与阀体应一致。

5)补偿器的安装

(1)波纹补偿器安装应符合下列规定。

①波纹补偿器应与管道保持同轴。

②有流向标记(箭头)的补偿器,安装时应使流向标记与管道介质流向一致。

(2)焊制套筒补偿器安装应符合下列规定。

①焊制套筒补偿器应与管道保持同轴。

②焊制套筒补偿器芯管外露长度应大于设计规定的伸缩长度,芯管端部与套管内挡圈之间的距离应大于管道冷收缩量。

③采用成型填料圈密封的焊制套筒补偿器,填料的品种及规格应符合设计规定,填料圈的接口应做成与填料箱圆柱轴线成 45°角的斜面,填料应逐圈填入,逐圈压紧,各圈接口应相互错开。

④采用非成型填料的补偿器,填注密封填料时应按规定压力依次均匀注压。

(3)直埋补偿器的安装应符合下列规定。

①回填后固定端应可靠锚固,活动端应能自由活动。

②带有预警系统的直埋管道中,在安装补偿器处,预警系统连线应做相应的处理。

(4)一次性补偿器的安装应符合下列规定。

①一次性补偿的预热方式视施工条件可采用电加热或其他热媒预热管道,预热升温温度应达到设计的指定温度。

②预热到要求温度后,应与一次性补偿器的活动端缝焊接,焊缝外观不得有缺陷。

(5)球形补偿器的安装应符合下列规定。

①与球形补偿器相连接的两个垂直臂的倾斜角度应符合设计要求,外伸部分应与管道坡度保持一致。

②试运行期间,应在工作压力和工作温度下进行观察,应转动灵活,密封良好。

（6）方形补偿器的安装应符合下列规定。

①水平安装时，垂直臂应水平放置，平行臂应与管道坡度相同。

②垂直安装时，不得在弯管上开孔安装放风管和排水管。

③方形补偿器处滑托的预偏移量应符合设计要求。

④冷紧应在两端同时、均匀、对称地进行，冷紧值的允许误差为 10 mm。

（7）自然补偿管段的冷紧应符合下列规定。

①冷紧焊口位置应留在有利操作的地方，冷紧长度应符合设计规定。

②冷紧段两端的固定支架应安装完毕，并应达到设计强度，管道与固定支架已固定连接。

③管段上的支、吊架已安装完毕，冷紧焊口附近吊架的吊杆应预留足够的位移量。

④管段上的其他焊口已全部焊完并经检验合格。

⑤管段的倾斜方向及坡度应符合设计规定。

⑥法兰、仪表、阀门的螺栓均已拧紧。

⑦冷紧焊口焊接完毕并经检验合格后，方可拆除冷紧卡具。

⑧管道冷紧应填写记录，记录内容应符合有关规定。

5.2.3 热力站安装

1. 热力站的分类

热力站是供热管网向用户供热的连接场所，是集中供热系统的场所。热力站起着调节供热用户的热媒参数、热能转换和计量的作用。根据管网的热介质不同，可分为热水热力站和蒸汽热力站；根据服务对象不同，可分为工业热力站和民用热力站。根据位置不同，可分为用户热力站、集中热力站和区域性热力站。

（1）用户热力站，又称为用户引入口。它设置在单幢建筑用户的地沟入口、地下室或底层处，向该用户或相邻几个用户分配热能。

（2）集中热力站，供热管网通过集中热力站向单幢或多幢建筑分配热能。这种热力站大多是单独的建筑物。从集中热力站向各用户输送热能的管网，通常也称为二级供热管网。

（3）区域性热力站，在大型的供热管网上，设置在供热干线与分支干线连接点处。

2. 热力站内管道安装

(1)管道安装前,应按设计要求有关规定核验规格、型号和质量。

(2)管道安装过程中,安装中断的敞口处应临时封闭。

(3)管道穿越基础、墙壁和楼板,应配合土建施工预埋套管或预留孔洞,管道焊缝应不置于套管内和孔洞内。穿过墙壁的套管长度应伸出两侧墙皮 20～25 mm,穿过楼板的套管应高出地板面 50 mm;套管与管道之间的空隙可用柔性材料填塞。预埋套管中心的允许偏差为 10 mm,预留孔洞中心的允许偏差为 25 mm。在设计无要求时,套管直径应比保温管道外径大 50 mm。位于套管内的管道保温层外壳应做保护层。

(4)管道并排安装时,直线部分应相互平行;曲线部分,当管道水平或垂直并行时,应与直线部分保持等距。管道水平上下并行时,弯管部分的曲率半径应一致。

(5)管道上使用机制管件的外径宜与直管管道外径相同。

(6)站内管道水平安装的支、吊架间距,在设计无要求时,不得大于规定的距离。

(7)在水平管道上装设法兰连接的阀门时,当管径大于或等于 125 mm 时,两侧应设支、吊架;当管径小于 125 mm 时,一侧应设支、吊架。

(8)在垂直管道上安装阀门时,应符合设计要求,设计无要求时,阀门上部的管道应设吊架或托架。

(9)管道支、吊、托架的安装,应符合下列规定。

①位置准确,埋设应平整牢固。

②固定支架与管道接触应紧密,固定应牢固。

③滑动支座应灵活,滑托与滑槽两侧间应留有 3～5 mm 的空隙,偏移量应符合设计要求。

④无热位移管道的支架、吊杆应垂直安装;有热位移管道的吊架、吊杆应向热膨胀的反方向偏移。

(10)管道与设备安装时,应不使设备承受附加外力,并不得使异物进入设备内。

(11)管道与泵或阀门连接后,应不再对该管道进行焊接或气割。

3. 热力站内设备及附件安装

1)换热器的安装

(1)换热器设备不得有变形,紧固件不应有松动或其他机械损伤。

（2）属于压力容器设备的换热器，须带有压力容器监督检验证书，设备安装后，不得随意对设备本体进行局部切、割、焊等操作。

（3）换热器应按照设计或产品说明书规定的坡度、坡向安装。

（4）换热器附近应留有足够的空间，满足拆装维修的需要。试运行前应排空设备内的残液，并应确保设备系统内无异物。

（5）整体组合式换热机组应按产品说明书执行。

2）水泵安装

（1）电动离心水泵安装。

①水泵就位前应做下列复查。

a.基础的尺寸、位置、标高应符合设计要求。

b.设备应完好。

c.盘车应灵活，无阻滞、卡涩现象，无异常声音。

d.出厂时已配装、调试完善的部位，无拆卸现象。

②水泵安装找平应符合下列要求。

a.水泵的纵向和横向安装水平偏差为 0.1‰，并应在泵的进出口法兰面或其他水平面上进行测量。

b.小型整体安装的水泵，不得有明显的倾斜。

③水泵找正，当主动轴和从动轴用联轴节连接时，两轴的不同轴度、两半联轴节端面的间隙应符合设备技术文件的规定，主动轴与从动轴找正及连接应盘车检查，并应灵活。

④3 台及 3 台以上同型号水泵并列安装时，水泵轴线标高的允许偏差为 ±5 mm，2 台以下的允许偏差为 ±10 mm。

（2）蒸汽往复泵安装。

泵体上的安全阀应有出厂合格标志，不得随意调整拆卸，当有损伤确须拆卸检查时应按设备技术文件规定进行。废气管应水平安装并通向室外，管端部应向下或做成丁字管。

（3）喷射泵安装。

喷射泵安装水平度和垂直度应符合设计和设备技术文件的要求。

当泵前、泵后直管段长度设计无要求时，泵前直管段长度不得小于公称管径的 5 倍，泵后直管段长度不得小于公称管径的 10 倍。

3）凝结水箱、贮水箱安装

（1）应按设计和产品说明书规定的坡度、坡向安装。

（2）水箱的底面在安装前应检查涂料质量，缺陷应处理。

4）软化水装置安装

（1）软化水装置管路的管材宜采用塑料管或复合管，不得使用引起树脂中毒的管材。

（2）所有进出口管路应有独立支撑，不得用阀体做支撑。

（3）两个罐的排污管应不连接在一起，每个罐应采用单独的排污管。

5）除污器安装

除污器应按设计或标准图组装。安装除污器应按热介质流动方向，进出口不得装反，除污器的除污口应朝向便于检修的位置，并设集水坑。

6）其他附件安装

（1）分汽缸、分水器、集水器安装位置、数量、规格应符合设计要求，同类型的温度表和压力表规格应一致，且排列整齐、美观。

（2）减压器安装应符合下列规定。

①减压器应按设计或标准图组装。

②减压器应安装在便于观察和检修的托架（或支座）上，安装应平整牢固。

③减压器安装完后，应根据使用压力调试，并做出调试标志。

（3）疏水器安装应按设计或标准图组装，并安装在便于操作和检修的位置，安装应平整，支架应牢固。连接管路应有坡度，出口的排水管与凝结水干管相接时，应连接在凝结水干管的上方。

（4）水位表安装应符合下列规定。

①水位表应有指示最高、最低水位的明显标志，玻璃管的最低水位可见边缘应比最低安全水位低 25 mm，最高可见边缘应比最高安全水位高 25 mm。

②玻璃管式水位计应有保护装置。

③放水管应接到安全地点。

（5）安全阀安装应符合下列规定。

①安全阀必须垂直安装，并在两个方向检查其垂直度，发现倾斜时应予以校正。

②安全阀在安装前,应根据设计和用户使用需要送相关的有检测资质的单位进行检测,同时按设计要求进行调整,调校条件不同的安全阀应在试运行时及时调校。

③安全阀的开启压力和回座压力应符合设计规定值,安全阀最终调整后,在工作压力下不得有泄漏现象。

④安全阀调整合格后,应填写安全阀调整实验记录,记录内容应符合有关的规定。

⑤蒸汽管道和设备上的安全阀应有通向室外的排气管。热水管道和设备上的安全阀应有接到安全地点的排水管,并应有足够的截面积和防冻措施确保排放通畅。在排气管和排水管上不得装设阀门。

(6)压力表安装应符合下列规定。

①压力表应安装在便于观察的位置,并防止受高温、冰冻和振动的影响。

②压力表宜安装内径不小于 10 mm 的缓冲管。

③压力表和缓冲管之间应安装阀门,蒸汽管道安装压力表时不得用旋塞阀。

④压力表的量程,当设计无要求时,应为工作压力的 1.5~2 倍。

⑤压力表的安装应不影响设备和阀门的安装、检修、运行操作。

(7)管道和设备上的各类套管温度计应安装在便于观察的部位,底部应插入流动的介质内,不得安装在引出的管段上,不宜选在阀门等阻力部件的附近和介质流束呈死角处,以及振动较大的地方。温度表的安装应不影响设备和阀门的安装、检修、运行操作。

(8)温度取源部件在管道上的安装应符合下列规定。

①与管道垂直安装时,取源部件轴线应与工艺管道轴线垂直相交。

②在管道的拐弯处安装时,宜逆着介质流向,取源部件轴线应与管道轴线相重合。

③与管道倾斜安装时,宜逆着介质流向,取源部件轴线应与管道轴线相交。

(9)压力取源部件与温度取源部件在同一管段上时,应安装在温度取源部件的上游侧。

(10)管道和设备上的放气阀,操作不便时应设置操作平台,站内管道和设备上的放气阀,在放气点高于地面 2 m 时,放气阀门应设在距地面 1.5 m 处便于安全操作的位置。

(11)流量测量装置应在管道冲洗合格后安装,前后直管段长度应符合设计要求。

(12)调节与控制阀门的安装应符合设计要求。

5.2.4 热力管网试验、清洗、试运行

1.热力管网试验

(1)供热管网工程的管道和设备等,应按设计要求进行强度试验和严密性试验;当设计无要求时,应按有关规定进行。

(2)一级管网及二级管网应进行强度试验和严密性试验。强度试验压力应为 1.5 倍设计压力,严密性试验压力应为 1.25 倍设计压力,且不得低于 0.6 MPa。

(3)热力站、中继泵站内的管道和设备的试验应符合下列规定。

①站内所有系统均应进行严密性试验,试验压力应为 1.25 倍设计压力,且不得低于 0.6 MPa。

②热力站内设备应按设计要求进行试验。当设备有特殊要求时,试验压力应按产品说明书或根据设备性质确定。

③开式设备只做满水试验,以无渗漏为合格。

(4)强度试验应在试验段内的管道接口防腐、保温施工及设备安装前进行;严密性试验应在试验范围内的管道工程全部安装完成后进行,其试验长度宜为一个完整的设计施工段。

(5)供热管网工程应采用水为介质做试验。

(6)水压试验应符合下列规定。

①管道水压试验应以洁净水作为试验介质。

②充水时,应排尽管道及设备中的空气。

③试验时,环境温度宜不低于 5 ℃;当环境温度低于 5 ℃时,应有防冻措施。

④当运行管道与试压管道之间的温度差大于 100 ℃时,应采取相应措施,确保运行管道和试压管道的安全。

⑤对高差较大的管道,应将试验介质的静压计入试验压力中。热水管道的试验压力应为最高点的压力,但最低点的压力不得超过管道及设备的承受压力。

(7)当试验过程中发现渗漏时,严禁带压处理。清除缺陷后,应重新进行试验。

(8)试验结束后,应及时拆除试验用临时加固装置,排尽管内积水。排水时应防止形成负压,严禁随地排放。

2.热力管网清洗

清洗方法应根据供热管道的运行要求、介质类别而定,宜分为人工清洗、水

力冲洗和气体吹洗。

1）热水管网的水力冲洗

（1）冲洗应按主干线、支干线、支线分别进行，二级管网应单独进行冲洗。冲洗前应充满水并浸泡管道，水流方向应与设计的介质流向一致。

（2）未冲洗管道中的脏物，应不进入已冲洗合格的管道中。

（3）冲洗应连续进行并宜加大管道内的流量，管内的平均流速应不低于 1 m/s，排水时，不得形成负压。

（4）对大口径管道，当冲洗水量不能满足要求时，宜采用人工清洗或密闭循环的水力冲洗方式。采用循环水冲洗时管内流速宜达到管道正常运行时的流速。当循环冲洗的水质较脏时，应更换循环水继续进行冲洗。

（5）水力冲洗的合格标准应以排水水样中固形物的含量接近或等于冲洗用水中固形物的含量为合格。

（6）冲洗时排放的污水不得污染环境，严禁随意排放。

（7）水力清洗结束前应打开阀门用水清洗。清洗合格后，应对排污管、除污器等装置进行人工清除，保证管道内清洁。

2）输送蒸汽的管道的蒸汽吹洗

（1）吹洗前应缓慢升温进行暖管。暖管速度不宜过快并应及时疏水。应检查管道热伸长、补偿器、管路附件及设备等工作情况，恒温 1 h 后进行吹洗。

（2）吹洗时必须划定安全区，设置标志，确保人员及设施的安全，其他无关人员严禁进入。

（3）吹洗用蒸汽的压力和流量应按设计计算确定。吹洗压力应不大于管道工作压力的 75%。

（4）吹洗次数应为 2～3 次，每次的间隔时间宜为 20～30 min。

（5）蒸汽吹洗的检查方法：以出口蒸汽为纯净气体为合格。

3. 热力管网试运行

1）蒸汽管网工程的试运行

蒸汽管网工程的试运行应带热负荷进行，试运行合格后，可直接转入正常的供热运行。无须继续运行的，应采取停运措施并妥加保护，试运行应符合下列要求。

（1）试运行前应进行暖管，暖管合格后，缓慢提高蒸汽管的压力，待管道内蒸汽压力和温度达到设计规定的参数后,保持恒温时间宜不少于 1 h。应对管道、设备、支架及凝结水疏水系统进行全面检查。

(2)在确认管网的各部位均符合要求后,应对用户的用汽系统进行暖管和各部位的检查,确认热用户用汽系统的各部位均符合要求后再缓慢地提高供汽压力并进行适当的调整,供汽参数达到设计要求后即可转入正常的供汽运行。

(3)试运行开始后,应每隔 1 h 对补偿器及其他设备和管路附件等进行检查,并应做好记录。补偿器热伸长记录内容应符合有关规定。

2)热力站试运行

(1)热力站内的管道和设备的水压试验及清洗合格。

(2)制软化水的系统,经调试合格后,向系统注入软化水。

(3)水泵试运转合格,并应符合下列要求。

①各紧固连接部位应不松动。

②润滑油的质量、数量应符合设备技术文件的规定。

③安全、保护装置灵敏、可靠。

④盘车应灵活、正常。

⑤启动前,泵的进口阀门全开,出口阀门全关。

⑥水泵在启动前应与管网连通,水泵应充满水并排净空气。

⑦在水泵出口阀门关闭的状态下启动水泵,水泵出口阀门前压力表显示的压力应符合水泵的最高扬程,水泵和电机应无异常情况。

⑧逐渐开启水泵出口阀门,水泵的工作扬程与设计选定的扬程相比较,两者应当接近或相等,同时保证水泵的运行安全。

(4)采暖用户应按要求将系统充满水,并组织做好试运行准备工作。

(5)蒸汽用户系统应具备送汽条件。

(6)当换热器为板式换热器时,两侧应同步逐渐升压直至工作压力。

3)热水管网和热力站试运行

(1)关闭管网所有泄水阀门。

(2)排气充水,水满后关闭放气阀门。

(3)全线水满后,再次逐个进行放气确认管内无气体后,关闭放气阀并上丝堵。

(4)试运行开始后,每隔 1 h 对补偿器及其他设备和管路附件等进行检查,并做好记录工作。补偿器记录内容应符合有关规定。

5.3　管道保温与管道防腐

5.3.1　管道保温

管道保温,是指为了减少热介质管道向周围环境散发热量或减少冷介质管道从周围环境吸收热量而进行的保温或保冷工程。

1.管道保温材料

1)绝热层材料

管道绝热层常用的材料按材质可分为珍珠岩类、蛭石类、硅藻土类、泡沫混凝土类、软木类、石棉类、玻璃纤维类、泡沫塑料类、矿渣棉类、岩棉类,共 10 类。

2)防潮层材料

对输送冷介质的保冷管道、地沟内和埋地的热保温管道,均应做好防潮层。用于防潮层的材料必须具有良好的防水、防湿性能;应能耐大气腐蚀及生物侵袭,应不发生虫蛀、霉变等现象;不得对其他材料产生腐蚀或溶解作用。

常用防潮层有石油沥青油毡防潮层,沥青胶或防水冷胶料玻璃布防潮层,沥青玛蹄脂玻璃布防潮层。

3)保护层材料

保护层应具有保护保温层和防水的性能,且要求其耐压强度高、化学稳定性好、不易燃烧、外形美观,并便于施工和检修。保护层表面涂料的防火性能,应符合现行国家有关标准、规范的规定。保护层材料的质量,除应符合防潮层材料的要求外,还应采用不燃性或阻燃性材料。在工程中,常用的保护层主要有金属保护层、包扎式复合保护层、涂抹式保护层 3 种。

4)绝热辅助材料

绝热结构除主保温层(保冷层)、防潮层、保护层材料外,还需要大量的绑扎、紧固用辅助材料,如镀锌钢丝、钢带、镀锌钢丝网、支撑圈、抱箍、销钉、自锁垫圈、托环、活动环和胶黏剂等。

2. 管道绝热结构

1) 管道绝热结构的组成

管道的绝热结构可分为保温结构和保冷结构两大类。由于保温层或保冷层是绝热结构的主要组成部分,所用绝热材料及绝热层的厚度应符合设计要求。

2) 管道绝热结构形式与施工

在管道工程中,管道绝热结构主要有胶泥涂抹式、绑扎式、充填式和浇筑式四种形式。

(1)胶泥涂抹式绝热结构。胶泥涂抹式绝热结构施工基本做法:首先在管道外表面分层涂抹保温胶泥,然后包扎镀锌钢丝网(也有不用丝网的),最后做保护层。这种绝热方法是最早的绝热结构形式之一,其适用于特定情况下的小管径、工程量不大或一些形状特殊的管道附件的绝热层施工。

(2)绑扎式绝热结构。绑扎式绝热结构就是用镀锌钢丝、丝网或包扎带,把保温管壳固定在管道上。

(3)充填式绝热结构。充填式绝热结构是利用圆钢或扁钢做支撑环,套在管道上,间距为 0.3~0.5 m,支撑环外面包上相应规格的镀锌钢丝网作固形层,也可直接采用金属保护层作为固形层,再向固形层内充填绝热材料。

(4)浇筑式绝热结构。浇筑式绝热结构主要适用于地下水位低、土壤干燥的地区,常采取无地沟敷设方式,是一种比较经济的绝热方式。

浇筑式绝热层的施工采用木制或钢制的模具。模具的结构、形状应根据管道直径、施工程序和绝热层用料情况进行设计。模具的工作面应平整,拼缝严密,支点稳定,并应在模具内面涂脱模剂。浇筑发泡型材料时,应在模具内面衬一层塑料薄膜。在浇筑直管道的绝热层时,应采用钢制滑模,滑模长度为 1.2~1.5 m。当以绝热层的金属保护壳代替浇筑模具时,保护壳应随施工进程分段装设,必要时采取加固措施。

5.3.2　管道防腐

1. 管道防腐涂料

在管道工程中,涂料除具有保护作用外,还具有装饰和标志作用。

管道表面的涂料颜色要与周围环境协调,尽可能保持美观。此外,为了便于在管道较多的车间、站房、管廊或地沟中区分不同介质或流向的管道,管道表面

应按规定的颜色涂漆和色环,必要时还要用箭头标明流向。

1)涂料分类及代号

涂料一般是由不挥发分和挥发分(稀释剂)两部分组成的,其种类较多。依据不同的分类方法,可把涂料分为许多种类。

(1)按成膜物质区分的涂料共有 17 大类,其代号常用汉语拼音字母表示:Y——油脂漆类;T——天然树脂漆类;F——酚醛树脂漆类;L——沥青漆类;C——醇酸树脂漆类;A——氨基树脂漆类;Q——硝基漆类;M——纤维素漆类;G——过氯乙烯漆类;X——乙烯漆类;B——丙烯酸漆类;Z——聚酯漆类;H——环氧树脂漆类;S——聚氨酯漆类;W——元素有机漆类;J——橡胶漆类;E——其他漆类。

(2)漆料的辅助材料可按不同用途再作区分:X——稀释剂;F——防潮剂;G——催干剂;T——脱漆剂;H——固化剂。

2)防腐涂料的分类

在不同的环境下工作,宜选用不同的防腐涂料。通常,涂料有底漆和面漆之分,在选用时应根据具体要求配套使用。

(1)以防大气腐蚀为主的涂料。

①防腐底漆。管道应用的防腐底漆主要有两种,即防锈漆和 X06-1 乙烯磷化底漆(分装)。其中以防锈漆(尤其是红丹防锈漆)应用最多。

②防腐面漆。对于一般要求的室内外钢管或钢结构,当采用红丹防锈漆作为底漆时,可应按下述原则选用面漆:要求一般时可选用油性调和漆(Y03-1)或磁性调和漆,即酯胶调和漆(T03-1)、酚醛调和漆(F03-1)、醇酸酯胶调和漆;要求较高时可选用酚醛磁漆(F04-1)、醇酸磁漆等。

(2)以防土壤和潮湿环境腐蚀为主的涂料。室外埋地敷设的钢管一般应做沥青和玻璃丝布防腐处理,但在某些情况下,也仅做漆料处理。

(3)以防酸、碱、盐类腐蚀为主的涂料。在化工厂和电镀车间内,有的管道要经常在腐蚀性液体或腐蚀性气体中工作,为了防止和减轻酸、碱、盐类介质的腐蚀,通常使用过氯乙烯漆作为防腐蚀涂料。

2.管道表面处理

表面处理就是消除或减少管材表面缺陷和污染物,为涂漆提供良好的基面。这是涂漆前的准备工作,因此,也称为表面准备。管道表面处理主要有除锈、脱脂和酸洗 3 种。

1)管道表面除锈

在管道工程中,表面除锈主要有手工除锈、机械除锈和喷砂除锈 3 种方式.

(1)手工除锈。手工除锈主要使用钢丝刷、砂布、扁铲等工具,靠手工方法敲、铲、刷、磨,以除去污物、尘土、锈垢。对管道表面的浮锈和油污,也可用有机溶剂如汽油、丙酮擦洗。采用手工除锈时,应注意清理焊缝的焊皮及飞溅的熔渣等具腐蚀性物体。应杜绝施焊后不清理药皮就进行涂漆的错误做法。

(2)机械除锈。常用的小型除锈机具主要有风动刷、电动刷、除锈枪、电动砂轮及针束除锈器等,它们以冲击摩擦的方式,可以很好地除去污物和锈蚀,其是在管道运到现场安装以前,采用机械方法集中除锈并涂刷一层底漆是比较好的施工方法。

(3)喷砂除锈。喷砂除锈是运用广泛的一种除锈方法,能彻底清除物体表面的锈蚀、氧化皮及各种污物,使金属形成粗糙而均匀的表面,以增加涂料的附着力。喷砂除锈又可分为干喷砂和湿喷砂两种。

2)管道表面脱脂

管道输送的介质遇到油脂等有机物时,可能会发生燃烧、爆炸或与油脂等有机物相混合,从而影响其品质和使用特性。因此,在管道安装过程中,必须对使用的管材、管件、阀门及连接用密封材料进行脱脂处理。氧气管道脱脂就是管道安装工程中脱脂处理的典型实例。

(1)管材脱脂。氧气管道或其他忌油管道一般应在安装前对管材、管件、阀门进行脱脂,并在整个施工过程中保持不被油脂污染。在某些情况下,也可采用二次安装方法,即先进行管道的预装配,然后拆卸成管段进行脱脂,再进行第二次安装。此外,需要脱脂的工件若有明显油污,应先用煤油洗涤,以免污染脱脂剂,使其品质迅速恶化。

(2)管件和阀门脱脂工艺。

①阀门在脱脂前应研磨经试压合格,然后拆成零件清除污垢后浸入脱脂剂,浸泡 1～1.5 h 后,取出风干。管件、金属垫片、螺栓、螺母等均可用同样的方法脱脂。不便浸泡的阀门壳体,则用擦拭法脱脂。

②对非金属垫片进行脱脂,应使用四氯化碳溶剂。垫片浸入溶剂是 1～1.5 h,然后取出悬挂于空气流通处,分开风干,直至无溶剂气味。纯铜垫片经退火后,如未被油脂污染,可不再进行脱脂处理。

③接触氧、浓硝酸等强氧化剂介质的石棉填料的脱脂，应在 300 ℃ 左右的温度下，用无烟火焰烧 2～3 min，然后浸渍于不含油脂的涂料（如石墨粉等）中。

④接触浓硝酸的阀门、管件、瓷环等零部件，可用 98% 的浓硝酸洗涤或浸泡，然后取出用清水冲洗，并以蒸汽吹洗，直至蒸汽的凝结水无酸度为止。

3. 管道表面酸洗

酸洗主要是针对金属腐蚀物而言。金属腐蚀物是指金属表面的金属氧化物，对黑色金属来说，主要是指四氧化三铁、三氧化二铁。酸洗除锈就是使这些氧化物与酸液发生化学反应，并溶解在酸液中，从而达到除锈的目的。

第6章 垃圾处理技术

6.1 卫生填埋技术

6.1.1 生活垃圾卫生填埋简介

城市生活垃圾卫生填埋是一种保护环境质量、防治垃圾二次污染的处理技术,处理垃圾的比重大,是目前乃至今后相当长一段时间内我国城市生活垃圾处理的重要方法,也被认为是必备的首选技术。

6.1.2 垃圾卫生填埋处理的优缺点

垃圾卫生填埋处理一方面有技术成熟、运行管理简单、处理量大、灵活性强、适用范围广、投资及运行费用较低的优点。另一方面也有选址较困难、减容效果差、占地面积大、对周围环境会有一定影响的缺点。因此,卫生填埋方法适用于容易选址、生活垃圾混装的城市。

6.1.3 卫生填埋技术在我省某城市生活垃圾处理上的应用

城市生活垃圾无害化填埋厂是重要建设工程。以某城市生活垃圾无害化填埋厂为例,其主要由 3 座填埋场组成,占地面积 66 万平方米,处理能力为日处理生活垃圾 1000 t。

1. 城市填埋场设计的主要内容

主要内容包括:总平面布置(选址和场区总体设计等),填埋工艺,防渗工程,渗滤液收集导排工程,渗滤液处理工程,地下水、地表水导排处理工程,环境监测设计,封场工程,辅助工程(如绿化、道路等)等。

填埋场处理工程主要由生活区、填埋区、渗滤液处理区组成。

(1)防渗工程。

目前，从国内外的实践看来，垃圾卫生填埋场应用较为广泛的是高密度聚乙烯膜，与其他防渗材料相比，它具有较好的耐久性。从防渗性能和经济实用角度考虑，此工程采用厚 1.5 mm 的高密度聚乙烯膜较为适当。从摩擦性能和安全性的角度考虑，在坡面上采用毛面聚乙烯膜较好，但设计中由于有足够的黏土层，此工程防渗主体结构可全部采用厚 1.5 mm 的光面聚乙烯膜。在垃圾填埋区场底、侧坡和调节池内都安装有严密的防渗系统，使其密不透水，以防止污染地下水。核心部分是双层高密度聚乙烯膜。此外还设置收集层。场底结构从上到下依次为：过滤层、主滤液收集层、保护层、主防渗层、次要滤液防渗层、次防渗层、保护层、构建地面。

（2）渗滤液收集导排系统。

渗滤液主收集层：在无纺土工布保护层上铺设 600 mm 的碎石层，粒径要求 20～40 mm，按上粗下细进行铺设，防止填埋的垃圾堵塞砾石缝从而影响渗滤液导流的效果。

渗滤液次收集层：直接安装于主防渗层之下，目的是监测主防渗层是否渗漏，若有渗漏，则可在次盲沟中发现并收集起来。

渗滤液导渗盲沟负责渗滤液的最终排放，将其从场区内排往渗滤液沉淀池和调节池进行处理。为了便于渗滤液的收集排放，在各区分别设置纵向盲沟，其中主收集层铺设 DN250 的穿孔花管，由导流层形成盲沟断面，并用 150g/m² 织质土工布包裹。次盲沟由透水和受垃圾沉降影响小的透水软管组成。当次盲沟铺好之后再开始进行中间覆盖。

（3）渗滤液处理工程。

垃圾渗滤液呈淡茶色或暗褐色，色度在 2000～4000 度之间。有浓烈的腐化臭味，成分复杂，毒性强烈，有机物含量较多，被列入我国优先污染控制物"黑名单"的就有 5 种以上；氯氢浓度高，BOD_5 和 COD 浓度也远超一般的污水。某市采用生物处理与物化处理相结合的方法，并辅以深度处理，处理效果更好。

2. 填埋作业

（1）填埋作业过程。

城市中心城区每天的生活垃圾用清运车运到卫生填埋场，按指定的单元作业点卸下，卸车后用推土机推铺、碾压。先从右到至左推进，然后从前向后推进。左、中、右之间的连线呈圆弧形，使覆盖面上排水畅通地流向两侧进入排水沟或边沟等，以减少雨水渗入垃圾体内，前后上部的连线呈一定坡度。外坡为 1：4，顶坡不小于 2%。单元厚度达到设计厚度后，可进行临时封场，在其上面覆盖

45～50 cm 厚的黏土。并均匀压实,再加上 15 cm 厚的营养土,种植浅根植物。最终封场覆土厚度大于 1 m。

(2)填埋作业效果。

2002 年 5 月,该城市中心城区垃圾卫生填埋场竣工,投入使用以来,城市中心城区生活垃圾无害化处理率达到 100%。2009 年,审计署来该市检查国债项目,该中心城区垃圾卫生填埋场被评为优秀,并以“以奖代投”方式追加投资 709.1 万元。为了延长垃圾卫生填埋场的使用年限,提高无害化处理水平,2010 年,某填埋场在现有填埋区南侧投资 380 万元建设了占地面积 13000 m² 的 3 号填埋区,已建成的 3 号填埋区和现有的 1、2 号填埋区相互连接,共同形成较大的处理规模,延长某填埋场使用年限 10 年以上;某填埋场在现有填埋区南侧投资 150 万元建设了占地面积 4000 m² 的调节池,提高了渗滤液的处理质量,在填埋区周围投资 150 万元建设了绿化隔离带和围墙,提高了场区环境质量。

6.2 垃圾焚烧技术

6.2.1 焚烧技术特点

焚烧就是使城市生活垃圾在相当高的温度下进行热化学反应的技术。垃圾的热值是非常重要的参数,当达到一定标准时,垃圾可以自燃,节省能源。在极高的温度下,由于垃圾中的可燃成分与空气发生氧化反应,当其热值达到一定标准时,就不需要添加或添加少量辅助燃料。垃圾经过焚烧法处理之后最大的优点是减量化,焚烧后的残渣只有原始量的 5%～20%。垃圾中原有的有害、有毒物质会在高温条件下被破坏,燃烧产生的有害气体和微小颗粒可通过环保净化装置处理达标后再排放,因此无害化程度高。同时,经过焚烧排放的烟气会产生高温热能,被锅炉吸收可以转化为用作供热和发电的蒸汽,实现能量再利用。

6.2.2 垃圾焚烧技术的使用

应用焚烧的方式对垃圾进行处理,一方面可以有效节约土地的利用率,与此同时还可以把处理垃圾中产生的污染降到最低。为了确保及提高垃圾焚烧技术的实施质量,必须对垃圾的焚烧技术进行创新和改革,同时还要结合焚烧处理中的实际情况,制定出切实可行的垃圾焚烧方法,有效控制焚烧过程中的二次污

染,保证人们的生活环境和身体健康。

1. 做好垃圾的分类处理

近些年在我国的很多城市都有垃圾处理点摆放的分类标识。这种垃圾分类方式,能够让有相同熔点的垃圾放到一起,这样可以使垃圾分解的时间及分解的程度达到一致。这样不仅避免了垃圾的二次污染,同时还延长了焚烧设备的应用时间。除此之外,还可以把相同种类的垃圾放到一起,这样分类后,各种垃圾的废气排放、有害物质的排放就会达到很好的一致性。在实际应用中,还可以缩短焚烧垃圾的时间,避免因为熔点不同而产生二次污染。

2. 政府合理规划津贴发放标准

政府的大力支持是城市垃圾处理快速发展的先决条件。为了更好地发展这项事业,需要政府考虑各地区实际情况,制定不同津贴发放规划,并且还要通过其他方式,让大家都了解这个制度,进而提高焚烧人员工作的积极性。同时政府要积极增加焚烧用电的补助。政府可以和有关供电系统做好沟通,加强推进二次回炉工作,在焚烧垃圾处理中提供技术支持。

3. 垃圾焚烧技术专业化

焚烧垃圾的工作非常严谨,绝对不能出现任何意外,因此,在现有的技术基础上,一定要强化垃圾的焚烧技术,进而有效提高工作的效率:①在具体的焚烧工作中,有关工作人员要把已经分类的垃圾分别进行投放,焚烧处理中注意焚烧污染物的产生,重点关注焚烧后有害物质的处理和排放;②在焚烧的时候,应该采取有效方式对空气中的灰尘和颗粒进行吸收,从而控制产生的有害物质;③在一些垃圾处理量比较大的地区,使用一些高科技设备,可以提高处理效率,提升处理效果。

新科技的引用方面,可以参照国外发达国家处理垃圾的设备及方法。比如逆流回转焚烧炉,不仅自动化程度较高,同时安全可靠性相对较好。

4. 加强对垃圾焚烧二次污染数据的检测

改进垃圾焚烧技术的目的就是改善城市环境,提高人们健康生活水平。但是在实际的操作中,有时未对焚烧带来的二次污染值做出明确的数据统计及信息公开,可能会受到居民的阻碍。有关部门和人员应加强垃圾焚烧二次污染数据的系统记录、检测以及实验力度,公开相关数据,做好有关工作,得到居民的理解和支持,推进实施垃圾的焚烧技术。

5. 烟气处理工艺

目前烟气处理工艺主要包括干法、半干法、湿法。

（1）干法。第一种方法是在除尘器工作前，在烟气管道喷入消石灰等干性药剂；第二种方法是采用干性药剂与气体，使之在反应塔内发生反应。

（2）半干法。通常利用氢氧化钙和氧化钙作为原料，制备氢氧化钙溶液，使其与气体发生反应，在反应过程中水分将会蒸发，而不产生废水。

（3）湿法。通常利用烧碱在湿式洗涤塔中与气体发生反应，产生废水要进行专门处理。

6.3　垃圾堆肥技术

6.3.1　堆肥技术原理

依靠自然界广泛分布的细菌、放线菌、真菌等微生物，人为促进可生物降解的有机物向稳定的腐殖质转化的微生物学过程叫做堆肥化。堆肥化的产物称为堆肥。堆肥过程可以简单用以下反应方程式表达：

$$新鲜的有机废物 + O_2 \xrightarrow{\text{微生物代谢作用}} 稳定的有机残渣 + CO_2 + H_2O + 能量$$

$$(6\text{-}1)$$

1. 微生物学过程

堆肥物料中一般均含有大量的微生物群。当提供适宜条件时，微生物生长迅速，形成一个正反馈回路，即中温微生物数量增长，促进温度升高；但是，当处于不适于中温微生物生长的温度时，则变为负反馈回路——升高的温度抑制中温微生物的进一步增长，并使其生长减缓或结束；这时，嗜热微生物逐渐取代中温微生物，重新又形成一个高温阶段的正反馈回路——高温微生物数量增长，促进温度升高；同样，当温度过高时，也会抑制高温微生物数量的进一步增长，从而又形成负反馈回路。这一系列的反应导致的结果是，温度将最终稳定在某一范围内。

2. 微生物特性

陈世和等人以居民区垃圾箱中的垃圾作为研究对象，对微生物类群进行了分离鉴定：在中温阶段（45 ℃）分离出 57 株，对其中 12 株进行鉴定，有曲霉属、芽孢杆菌属等 5 属；在高温阶段（55 ℃）分离出 32 株，对其中 7 株进行鉴定，有

乳酸杆菌属、假单胞杆菌属等5属。他们还对以上分离菌种的生理生化等特性、酶活性及温度对酶活性的影响进行了研究。实验证明,当温度达到70 ℃时,微生物活性处于最佳状态。

6.3.2　堆肥工艺

1.堆肥工艺概述

堆肥工艺有许多种类型,根据堆肥过程中对氧气需求的不同,可将其分为好氧堆肥和厌氧堆肥。与传统的厌氧堆肥相比,好氧堆肥具有发酵周期短、占地面积小等优点。因此,各国较为普遍地采用好氧堆肥技术。但随着"垃圾能源学"的产生,厌氧堆肥得到快速发展。与此同时,国内的学者综合了厌氧堆肥技术和好氧堆肥技术,对先好氧后厌氧的发酵技术进行了研究并取得了成果。

通常,按堆肥物料所处状态,可将其分为静态堆肥和动态堆肥;按堆肥堆制方式,可将其分为野积式堆肥和装置式堆肥。堆肥是由静态堆肥向动态堆肥,野积式堆肥向装置式堆肥的方向发展。我国城市垃圾成分中有机质含量在15%～40%,并且含有30%～70%的煤渣,因此,静态堆肥比较合适。但是随着人民生活水平的提高,垃圾组成中有机质含量将达到50%～70%,对于高有机质含量的城市垃圾必须采用动态堆肥。陈世和等人对DANO动态堆肥工艺进行了研究,提出了适用于处理我国城市垃圾的主要参数,并从理论上提出了DANO堆肥反应器的设计参数。这将对动态堆肥工艺在工程中的应用起到重要的作用。我国有丰富的静态堆肥技术的经验,因此,在静态堆肥基础上发展出介于静态堆肥和动态堆肥之间的间歇式动态好氧堆肥处理技术。它具有发酵周期短、处理工艺简单、发酵仓数少和投资小的优点。

2.堆肥过程

堆肥工艺过程可分为前处理、一次堆肥、中间处理、二次堆肥、后处理、脱臭及贮存等工序。

(1)前处理。

前处理包括破碎、分选和筛选。通过分选和筛选去除粗大的垃圾和不可降解的有机物,并通过破碎使堆肥原料和含水率达到一定程度的均化。破碎的另一个作用是细化堆肥原料的粒径,提高有机物降解的速度。随后将垃圾与粪便或污泥按一定比例混合均匀。

(2)一次堆肥。

经前处理的垃圾进入堆肥装置,通过翻堆或强制通风,向装置内供氧,在微生物的作用下分解易降解的有机物。一次堆肥的堆肥期为 4～12 d。

(3)中间处理。

经一次堆肥的物料进入中间处理程序。在前处理工序中未被去除的小颗粒金属、塑料等物质将在这个程序中去除。这个工序可减轻二次堆肥的负荷,提高堆肥质量。

(4)二次堆肥。

经中间处理的半成品进入二次堆肥,二次堆肥将尚未分解的和较难分解的有机物进一步进行分解,使之变成较为稳定的有机物。二次堆肥的时间通常为20～30 d。

(5)脱臭。

臭味是堆肥中比较明显的二次污染,它关系到一个堆肥厂的运行质量。臭味的主要组成成分是硫化物、胺类化合物、脂肪酸、酮、醛和酚。其中最主要的是氨气的释放。目前广泛应用的治理方法是生物脱臭法。

6.3.3　堆肥的发展前景

自 1920 年英国人埃·雷华德将堆肥技术应用于城市生活垃圾处理以来,堆肥技术已经经历了多年的发展,在 20 世纪 40 年代到 50 年代,堆肥技术发展迅猛。但随着城市生活垃圾的复杂化,堆肥技术的发展进入了一个低谷阶段。在20 世纪 80 年代,由于人们认识到焚烧和填埋所带来的二次污染问题,堆肥技术再次被人们重视。

从现阶段来看,我国的堆肥工艺还比较落后,机械化程度低,投资少,操作简单,运行费用低,导致成品堆肥的质量不高,肥效低,缺乏市场竞争力,严重制约着垃圾堆肥处理的发展。

要推动堆肥技术的发展,首先,应在改进工艺的同时,加强垃圾的分类收集,从源头解决原料成分复杂的问题,提高成品堆肥的质量。其次,应扩大堆肥的处理范围,例如,采用好氧堆肥法处理有毒有害固体废弃物。再次,应改善好氧堆肥的工作环境,使臭味不向外扩散。最后,加强专项微生物菌种的研究工作,提高分解有机物的效率,缩短堆肥时间。

目前,堆肥仍是大量城市生活垃圾的主要处理方法之一。有机垃圾的厌氧处理新技术将推动垃圾处理的新高潮,随着厌氧堆肥工艺不断改进,好氧堆肥和厌氧堆肥将相辅相成,共同处理城市垃圾。

第7章　污水处理技术

7.1　水体污染危害及防治

7.1.1　水体污染的危害

1. 水体污染对生产生活的危害

水体污染影响工业生产,加快设备腐蚀,影响产品质量,甚至使生产无法正常进行。

水体污染破坏生态环境,影响人民生活,直接危害人的健康,对人体损害很大。

1)对人体健康的危害

水体污染后,污染物通过饮水或食物链进入人体。被寄生虫或致病菌污染的水,会引起多种传染病。被化学物质污染的水,对人体健康均有危害:被镉污染的水、食物,人饮、食后,会造成肾、骨骼病变,甚至死亡;铅造成的中毒会引起贫血、神经错乱;六价铬有很大毒性,会引起皮肤溃疡,还可致癌;饮用含砷的水,会发生急性或慢性中毒,砷使许多酶受到抑制或失去活性,造成机体代谢障碍,皮肤角质化,引发皮肤癌;含有机磷的农药会造成神经中毒;含有机氯的农药会在脂肪中蓄积,对人和动物的内分泌、免疫、生殖系统均造成危害;稠环芳烃多数具有致癌作用;氰化物也是剧毒物质,进入血液后,与细胞的色素氧化酶结合,使呼吸中断,造成呼吸衰竭窒息死亡。世界上许多疾病与水有关,均由水的不洁引起。

2)对工农业生产的危害

水质污染后,工业用水必须投入更多的处理费用,造成资源、能源的浪费。食品工业用水要求更为严格,水质不合格,会使生产停顿。这也是工业企业效益不高、质量不好的因素之一。农业使用污水,使作物减产,品质降低,甚至使人畜受害,大片农田遭受污染,降低土壤质量。海洋污染的后果也十分严重,如石油污染,造成海洋生物死亡。

3)水的富营养化的危害

在正常情况下,氧在水中有一定溶解度。溶解氧不仅是水生生物得以生存的条件,而且溶解氧还参与水中的各种氧化-还原反应,促进污染物转化降解,是天然水体具有自净能力的重要原因。含有大量氮、磷、钾的生活污水的排放,致使大量有机物在水中降解释放出营养元素,促使水中植物疯长,使水体通气不良,溶解氧含量下降,甚至出现无氧层,致使水生植物大量死亡,水面发黑,水体发臭,形成"死湖""死河""死海"。这种现象称为水的富营养化。富营养化的水臭味大、颜色深、细菌多,这种水的水质差,不能直接利用。

2. 几种典型污染物的危害

1)氰化物

电镀等行业会产生大量含氰化物的废水,氰化物可通过呼吸道、食道及皮肤浸入人体而引起中毒。轻者有黏膜刺激症状,唇舌麻木、气喘、恶心、呕吐、心悸,重者呼吸不规则,意识逐渐昏迷,大小便失禁,可迅速发生呼吸障碍而死亡。氰化物中毒治愈后还可能造成神经系统后遗症。水中氰化物的质量浓度超过0.03 mg/L时,鱼类会中毒。

2)铬

铬的工业用途很广,主要有金属加工、电镀、制革行业。这些行业排放的废水和废气是环境中的主要污染源。铬是人体必需的微量元素之一,但过量的铬对人体健康有害,六价铬的毒性更强,更易被人体吸收,可致癌,而且可在体内蓄积。过量的(超过 10 mg/L)三价铬和六价铬对水生生物都有致死作用。

3)洗涤剂

合成洗涤剂的有效成分是表面活性剂和增净剂,此外,还有漂白剂等多种辅助成分。含合成洗涤剂的废水主要有洗涤剂生产废水、工业用洗涤剂清洗水、洗衣工厂排水、餐饮业以及生活污水,其排入水体后,大量消耗溶解氧,并对水生生物有轻微毒性,能造成鱼类畸形,其中所含磷酸盐溶剂会造成水体富营养化。

4)有机氮农药

氯苯结构较稳定,生物体内的酶难于降解,所以积存在动、植物体内的有机

氯农药分子消失缓慢,通过生物富集和食物链的作用,环境中残留的农药会进一步扩散。通过食物链进入人体的有机氯农药能在肝、肾、心脏等器官中蓄积,这类农药脂溶性大,因此在体内脂肪中的负面作用更突出。

7.1.2 水体污染的防治对策

由于污水的大量排放,我国的许多河川、湖泊等水域都受到了严重的污染。水污染防治已成为我国最紧迫的环境问题之一。

根据发生源的不同,水污染主要分为工业水污染、城市水污染和农村水污染。对各类水污染应分别采取如下防治对策。

1. 工业水污染防治对策

在我国总污水排放量中,工业污水排放量约占60%。工业水污染的防治是水污染防治的首要任务。国内外工业水污染防治的经验表明,工业水污染的防治必须采取综合性对策,从宏观性控制、技术性控制以及管理性控制3个方面着手,才能取得良好的整治效果。

1)宏观性控制对策

应把水污染防治和保护水环境作为重要的战略目标,优化产业结构与工业结构,合理进行工业布局。

目前我国的工业生产正处在一个关键的发展阶段。应在产业规划和工业发展中,贯穿可持续发展的指导思想,调整产业结构,完成结构的优化,使之与环境保护相协调。工业结构的优化与调整应按照"物耗少、能源少、占地少、污染少、运量少、技术密集程度高及附加值高"的原则,限制发展那些能耗大、用水多、污染大的工业,以降低单位工业产品或产值的排水量及污染物排放负荷。积极发展第三产业,优化第一、第二与第三产业之间的结构比例,达到既促进经济发展,又降低污染负荷的目的。在人口、工业的布局上,也应充分考虑对环境的影响,从有利于水环境保护的角度进行综合规划。

2)技术性控制对策

技术性控制主要对策如下。

(1)积极推行清洁生产。清洁生产是通过生产工艺的改进和改革、原料的改变、操作管理的强化以及废物的循环利用等措施,将污染物尽可能消灭在生产过程之中,减少废水排放量。在工业企业内部加强技术改造,推行清洁生产,是防治工业水污染的重要对策与措施。这不仅可以从根本上消除水污染,取得显著的环境效益,而且还可以带来巨大的经济效益和社会效益。

(2)提高工业用水重复利用率。减少工业用水量不仅意味着可以减少排污量,而且可以减少工业新鲜用水量。因此,发展节水型工业对于节约水资源、缓解水资源短缺和经济发展的矛盾,同时减少水污染和保护水环境具有十分重要的意义。

工业节水措施可分为 3 种类型:技术型、工艺型与管理型。这 3 种类型的工业节水措施可从不同层次上控制工业用水量,形成一个严密的节水体系,以达到节水同时减污的目的。

工业用水的重复利用率是衡量工业节水程度的重要指标。提高工业用水的重复用水率及循环用水率是一项十分有效的节水措施。电力、冶金、化工、石油、纺织、轻工为我国重点用水行业,也是重点节水行业。应在这些行业重点开展节水工作,根据国外先进水平及国内实际状况,规定各种行业的工业用水重复利用率的合理范围,以提高工业用水的重复利用率和循环利用水平。

(3)实行污染物排放总量控制制度。长期以来,我国工业废水的排放一直实施浓度控制的方法。这种方法对减少工业污染物的排放起到了积极的作用,但也出现了某些工厂采用清水稀释废水以降低污染物浓度的不正当做法。污染物排放总量控制是既要控制工业废水中的污染物浓度,又要控制工业废水的排放量,从而使排放到环境中的污染物总量得到控制。实施污染物排放总量控制是我国环境管理制度的重大转变,它将对防治工业水污染起到积极的促进作用。

(4)促进工业废水与城市生活污水的集中处理。在建有城市废水集中处理设施的城市,应尽可能地将工业废水排入城市下水道,进入城市废水处理厂与生活污水合并处理。工业废水的水质必须满足进入城市下水道的水质标准。对于不能满足标准的工业废水,应在工厂内部先进行适当的预处理,使水质达到标准后,方可排入城市下水道。实践表明,在城市废水处理厂集中处理工业废水与生活污水能节省基建投资和运行管理费用,并取得更好的处理效果。

3)管理性控制对策

进一步完善废水排放标准和相关的水污染控制法规和条例,加大执法力度,严格限制废水的超标排放。健全环境监测网络,在不同层次,如车间、工厂总排出口和收纳水体进行水质监测,并增强事故排放的预测与预防能力。

2. 城市水污染防治对策

我国城市废水的集中处理率不高。大量未经妥善处理的城市废水排入江河

湖海,将造成严重的水污染。因此,加强城市废水的治理是十分重要的。

(1)将水污染防治纳入城市的总体规划。各城市应结合城市总体规划与城市环境总体规划,将不断完善下水道系统作为加强城市基础设施建设的重要组成部分予以规划、建设和运行维护。对于旧城区已有的污水/雨水合流制系统应做适当的改造。新城区建设应在规划时考虑配套建设雨水/污水分流制的下水道系统。应有计划、有步骤地建设城市废水处理厂。城市废水处理厂的建设是解决城市水污染的重要手段。

(2)城市废水的防治应遵循集中与分散相结合的原则。一般来讲,集中建设大型城市废水处理厂与分散建设小型废水处理厂相比,具有基建投资少、运行费用低、易于加强管理等优点。但在人口相对分散的地区,城市废水厂的服务面积大,废水收集与输送管道敷设费用增加,适当分散治理可以减少废水收集管道和废水厂建设的整体费用。此外,从废水资源化的需要来看,分散处理便于接近用水户,可节省大型管道的建设费用。因此,在进行城市废水处理厂的规划与建设时,应根据实际情况,遵循集中与分散相结合的原则,综合考虑确定其建设规模。

(3)在缺水地区应积极将城市水污染的防治与城市废水资源化相结合。随着城市化进程加快,许多城市严重缺水,特别是工业和人口过度集中的大型城市和超大型城市,情况更加严重。因此,在水资源短缺地区,考虑城市水污染防治对策时应充分注意与城市废水资源化相结合,在消除水污染的同时,进行废水再生利用,以缓解城市水资源短缺的局面,这对于我国北方缺水城市有重要意义。如北京市在城市污水防治规划中考虑了城市污水的回用需求,污水处理厂的位置是根据回用的需要决定的,这便于就地消纳净化出水,以缓解北京市水资源的紧张状况。

(4)加强城市地表和地下水源的保护。由于大量污水的排放,许多城市的饮用水源都受到了不同程度的污染。调查资料表明,我国约17%的居民的饮用水中有机污染物浓度偏高。城市水污染的防治规划应将饮用水源的保护放在首位,以确保城市居民安全饮用水的供给。

(5)大力开发低耗高效废水处理与回用技术。传统的活性污泥法城市污水处理工艺虽然能有效地去除污水中的有机物,但具有基建费大、运行费较高等缺点。此外,该工艺还不能有效地去除污水中的氮、磷等营养物质。因此,必须根据各地情况,因地制宜地开发各种高效低耗的新型废水处理与回用技术。例如,采用厌氧生物处理技术、生物膜法、天然净化系统等,尽可能地降低基建投资,节省运行费用,以更快地提高城市污水的处理能力,有效地控制水污染。

3. 农村水污染防治对策

常见的农村水污染,如农田中使用的化肥、农药,会随雨水径流流入地表水体或渗入地下水体;畜禽养殖排泄物及乡镇居民生活污水等,也往往以无组织的方式排入水体,其污染源面广而分散,污染负荷也很大,是水污染防治中不容忽视而且较难解决的问题。应采取的主要对策如下。

(1)发展节水型农业。农业是我国的主要用水领域,其年用水量约占全国用水量的80%。节约灌溉用水,发展节水型农业不仅可以减少农业用水量,还可以减少化肥和农药随排灌水的流失,从而减少其对水环境的污染。因此,具有十分重要的意义。

农业节水可以采取的各种措施有:①大力推行喷灌、滴灌等各种节水灌溉技术;②制定合理的灌溉用水定额,实行科学灌水;③减少输水损失,提高灌溉渠系利用系数,提高灌溉水利用率。

(2)合理利用化肥和农药。化肥污染防治对策有:①改善灌溉方式和施肥方式,减少肥料流失;②加强土壤和化肥的化验与监测,科学定量施肥,特别是在地下水水源保护区,应严格控制氮肥的施用量;③调整化肥品种结构,采用高效、复合、缓效新化肥品种,增加有机复合肥的施用;④大力推广生物肥料的使用,加强造林、植树、种草,增加地表覆盖,避免水土流失及肥料流入水体或渗入地下水;⑤加强农田工程建设(如修建拦水沟、埂以及各种农田节水保田工程等),防止土壤及肥料流失。

农药污染防治对策有:①开发、推广和应用生物防治病虫害技术,减少有机农药的使用量;②研究采用多效抗虫害农药,发展低毒、高效、低残留量新农药;③完善农药的运输与使用方法,提高施药技术,合理施用农药;④加强农药的安全施用与管理,完善相应的管理办法与条例。

(3)加强对畜禽排泄物、乡镇企业废水及村镇生活污水的有效处理。

对畜禽养殖业的污染防治应采取以下措施:①合理布局,控制发展规模;②加强畜禽粪尿的综合利用,改进粪尿清除方式,制定畜禽养殖场的排放标准、技术规范及环保条例;③建立示范工程,积累经验逐步推广。

对乡镇企业废水及村镇生活污水的防治应采取以下措施:①对乡镇企业的建设统筹规划,合理布局,并大力推行清洁生产,实施废物最少量化;②限期治理某些污染严重的乡镇企业(如造纸、电镀、印染等企业),对不能达到治理目标的工厂,要坚决关、停、并、转,以防治对环境的污染及危害;③切合实际地对乡镇企业实施各项环境管理制度和政策;④在乡镇企业集中的地区以及居民住宅集中

的地区,逐步完善下水道系统,并兴建一些简易的污水处理设施,如地下渗滤场、稳定塘、人工湿地以及各种类型的土地处理系统。

7.2　污水处理方法

7.2.1　物理处理法

物理处理法是利用物理作用分离污水中悬浮态的污染物质,在处理过程中污染物的性质不发生变化。采用的方法主要有筛滤截留法、重力分离法和离心分离法。

1.筛滤截留法

筛滤截留法针对污染物具有一定形状及尺寸大小的特性,利用筛网、多孔介质或颗粒床层的机械截留作用,将其从水中去除,包括格栅、筛网、过滤等。

1)格栅

格栅由一组(或多组)平行的金属栅条与框架组成,倾斜安装在污水渠道、泵房集水井的进口处或污水处理厂的端部,用以截留较大的悬浮物或漂浮物,如纤维、碎毛、毛发、果皮、蔬菜、塑料制品等,以防漂浮物阻塞构筑物的孔道、闸门和管道或损坏水泵等机械设备。格栅起着净化水质和保护设备的双重作用。

被格栅截留的物质称为栅渣。按照清渣方式的不同,格栅可分为人工清渣和机械清渣两种。处理流量小或所截留的污染物量较少时,可采用人工清渣的格栅。当栅渣量大于 $0.2 \ m^3/d$ 时,应采用机械清渣。目前的机械清渣方式很多,常用的有往复移动靶机械格栅、回转式机械格栅、钢丝绳牵引机械格栅、阶梯式机械格栅和转鼓式机械格栅等。

2)筛网

筛网通常由金属丝或化学纤维编制而成,主要用于截留粒度在数毫米至数十毫米的细碎悬浮态杂物,尤其适用于分离和回收废水中的纤维类悬浮物和食品工业的动、植物残体碎屑。其形式有转鼓式、转盘式、振动式、回转帘带式和固定式倾斜筛多种。

3)过滤

过滤是指利用颗粒介质截留水中细小悬浮物的方法,常用于污水深度处理

216

和饮用水处理。进行过滤操作的构筑物称为滤池。按采样的滤料类型可分为单层滤池、双层滤池和多层滤池;按作用动力可分为重力滤池和压力滤池;按构造特征可分为普通快滤池、虹吸滤池和无阀滤池。其中普通快滤池是应用较广泛的一种滤池。

2. 重力分离法

重力分离法是利用水中悬浮物和水的密度差,使悬浮物在水中沉降或上浮,从而实现两者分离的方法。利用重力分离法处理污水的设备形式有多种,主要有沉砂池、沉淀池等。

1)沉砂池

沉砂池是利用重力去除水中泥砂等密度较大的无机颗粒,一般设于泵站、倒虹管前,减轻无机颗粒对水泵、管道的磨损;也可设于初次沉淀池之前,减轻沉淀池的负荷和改善污泥处理的条件。常用的沉砂池有平流沉砂池、曝气沉砂池和旋流沉砂池等。

2)沉淀池

沉淀池是利用重力去除水中的悬浮物的常用构筑物。按工艺布置的不同,可分为初次沉淀池和二次沉淀池。初次沉淀池是一级污水厂的主体处理构筑物,或作为生物处理法中的预处理构筑物。对于一般的城镇污水,初次沉淀池的去除对象是悬浮固体,同时可去除一定量的五日生化需氧量(BOD$_5$),降低后续生物处理的有机负荷。二次沉淀池设置在生物处理构筑物后,用于沉淀分离活性污泥或生物膜法中脱落的生物膜,是生物处理工艺中的重要组成部分之一。

3. 离心分离法

离心分离法是重力分离法的强化,即用离心力取代重力来提高悬浮物与水分离的效果或加快分离过程。在离心设备中,废水与设备做相对旋转运动,形成离心力场,由于污染物与同体积的水的质量不一样,在运动中受到的离心力也不同。在离心力场的作用下,密度大于水的固体颗粒被甩向外侧,废水向内侧运动(或废水向外侧,密度小于水的有机物如油脂类等向内侧运动),分别将它们从不同的出口引出,便可达到分离的目的。

用离心法处理废水设备有两类:一类是设备固定,具有一定压力的废水沿切线方向进入设备内,产生旋转,形成离心力场,如钢铁厂用于除铁屑等物的旋流沉淀池和水力旋流器等;另一类是设备本身旋转,使其中的废水产生离心力,如

常用于分离乳浊液和油脂等物的离心机。

7.2.2　化学处理法

化学处理法是利用化学反应使污水中污染物的性质或形态发生变化,从而将其从水中去除的方法。化学处理法主要用于处理污水中的溶解性或胶体状态的污染物,包括中和法、化学混凝法、化学沉淀法、氧化还原法、吸附法、离子交换法、萃取法以及膜分离法等。

1. 中和法

根据酸性物质与碱性物质反应生成盐的基本原理,去除污水中过量的酸或碱,使其 pH 值达到中性或接近中性的方法称为中和法。

酸性废水中和的常用方法有:用碱性废水和废渣进行中和,向废水中投放碱性中和剂进行中和;通过碱性滤料层过滤中和,用离子交换剂进行中和等。碱性中和剂主要有石灰、石灰石、白云石、苏打和苛性钠等。

碱性废水中和的常用方法有:用酸性废水进行中和,向废水中投加酸性中和剂进行中和,利用酸性废渣或烟道气中的二氧化硫、二氧化碳等酸性气体进行中和。酸性中和剂常用盐酸和硫酸。

2. 化学混凝法

投加化学药剂使污水中的细小悬浮物和胶体脱稳,并相互凝聚成絮状体,在重力作用下可通过沉淀从水中分离的方法称为化学混凝法。加入的化学药剂称为混凝剂。

水中的微小粒径悬浮物和胶体,通常表面都带有电荷。带有同种电荷的颗粒之间相互排斥,能在水中长时间保持分散悬浮状态,即使静置数十小时以后,也不会自然沉降。为了使胶体颗粒沉降,就必须破坏胶体的稳定性,从而促使胶体颗粒相互聚集成为大的颗粒。

化学混凝法使胶体脱稳的机理至今尚未完全稳定,其影响因素众多,有水温、pH 值、混凝剂的性质以及水中杂质的成分和浓度等。但可归结为三方面的作用,即压缩双电层、吸附架桥和网捕卷扫。

1)压缩双电层

水中胶粒能维持稳定的分散悬浮状态,主要是由于胶粒具有电位。如天然水中的黏土类胶体微粒、污水中的胶态蛋白质和淀粉微粒等都带有负电荷,投加铁盐或铝盐等混凝剂后,能提供大量的正电荷中和胶体的负电荷,降低电位。当电位为 0 时,称为等电状态,此时胶粒间的静电排斥消失,胶粒之间最容易发生聚集。但是,生产实践却表明,混凝效果最佳时的电位常大于 0,说明除了压缩双电层外还存在其他作用。

2) 吸附架桥

三价铝盐或铁盐及其他高分子混凝剂溶于水后,经水解和缩聚反应形成线性结构的高分子聚合物。因其线性长度较大,可以在胶粒之间提供架桥作用,使相距较远的胶粒能相互聚集成大的絮状体。

3) 网捕卷扫

三价铝盐或铁盐等水解产生难溶的氢氧化物,将在沉淀过程中像网一样把水中的胶体颗粒捕捉下来共同沉淀。常用的混凝剂有无机盐类和高分子两大类。无机盐类混凝剂目前应用最广的是铝盐和铁盐,铝盐主要有硫酸铝、明矾等;铁盐主要有三氯化铁、硫酸亚铁和硫酸铁等。高分子混凝剂又分为无机高分子混凝剂和有机高分子混凝剂两类,其中我国使用的混凝剂中,无机高分子混凝剂的用量达 80% 以上,已基本取代了传统无机盐类混凝剂。聚合氯化铝和聚合硫酸铁是广泛使用的无机高分子混凝剂,而有机高分子混凝剂目前使用较多的主要是人工合成的聚丙烯酰胺。

3. 化学沉淀法

向污水中投加某种化学药剂,使其与水中的溶解性污染物发生反应生成难溶盐,进而沉淀而从水中分离的方法,称为化学沉淀法。化学沉淀法常用于处理污水中的汞、镍、铬、铅、锌等重金属离子。

根据使用沉淀剂的不同,化学沉淀法可分为氢氧化物沉淀法、硫化物沉淀法和钡盐沉淀法等。

1) 氢氧化物沉淀法

多种金属离子都可以形成氢氧化物沉淀,通过控制污水的 pH 值可以去除其中的金属离子。常用的沉淀剂是石灰。

2) 硫化物沉淀法

大多数金属硫化物的溶解度要比相应的氢氧化物小得多,理论上能去除更多污水中的金属离子。但是硫化物沉淀剂价格较昂贵,处理费用高,生成的硫化

物颗粒细小,沉淀困难,往往需要投加混凝剂以加强沉淀效果。因此,该法更多的是作为氢氧化物沉淀法的补充。用氢氧化物沉淀法处理难以达标的含汞废水可采用硫化物沉淀法。常用的沉淀剂是硫化氢、硫化钠和硫化钾等。

3)钡盐沉淀法

钡盐沉淀法主要用于处理含有六价铬的废水,通过投加钡盐使之生成难溶的铬酸钡沉淀。常用的沉淀剂有碳酸钡、氯化钡、硝酸钡、氢氧化钡等。

4. 氧化还原法

通过加入化学药剂与水中的溶解性污染物发生氧化-还原反应,使有毒有害的污染物转化为无毒或弱毒物质,难降解有机物转化为可生物降解物质的方法,称为氧化还原法。

根据污染物氧化还原反应中能被氧化或还原的不同,将氧化还原法分为氧化法和还原法。其中还原法应用较少,而氧化法几乎可处理一切工业废水,特别适用于处理其中的难降解有机物,如绝大部分农药和杀虫剂,酚、氰化物,以及引起色度、臭味的物质等。采用氧化法处理废水,常用的氧化剂有空气、漂白粉、氯气、液氯、臭氧等。含铬、含汞废水采用还原法处理,常用的还原剂有铁屑、硫酸亚铁、硫酸氢钠等。

5. 吸附法

吸附是指气体或液体与固体接触时,其中的某些组分在固体表面富集的过程。将污水通过多孔性固体吸附剂,使污水中的溶解性污染物吸附到吸附剂上,从而从水中去除污染物的方法称为吸附法。吸附法主要用以脱除水中的微量污染物,包括脱色、除臭、去除重金属等。在处理流程中,吸附法可作为离子交换、膜分离等方法的预处理,以去除有机物、胶体及余氯等,也可以作为二级处理后的深度处理手段,以保证回用水的水质。

常用的吸附剂有活性炭、磺化煤、沸石、活性白土、硅藻土、腐殖质酸、焦炭、木炭、木屑等,其中以活性炭的应用最为广泛。吸附进行一段时间后,吸附剂达到饱和,可通过再生恢复其吸附能力。常用的再生方法有加热再生法、蒸汽吹脱法、溶剂再生法、臭氧氧化法、生物氧化法等,如吸附酚的活性炭可以用氢氧化钠溶液进行再生。

6. 离子交换法

离子交换是一种特殊的吸附过程,在吸附水中离子态污染物的同时向水中释放等当量的交换离子。

离子交换法是软化和除盐的主要方法之一,在污水处理中常用于含金属离子的废水,如从污水中回收贵重金属、重金属等。

常用的离子交换剂有磺化煤和离子交换树脂。磺化煤以天然煤为原料,经浓硫酸磺化处理制成,其交换容量低、机械强度差、化学稳定性差,已逐渐被离子交换树脂取代。离子交换树脂是人工合成的高分子聚合物,由树脂本体和活性基团构成。根据活性基团的不同可以分为:含有酸性基团的阳离子交换树脂;含有碱性基团的阴离子交换树脂;含有胺羧基团的螯合树脂;含有氧化还原基团的树脂以及两性树脂等。根据活性基团电离的强弱程度,阳离子交换树脂可分为强酸性和弱碱性两类,阴离子交换树脂可分为强碱性和弱碱性两类。

7. 萃取法

将特定的有机溶剂与污水接触,利用污染物在有机溶剂和水中溶解度的差异,使水中的污染物转移到有机溶剂中,随后将水和有机溶剂分离,以实现分离、浓缩污染物和净化污水的方法,称为萃取法。萃取法常应用于高浓度含酚废水和含重金属废水的处理。采用的有机溶剂称为萃取剂,被萃取的污染物称为溶质,萃取后的萃取剂称为萃取液,残液称为萃余液。萃取过程是可逆的,当萃取达到平衡时,溶质在萃取相和萃余相中的平衡浓度比值为常数,该常数称为分配系数。

萃取剂达到饱和后,将其与某种特定的水溶液接触,使被萃取的污染物再转入水相的过程称为反萃取。反萃取是萃取的逆过程,经过反萃取可以回收被萃取的污染物,并实现萃取剂的循环使用。以含酚废水的处理为例,以重苯作为萃取剂,饱含酚的重苯用20%的NaOH溶液反萃取后,重苯可循环使用,酚钠溶液则作为回收酚的原料。

8. 膜分离法

在某种推动力的作用下,利用某种天然或人工合成的具有特定透过性能的隔膜,使污染物和水分离的方法称为膜分离法。根据分离过程的推动力及膜的性质不同,可将膜分离法分为扩散渗析、电渗析、反渗透和超滤等。

1)扩散渗析

扩散渗析是以膜两侧溶液的浓度差为推动力,使高浓度溶液中的溶质透过薄膜向低浓度溶液中迁移的过程。惰性膜可用于高分子物质的提取。离子交换膜可分离电解质,这种扩散渗析除没有电极外,其他构造与电渗析器基本相同。

扩散渗析主要用于分离污水中的电解质,例如,酸碱废液的处理、废水中的金属离子回收等。

2)电渗析

电渗析是以膜两侧的电位差为推动力,在直流电场的作用下,利用阴、阳离子交换膜对溶液中的阴、阳离子的选择透过性,分离溶质和水。阴膜只让阴离子通过,阳膜只让阳离子通过。由于离子的定向运动及离子交换膜的阻挡作用,当污水通过由阴、阳离子交换膜所组成的电渗析器时,污水中阴、阳离子便可得以分离而浓缩,同时污水得到净化。电渗析除了可以用于酸性废水、含重金属离子废水及含氰废水处理等的回收利用,还常用于海水或苦咸水淡化、自来水脱盐制取初级纯水或者与离子交换组合制取高纯水。

3)反渗透

反渗透是以高于溶液渗透压的压力为推动力,工作压力一般为 3000～5000 kPa,使水反向通过特殊的半渗透膜,污染物则被膜截留。这样透过半透膜的水得以净化,而污染物被浓缩。反渗透主要用于海水淡化、高纯水的制取以及废水的深度处理等。

4)超滤

超滤又称超过滤,与反渗透一样以压力作为推动力。不同的超滤膜孔径较反渗透膜要大,不存在渗透压现象,因而可以在较低压力下工作。超滤主要依靠膜表面的孔径机械筛分、阻滞作用,以及膜表面肌膜孔对杂质的吸附作用,去除污水中的大分子物质、胶体、悬浮物,如蛋白质、细菌、颜料、油类等,其中主要是机械筛分作用,所以膜的孔隙大小是分离杂质的主要控制因素。

7.2.3 生物处理法

生物处理法是利用微生物的新陈代谢作用处理水中溶解性或胶体状的有机物的污水处理方法。在自然界中存在着大量依靠有机物生活的微生物,生物处理法正是利用微生物的这一功能,通过人工强化技术,创造出有利于微生物繁殖的良好环境,增强微生物的代谢功能,促进微生物的增殖,加速有机物的分解,从而加快污水的净化过程。

根据参与代谢活动的微生物对溶解氧的需求不同,生物处理法又分为好氧生物处理法和厌氧生物处理法两大类。

1. 好氧生物处理法

好氧生物处理法是在分子氧存在的状态下,利用好氧微生物(包括兼性微生物)降解水中的有机污染物,使其稳定化、无害化的污水处理方法。

污水的耗氧生物处理过程可以分为分解反应、合成反应和内源呼吸三部分。污水中的有机物被微生物摄取后,其中约 1/3 会通过微生物的代谢活动氧化分解成简单无机物(如有机物中的碳被氧化成二氧化碳,氢与氧化合成水,磷被氧化成磷酸盐,硫被氧化成硫酸盐等),同时释放出能量,作为微生物自身生命活动的能源。约 2/3 有机物则作为微生物自身生长繁殖所需的原料,用来合成新的细胞物质。当水中的有机物含量充足时,微生物既获得足够的能量,又能大量合成新的细胞物质,微生物的数量就能不断增长,而水中的有机物含量下降后,微生物只能分解细胞内储存的物质,微生物无论自身重量还是群体数量都是不断下降的。

好氧生物处理法的处理速率快,反应时间短,构筑物容积较小,且在处理过程中散发的臭气较少,因而广泛应用于中、低浓度有机污水的处理。常用的好氧生物处理法有活性污泥法和生物膜法两种。活性污泥法是水体自净过程的人工化,微生物在反应器内呈悬浮状生长,又称悬浮生长法;生物膜法是土壤自净过程的人工化,微生物附着在其他固体物质表面呈膜状,又称固定生长法。

1)活性污泥法

活性污泥法是广泛使用的一种生物处理方法。典型的活性污泥法包括曝气池、沉淀池、污泥回流及剩余污泥排除系统等基本组成部分。

污水和回流的活性污泥一起进入曝气池形成混合液。不断地往曝气池中通入空气,一方面空气中的氧气溶入污水使活性污泥混合液进行好氧生物代谢反应,另一方面空气还起到搅拌的作用,使混合液保持悬浮状态。在这种状态下,污水中的有机物、微生物、氧气进行充分反应。混合液从曝气池中流出后沉淀分离,得到澄清的出水。沉淀下来的污泥大部分回流至曝气池,保持曝气池内一定的微生物浓度,这部分污泥称为回流污泥,多余的污泥则从系统排出,以维持活性污泥系统的稳定性,排出的污泥称为剩余污泥。由此可以看出,要使整个系统得到清洁的出水,活性污泥除了要有氧化分解有机物的能力,还要有良好的凝聚和沉淀性能。

活性污泥法经不断发展已有多种运行方式,如传统活性污泥法、渐减曝气法、阶段曝气法、高负荷曝气法、延时曝气法、吸附再生法、完全混合法、纯氧曝气

223

法、深层曝气法、吸附-生物降解工艺(AB法)、序批式活性污泥法(SBR法)以及氧化沟等。

(1)传统活性污泥法。

传统活性污泥法,又称普通活性污泥法。污水和回流污泥的混合液从曝气池的首端进入,在池内以推流方式流动至池的末端,之后进入二次沉淀。

这种运行方式存在的问题是:混合液在曝气池内呈推流式,沿池长方向有机污染物浓度和需氧量逐渐下降,然而前半段混合液中的溶解氧浓度较低,甚至供氧量不足,到了后半段供氧量却超过需求,造成浪费;同时混合液在进入曝气池后,不能立即和整个曝气池内的混合液充分混合,容易受到冲击负荷的影响,适应水质、水量变化的能力较差。

(2)渐减曝气法。

渐减曝气法针对传统活性污泥法存在的供氧和需氧之间的矛盾问题,沿池长方向逐步递减供氧量,使供氧和需氧量之间相匹配。这样可以提高处理效率,并减少总的空气供给量,从而节省能耗。

(3)阶段曝气法。

阶段曝气法针对传统活性污泥法易受冲击负荷影响的问题,将入流污水在曝气池中分三四个点进入,均衡了曝气池内有机污染物负荷和需氧率,从而提高了曝气池对水质、水量的适应能力。

(4)高负荷曝气法。

高负荷曝气法又称短时曝气活性污泥法或不完全处理活性污泥法,在系统和曝气池的构造方面与传统活性污泥法相同。不同之处在于有机物负荷高,曝气时间短,池内活性污泥处于生长旺盛期。该法对污水的处理效果不佳,适用于处理对出水水质要求不高的污水。

(5)延时曝气法。

延时曝气法又称完全氧化活性污泥法,与高负荷曝气法正好相反,有机负荷非常低,曝气时间长,池内活性污泥长期处于内源呼吸期,剩余污泥量少且稳定。该法还具有处理水稳定性高,对原污水水质、水量变化适应性强,不须设初次沉淀池等优点;但也存在基建费用和运行费用都较高,占用较大土地面积等缺点,只适用于处理对出水水质要求高且不宜采用污泥处理技术的小型污水处理系统。

(6)吸附再生法。

吸附再生法又称接触稳定法,其主要特点是将活性污泥对有机污染物降解的吸附与代谢两个过程分别在各自的反应器中进行。

吸附再生法的特点是污水和活性污泥在吸附池内吸附时间较短(30～60 min),吸附池容积很小,而进入再生池的是高浓度回流污泥,因此再生池的容积也较小;当吸附池的污泥遭到破坏时,可由再生池内的污泥补救,因而具有一定的耐冲击负荷能力。由于吸附接触时间短,限制了有机物的降解和氨氮的硝化,处理效果不如传统活性污泥法,且不适用于处理含溶解性有机污染物较多的污水。

(7)完全混合法。

采用完全混合式曝气池,污水和回流污泥进入曝气池后,立即与池内的混合液充分混合,可以认为池内混合液是已经处理而未经泥水分离的处理水。

完全混合法对冲击负荷有较强的适应能力,适用于处理工业废水,特别是浓度较高的工业废水;污水和活性污泥在曝气池内均匀分布,池内各处有机物负荷相等,有利于将整个曝气池的工况控制在最佳条件下;曝气池内混合液的需氧速率均衡,动力消耗低于推流式曝气池。不足之处是由于有机物负荷较低,活性污泥容易产生泥膨胀现象。

(8)纯氧曝气法。

纯氧曝气法又称富氧曝气法,是以纯氧代替空气来提高曝气池内的生化反应速率的方法。

纯氧曝气法的优点在于氧的利用率高达80％～90％(空气系统仅10％左右),处理效果好,污泥沉淀性能好,产生的剩余污泥量少。不足之处是曝气池须加盖密封,以防氧气外逸和可燃性气体进入,装置复杂,运转管理复杂。如果进水中混入大量易挥发的碳氢化合物,容易引起爆炸。同时微生物代谢过程中产生的二氧化碳等废气若没有及时排除,会溶解于混合液中,导致混合液 pH 值下降,妨碍生物处理的正常进行。

(9)深层曝气法。

曝气池向深度方向发展,可以降低占地面积。同时水深的增加,可提高氧传递速率,加快有机物降解速度,处理功能不受气候条件影响。深层曝气法适用于处理高浓度有机废水。

(10)吸附-生物降解工艺(AB 法)。

与传统活性污泥法相比,AB 法将处理系统分为 A 级、B 级两段。A 级由吸附池和中间沉淀池组成,B 级由曝气池和二次沉淀池组成;A 级和 B 级拥有各自独立的污泥回流系统,每级能够培育出独特的、适合本级水质特征的微生物

种群。

(11)序批式活性污泥法(SBR 法)。

如果说传统活性污泥法是空间上的推流,SBR 法就是时间上的推流。在SBR 处理系统中,曝气池在流态上属于完全混合式,但是有机污染物是沿着时间的推移而降解的。

SBR 法集有机污染物降解与混合液沉淀于一体,不须设二次沉淀池和污泥回流设备,系统组成简单,曝气池的容积也小于连续式,建设费用和运行费用都较低,污泥容易沉淀,一般不产生污泥膨胀现象。通过对运行方式的调节,还可以在单一的曝气池内同时进行脱氧和除磷,若运行管理得当,处理水质优于连续式。

(12)氧化沟。

氧化沟是延时曝气法的一种特殊形式,一般呈环形沟渠状,平面多为椭圆形或圆形,池体狭长,池深较浅,在沟槽中设有机械曝气和推进装置。

通过曝气或搅拌作用,活性污泥在氧化沟内呈悬浮状态,污水和活性污泥在混合液廊道中缓慢流动,每 5~15 min 完成一个循环。经过多次循环的混合液水质接近一致。从这个意义上说,可以认为氧化沟的流态是完全混合式的。但氧化沟又具有某些推流式的特征,如在曝气装置下游,溶解氧的浓度从高到低变化。氧化沟的这种独特的流态,有利于活性污泥的生物凝聚作用,而且可以将其划分为富氧区、缺氧区,用来进行硝化和反硝化反应,从而实现脱氮。

2)生物膜法

生物膜法是与活性污泥法并列的一类污水好氧生物处理技术。微生物附着在滤料或填料的表面形成生物膜。

污水流过生物膜生长成熟的滤料时,污水中的有机污染物被生物膜中的微生物吸附、降解,从而使污水得到净化。同时微生物也得到增殖,生物膜随之增厚。当生物膜增长到一定厚度时,向生物膜内部扩散的氧受到限制,其表面仍是好氧状态,而内层则会呈缺氧甚至厌氧状态,有机污染物的降解主要在好氧层内进行。当厌氧层超过一定厚度时,内层的微生物因得不到充足的营养进入内源代谢,减弱了生物膜在滤料上的附着力,并最终导致生物膜的脱落。随后,滤料表面还会继续生长新的生物膜,周而复始,使污水得到净化。

生物膜法有多种工艺形式,包括生物滤池、生物转盘、生物接触氧化以及生物流化床等。

（1）生物滤池。

生物滤池是生物膜法处理污水的传统工艺，其构造由池体、滤料、布水设备和排水系统等部分组成。

池体多为圆形或多边形，一般为混凝土或砖混结构，起围护滤料的作用；滤料早期以碎石等实心拳状滤料为主，塑料工业快速发展后广泛采用聚氯乙烯、聚苯乙烯、聚丙烯等塑料滤料，是生物膜赖以生长的基础。布水设备分为固定布水器和旋转布水器两类，作用是将污水均匀地布洒在滤料上。排水系统位于滤床的底部，由渗水顶板、集水沟和排水渠组成，作用除了收集和排出水，还用于保证良好的通风。

（2）生物转盘。

生物转盘是在生物滤池的基础上发展起来的，由一系列平行的圆形盘片、转轴与驱动装置、接触反应槽等组成。

盘片是生物膜的载体，要求质轻、薄、强度高、耐腐蚀，常用材料有聚丙烯、聚乙烯、聚氯乙烯、聚苯乙烯及玻璃钢等，一般厚度为 $0.5\sim1.0$ cm，直径为 $2.0\sim3.5$ m；盘片垂直固定在转动中心轴上，系统要求盘片总面积较大时，可分组安装，一组称一级，串联运动。接触反应槽用钢板或钢筋混凝土制成，横断面呈半圆形或梯形；直径略大于转盘，转盘外缘与槽壁之间的间距一般为 $20\sim40$ m；槽内水位一般达到转盘直径的 40%，超高为 $20\sim30$ cm。工作时，污水流过接触反应槽，电动机带动转轴及固定于其上的盘片一起转动，附着在盘片上的生物膜与大气和污水交替接触，浸没时吸附污水中的有机物，敞露时吸收大气中的氧气。

（3）生物接触氧化。

生物接触氧化，又称为浸没式曝气生物滤池，是介于活性污泥法与生物滤池之间的生物膜法处理工艺，由池体、填料、布水系统和曝气系统等组成。

池体用于设置填料、布水系统、曝气系统和支承填料的支架，为钢结构或钢筋混凝土结构。填料是生物膜的载体，常用聚氯乙烯、聚丙烯、环氧玻璃钢等制成的蜂窝状或波纹板状填料、纤维组合填料、立体弹性填料等。

根据曝气装置与填料的相对位置可以分为 3 种：填料布置在池子两侧，从底部进水，曝气设置在池子中心，称为中心曝气；填料布置在池子一侧，上部进水，从另一侧底部曝气，称为侧面曝气；曝气装置直接安置在填料底部，填料和曝气装置均采用全池布置，底部进水，称为全池曝气。其中全池曝气是目前常用的形式。

（4）生物流化床。

生物流化床是以相对密度大于1的细小惰性颗粒,如砂、焦炭、陶粒、活性炭等为载体;反应器内的上升流速很高,可使载体处于流化状态,其生物浓度很高,传质效率也很高,是一种高效生物反应器。反应器体积和占地面积较上述方法均有显著的减少。

生物流化床反应器一般呈圆柱状,根据供氧、脱氧和床体结构的不同,可以分为两种:一种是两相生物流化床,充氧设备和脱膜设备设置在流化床体外;另一种是三相生物流化床,不另设充氧设备和脱膜设备,气、液、固三相直接在流化床内进行生化反应。

2. 厌氧生物处理法

厌氧生物处理法是在没有分子氧及化合态氧存在的条件下,利用兼性微生物和厌氧微生物降解水中的有机污染物,使其稳定化、无害化的污水处理方法。在这个过程中,有机物的转化分为三部分:一部分被氧化分解为简单无机物;一部分转化为甲烷;剩下少量有机物则被转化、合成为新的细胞物质。与好氧生物处理法相比,用于合成细胞物质的有机物较少,因而厌氧生物处理法的污泥增长率要小得多。

污水中有机物的厌氧分解过程较复杂,一般认为分三个阶段进行。

第一阶段为水解发酵阶段。在该阶段,复杂的有机物在厌氧菌胞外酶的作用下被分解成简单的有机物,如纤维素经水解转化成较简单的糖类,蛋白质转化成较简单的氨基酸,脂肪类转化成脂肪酸和甘油等。这些简单的有机物在产酸菌的作用下,经过厌氧发酵和氧化转化成乙酸、丙酸、丁酸等脂肪酸和醇类等。参与这个阶段的水解发酵菌主要是厌氧菌和兼性厌氧菌。

第二阶段为产氢产乙酸阶段。在该阶段,产氢产乙酸菌把除乙酸、甲酸、甲醇以外的第一阶段产生的中间产物,如丙酸、丁酸等脂肪酸和醇类等转化成乙酸和氢气,并伴有二氧化碳产生。

第三阶段为产甲烷阶段。在该阶段中,产甲烷菌把第一阶段和第二阶段产生的乙酸、氢气和二氧化碳等转化为甲烷。

厌氧生物处理法具有处理过程消耗的能量少、有机物的去除率高,沉淀的污泥少且易脱水,可杀死病原菌,不须投加氮、磷等营养物质等优点,近年来日益受到人们的关注。

本方法不但可用于处理高浓度和中浓度的有机污水,还可以用于低浓度有机污水的处理;不足之处主要在于厌氧菌繁殖速度较慢,对环境条件要求严格等。在厌氧分解过程中,由于缺乏氧作为氢受体,对有机物分解不彻底,代谢产物中包括了众多的简单有机物。因而采取厌氧生物处理法处理的出水中含有较多有机物,水质较差,须进一步用好氧生物处理法处理。厌氧生物处理法的处理工艺和设备主要有厌氧接触法、厌氧生物滤池、厌氧膨胀床和厌氧流化床、厌氧生物转盘以及上流式厌氧污泥床反应器等。

1)厌氧接触法

厌氧接触法是受活性污泥系统的启示而开发的。污水与回流污泥的混合液进入混合接触池,然后经真空脱气器进入沉淀池实现污泥和水的分离。其优点是,由于污泥回流,接触池内维持较高的污泥浓度,大大降低水的停留时间,并提高耐冲击负荷能力。缺点是接触池排出的混合液中的污泥上附着大量气泡,在沉淀池易于上浮到水面。

2)厌氧生物滤池

厌氧生物滤池是在密封的池体内装填滤料。生物膜在滤料表面上附着生长,污水淹没地通过滤料,在生物膜的作用及滤料的截留作用下,污水中的有机物被去除。产生的沼气收集在池顶,并从上部导出。

3)厌氧膨胀床和厌氧流化床

厌氧膨胀床和厌氧流化床的定义,目前尚无定论。一般认为,膨胀率为10%～20%时,称为膨胀床;膨胀率为20%～70%时,称为流化床。在密封的反应器内充填细小的固体颗粒填料,如石英砂、无烟煤、活性炭、陶粒和沸石等。污水从底部流入,使填料层膨胀,反应产生的沼气从上部导出。

4)厌氧生物转盘

厌氧生物转盘与好氧生物转盘类似,差别在于为了收集沼气和防止液面上的空间存氧,反应槽的上部加盖密封,且盘片全部浸没在污水中。盘片分为固定盘片和转动盘片两种,两种盘片间隔排列,转动盘片串联垂直安装在转轴上。污水处理由盘片表面上附着的生物膜和反应槽内悬浮的厌氧活性污泥共同完成,产生的沼气从反应槽顶部排出。

5)上流式厌氧污泥床反应器(UASB)

上流式厌氧污泥床反应器是集生物反应与沉淀于一体的结构紧凑的生物反应器,由进水配水系统、反应区、三相分离器、集气罩和出水系统几部分组成。污水由反应器底部进入,经配水系统均匀分配到反应器整个横断面,并均匀上升。

反应区包括颗粒污泥区和悬浮污泥区,污泥从底部进入后先和高浓度的颗粒污泥接触,污泥中的微生物在分解有机物的同时产生微小的沼气气泡,在颗粒污泥区的上部因沼气搅动作用形成悬浮污泥层。在反应器的上部,水、污泥、沼气的混合物经三相分离器分离,沼气进入顶部集气罩,污泥沉淀经回流缝回流到反应区,澄清的水经排水系统收集后排出反应罩。

3. 自然生物处理法

主要利用水体或土壤的自净作用来净化污水的方法称为自然生物处理法,包括稳定塘和污水的土地处理两大类,对面源污染和农村污水的治理有一定的优越性。

稳定塘,又称氧化塘,是一种早期的污水处理技术。污水在稳定塘中的净化过程与自然水体的自净过程相近,除了个别类型如曝气塘,一般不采取实质性的人工强化措施。利用经过人工适当修正的土地,如设围堤和防渗层的池塘,污水在塘中停留一段时间,利用藻类的光合作用产生的氧以及从空气溶解的氧,使得以微生物为主的生物对污水中的有机物进行生物降解。根据塘中水微生物优势群体类型和塘中水溶解氧的状况不同,分为好氧塘、兼性塘、厌氧塘和降气塘。

污水的土地处理是将污水投配在土地上,利用土壤、植物、微生物构成的生态系统中土壤的过滤、截留、物理和化学吸附、化学分解、生物氧化,以及微生物和植物的吸收等作用来净化污水,其净化过程与土壤的自净过程相似。根据系统中水流运动的速率和流动轨迹的不同,污水的土地处理有慢速渗滤、快速渗滤、地表漫流和地下渗滤 4 类。

7.3 污水处理与回用

7.3.1 生活污水处理与回用

生活污水是人类在日常生活中使用过的,并被生活废料污染的水的总称。

生活污水处理技术就是利用各种设施、设备和工艺技术,将污水所含的污染物质从水中分离去除,使有害的物质转化为无害、有用的物质,水质得到净化,并使资源得到充分利用。

生活污水处理一般分为三级:一级处理,是应用物理处理法去除污水中的悬浮物并适度减轻污水腐化程度;二级处理,是污水经一级处理后,应用生物处理法将污水中各种复杂的有机物氧化降解为简单的物质；三级处理，是污水经过二级处理后，应用化学沉淀法、生物化学法、物理化学法等，去除污水中的磷、氮、难降解的有机物、无机盐等。

目前，国内常见的生活污水处理工艺主要以活性污泥法为核心。

用膜法处理高层建筑生活废水，回收率高，回收的水用作厕所冲刷和冷却塔补充水，还可以用反渗透回收高层建筑生活废水。

7.3.2　食品工业污水处理与回用

1. 食品工业废水的处理方法

食品工业废水的处理可采用物理法、化学法、生物法。

用于食品工业废水处理的物理法有筛滤、撇除、调节、沉淀、气浮、离心分离、过滤、微滤等。

食品工业废水处理中所用的化学处理工艺主要是混凝法。

常用的混凝剂有石灰、硫酸铝、三氯化铁、聚合氯化铝、聚合硫酸铁及有机高分子混凝剂（如聚丙烯酰胺），化学处理工艺主要除去水中的细微悬浮物和胶体杂质。

食品工业废水是有机废水，生化比高，可采用生物法稀释水中的化学需氧量（COD）和生化需氧量（BOD），所采用的生物法主要包括活性污泥工艺、生物膜工艺、厌氧生物处理工艺、稳定塘工艺。

2. 肉类加工废水处理

肉类加工废水处理主要包括以下几种工艺。

（1）厌氧-SBR 生化法处理工艺。

（2）水解酸化-序批式活性污泥法处理工艺。

（3）厌氧＋射流曝气法处理屠宰废水工艺。

（4）完全混合式半深井射流曝气工艺。

（5）好氧法处理屠宰加工厂废水处理工艺。

3. 淀粉及制糖工业废水处理

1）淀粉工业废水处理工艺

淀粉工业废水处理工艺主要包括以下两种。

（1）厌氧-接触氧化-气浮综合处理工艺。

（2）光合细菌氧化-生物接触氧化工艺。

2）制糖废水的处理

制糖以甘蔗或甜菜为原料，不同的原料和生产工艺产生的废水也有差别，制糖废水的共同点是含有较多的有机物、糖分、悬浮性固体，颜色较深，基本上不含有毒物质，废水的排放量很大。

制糖废水是高浓度的有机废水，COD_{cr}可高达 8000 mg/L，BOD_5 为 3000～4000 mg/L，水质的 pH 值接近 7，可以采用厌氧生物处理和好氧生物处理的联合工艺进行治理。

进行厌氧处理前，废水必须进行预处理，根据原水的水质，进行中和、除油、除去重金属离子或调整温度等。厌氧生物处理可用普通消化池、厌氧接触消化池等。

制糖废水的厂外治理，可采用与城市生活污水一起治理的办法。地处农村的糖厂也可利用氧化塘、农田灌溉系统或土地过滤等方法，还可以单独采用生化处理法治理制糖废水。

7.3.3　石油化工污水处理与回用

1. 液膜法进行铀的分离回收

美国的 Bend Research 公司采用中空丝支撑液膜组件，以铀矿的硫酸浸出液为原料进行了铀的分离浓缩。

2. 膜技术处理油田含聚采油污水

利用超滤和反渗透双膜法组合工艺对油田采油过程中产生的大量的含聚、含油及高含盐的采油污水进行处理，以除聚及降低矿化度的产品水作为重复采油聚合物配制用水，实现了油田水系统的良性循环。

3. 管式膜技术应用于低渗透油田回注水的深度处理

为了弥补原油采出后所造成的地下亏空，保持或提高油层压力，实现油田高产稳产，并获得较高的采收率，必须对油田注水。

将管式膜技术应用于低渗透油田回注水的深度处理，废水处理的整个工艺技术流程短、占地面积小，出水水质远远超过低渗透油田回注水要求，实现了水的循环利用。

4. 扩散渗析离子膜技术在废酸资源化利用中的应用

扩散渗析离子膜技术在酸性废液的处理及资源回收方面具有明显优势。该技术以离子膜两侧液体浓度差为驱动力,选择性透过无机酸而阻碍金属离子透过,从而有效实现酸、盐分离。该过程能耗极低,操作简便,一次性投资少,维修保养方便,是高效、环保、节能的高新技术,可以解决当前酸性废液污染严重、治理成本高等难题,是实现其资源化回收利用的有效技术手段。

7.3.4　轻工业废水的处理与回用

1. 造纸废水的处理及利用

1)废水治理利用技术

生产过程中产生的较清洁的废水,如筛洗工序的洗涤水、漂白车间洗浆机中流出的滤出液、造纸机中流出的白水,都可以回用。废水回用的主要途径有逆流洗涤、废水利用与封闭用水等。

采用简单的物理法,把污水中的悬浮物或胶体微粒分离出来,从而使污水得到净化,或者使污水中污染物减少至最低限度。用中和法调整 pH 值,生物化学法使水中溶解的污染物转化成无害的物质,或者转化成容易分离的物质。要求高度净化时,则再采取适合的物理化学方法进行处理。

2)膜分离法处理造纸废水

膜分离法处理造纸废水,是指造纸厂排放出来的亚硫酸纸浆废水,它含有很多有用物质,其中主要是木质素磺酸盐,还有糖类(甘露醇、半乳糖、木糖)等。过去多用蒸发法提取糖类,成本较高。若先用膜法处理,可以降低成本,简化工艺。

2. 印染废水的处理及利用

1)印染废水常用处理技术

印染废水的常用处理技术可分为物理法、化学法和生物法 3 类。物理法处理技术主要有格栅、调节、沉淀、气浮、过滤、膜技术等;化学法有中和、混凝、电解、氧化、吸附、消毒等;生物法有厌氧生物法、好氧生物法、兼氧生物法。

2)膜分离法与印染废水的处理

(1)印染废水膜分离法回用技术。

以已有的废水处理站为依托,根据废水处理站的出水情况进行后续回用系统的设计。

采用膜集成工艺,根据进水水质,进行优化设计和充分的预处理,保证产水水质优质稳定,满足回用水质要求。

系统用水合理,最大程度上实现水的回收利用,尽可能将外排的水量减少,实现经济效益和环境效益的双赢。

系统采用自动控制,可减轻操作人员工作量,同时参数控制更加精确,可及时反馈系统运行状况,保证系统稳定运行,优化清洗周期,提高净产水量的同时节约了药耗和电耗。

(2)膜分离法在印染废水中的应用。

为了达到增产而不增污或少增污的目标,解决企业用水不足的问题,某印染企业将经生化处理后的废水,通过双膜技术处理后,作为印染车间用水。项目规模为处理量 5000 m^3/d,产水约 3500 m^3/d,总回收率控制在 70% 左右,拟采用"砂滤＋超滤＋反渗透"工艺进行处理。

利用膜分离技术对废水进行回用,通常出水水质都能满足使用要求,核心的问题在于膜污染的控制技术。

(3)双膜法在染料脱盐领域的工程与应用。

双膜法是一种有效的工程处理手段,超滤可去除废水中的大部分浊度和有机物,减轻后续反渗透膜的污染,反渗透膜可以用于脱除 COD、脱色和脱盐。

双膜法系统主要由预处理、超滤膜系统和反渗透系统 3 部分组成。

预处理采用锰砂过滤器,去除生化处理工艺中残留的相对密度较大的固体污物、部分胶体,减轻后续的处理负荷,同时能有效除铁。

超滤膜系统主要的作用是去除水中的胶体、细菌、微生物、悬浮物等对反渗透膜造成污堵的杂质,同时截留水中的细菌,防止后级膜的细菌污染。系统的回收率高,可以达到 90% 以上。反渗透系统的主要作用是彻底去除水中多价离子、有机物、硬度离子等,去除绝大部分溶解性离子。

3. 制革废水处理与利用

制革废水经过生产工艺改革、资源回收等途径降低了污染物与废水排放量。但废水中依然含有大量的有害无机离子,如 S^{2+}、Cr^{3+}、Cl^- 等,此外,还含有大量的难降解有机物质,如表面活性剂、染料、单宁和蛋白质等,须进一步进行无害化处理。无害化处理的主要技术途径为物理处理法、物化处理法和生物方法。

1)物理处理法

物理处理法有格栅、沉淀与气浮,通常是先用粗、细格栅除去废水中 1～3 cm 的肉屑、细屑及落毛。自然沉淀法或气浮法(混凝气浮法)可去除制革废水中约 20% 的污染物。

2)物化处理法

混合废水中含有大量较小的悬浮污染物,投加混凝剂可加速其沉降或浮上,改善处理效果。物化处理法的处理效果较物理处理法好,可去除磷、有机氮、色度、重金属和虫卵等,处理效果稳定,不受温度、毒物等影响,投资适中,但处理成本较高,污泥量增大,出水须进一步处理。

3)生物方法

常见的生物方法有活性污泥法、生物膜法。该方法对废水中有机物(溶解性、胶体状态)去除效果明显,出水水质优于物化方法。但其工程投资高,处理效果受冲击负荷的影响较大。

7.3.5　农药、医药污水处理与回用

1.采用可生物降解的新型农药

采用药效高、毒性小的新型适用农药,替代毒性强、残留时间长的农药,是当今农药发展的一种趋势。例如,在水体中,有机磷酸盐农药的持久性就比有机氯化合物低。根据环境的不同,有机磷农药的降解,可能是化学降解、微生物学降解,也可能是两者的联合作用。化学降解常涉及配键的水解,可能是酸催化的,如丁烯磷,也可能是被催化的,如马拉硫磷。微生物降解是被水解或被氧化的过程。一般只能部分降解,但对二嗪磷来讲,附着在杂环键上的硫代磷酸盐键的化学水解,将产生 2—异丙基—4—甲基—6—羟基吡啶,可被土壤中微生物快速降解。在正磷酸盐中,双硫磷是最能抵抗化学水解的一种,但微生物降解则把它转变成氨基双硫磷,还可继续进行降解。

应用可生物降解的农药替代难降解的农药,如替代 DDT 的新化合物,既不会在动物组织中积累,又不会通过食物链富集到更高的水平。也可用锌进行中级酸还原,加快 DDT 和其他农药的降解。还可用马拉硫磷和残杀威等农药作为 DDT 的替代型农药。此外,如碘硫磷、稻丰散和混杀威等也都是一些很有希望

的新型农药。

2. 化学处理法

由混凝、沉淀、快滤和加氯(或次氯酸钠、二氧化氯)、臭氧氧化组成的常规水处理流程,能降低 DDT(双对氯苯基三氯乙烷)和 DDE(二氯二苯二氯乙烯)等的浓度,对硫、磷也有较好的去除效果,但不能有效地去除毒杀芬和高丙体六六六等农药。将过氧化氢溶液与硫酸亚铁按一定物质的量比例混合,得到氧化性极强的芬顿(Fenton)试剂,对去除某些农药也有一定的作用。碱解是将废水的pH 值调到 12～14,使废水中 80% 以上的有机磷转化成中间产物,但不易转变成正磷酸盐,因此回收磷很困难。低酸度下的酸解能将 70% 有机磷转化成无机磷,处理的废水还须再进行生物法治理。

3. 催化氧化法

根据氧化剂的不同,催化氧化法可分为湿式氧化法、Fenton 试剂氧化法、臭氧氧化法、二氧化氯氧化法和光催化氧化法。

利用湿式氧化技术处理后再进行生化处理,可使农药乐果废水的 COD 去除率由单纯生化处理时的 55% 提高到 95%。该法须在高温高压下进行,因此对设备和安全提出了很高的要求,这在一定程度上影响了它在工业上的应用。

对氯硝基苯是一种重要的农药和化工产品中间体。用 Fenton 试剂对其废水进行预处理,可将水的可生化性 BOD_5/COD_{Cr} 由 0 提高到 0.3,但在实际应用中,过氧化氢价格较高,使其应用受到限制。

与 Fenton 氧化法类似,臭氧对难降解有机物质的氧化通常是使其环状分子的部分环或长链条分子部分断裂,从而使大分子物质变成小分子物质,生成易于生化降解的物质,提高废水的可生化性。

二氧化氯是一种新型高效氧化剂,性质极不稳定,遇水能迅速分解,生成多种强氧化剂。这些氧化物组合在一起产生多种氧化能力极强的自由基。二氧化氯能激发有机环上的不活泼氢,通过脱氢反应生成自由基,成为进一步氧化的诱发剂,直至完全分解为无机物。其氧化性能是次氯酸的 9 倍多。氨基硫脲是合成杀菌剂叶枯宁的中间体,可溶于水,在生产废水中的浓度较高,目前主要采用生化法处理,但效果不够理想。采用二氧化氯在常温、酸性条件下氧化氨基硫脲,废水 COD 去除率可达 86%,这种方法比其他一般方法简单且费用低廉,是一种经济实用的农药废水预处理方法。

用光敏化半导体为催化剂处理有机农药废水,是近年来有机废水催化净化技术研究较多的一个分支领域。

4. 生物处理法

农药废水处理的目的是降低农药生产废水中污染物的浓度,提高回收率,力求达到无害。

生物处理法是处理农药废水的重要方法,可采用活性污泥法(鼓风曝气法)处理对硫磷废水。有机氯、有机磷农药的毒性高,还存在大量难以生物降解的物质。废水中杀虫剂的浓度高时,对微生物有抑制作用,故在生物处理以前,还须用化学法进行预处理,或将高浓度废水稀释后再进行生物处理。

生产过程中排出的高浓度有毒的废水,经 $7\sim10$ d 的静置处理,几乎能全部分解对硫磷和硝基苯酚,95％以上的 COD 有机磷农药废水可生物降解,但固体质量浓度大于 6000 mg/L 时,冲击负荷导致治理困难。设计时应采取活性污泥系统。

厌氧条件下,氯代烃类农药、高丙体六六六和 DDT 均易于分解。DDT 分解成 DDE 后,进一步的分解便较为缓慢。七氯环氧化物和异狄氏剂,在短时间内可降解生成中间产物。艾氏剂的分解速度与 DDD(二氯二苯二氯乙烷)相近,七氯环氧化物仅稍有些降解,而狄氏剂则维持不变。对于农药的分解来说,厌氧条件比好氧条件更为有利。

5. 焚烧法

废水的焚烧有一定的热值要求,一般在 10 kJ/kg 以上。片呐酮是一种重要的农药中间体,在其生产过程中会产生一种黏稠状焦油副产物,将焦油升温至 $80\sim100$ ℃,喷雾进炉膛,同时,将农药生产各工段的高浓度有机废水喷入进行燃烧,燃烧后经水幕洗气除尘,COD_{Cr} 和其他污染指标都能达标。当废水热值不高或水量较大时,日常燃料消耗费用较大,目前此法在国内尚未推广使用。

6. 萃取法

萃取法是一种从水溶液中提取、分离和富集有用物质的分离技术。利用液膜萃取技术对某农药厂苯肼、苯唑醇和乙基氯化物生产排放的废水进行处理,取得了很好的效果。原水经处理后,COD 去除率约为 90％,BOD_5/COD_{Cr} 的值由 0.02 上升为 0.34,可生化性大大提高。

7. 吸附法

吸附剂的种类很多,有硅藻土、明胶、活性炭、树脂等。由于各种吸附剂吸附能力的差异,常用吸附剂有活性炭和树脂。

活性炭吸附主要用于处理农药 1605、马拉硫磷和乐果混合废水。用活性炭纤维处理十三吗啉农药废水，COD_{Cr} 由 2462 mg/L 降至 150 mg/L 以下，净化率达 94%。

吸附树脂已在农药和农药中间体邻苯二胺、多菌灵、苄磺隆除草剂、甲基（乙基）—1605 有机磷杀虫剂、2,4—二氯苯氧乙酸、3—苯氧基苯甲醛、嘧啶氧磷杀虫剂生产废水的处理中得到应用。在处理废水的同时，富集回收了废水中的有用物质，创造的经济效益能够抵消或部分抵消废水处理的日常操作费用。

7.4　水生态保护与修复

7.4.1　生物多样性保护技术

1. 生物多样性丧失的原因

物种灭绝给人类造成的损失是不可弥补的。物种灭绝与自然因素有关，更与人类的行为有关。

物种的产生、进化和消亡本是个缓慢的协调过程，但随着人类对自然干扰程度的加剧，在过去几十年间，物种灭绝已成为主要的生态环境问题。根据化石记录估计，哺乳动物和鸟类的背景灭绝速率为每 500～1000 年灭绝一个物种。目前物种的灭绝速率高于其背景灭绝速率 100～1000 倍。不同层次的生物多样性丧失，主要是人类活动导致，包括生境的破坏及片段化、资源的不合理利用、生物入侵、环境污染和气候变化等。其中，生境的破坏及片段化对生物多样性的丧失"贡献"最大。

1）生境的破坏及片段化

工农业的发展，围湖造田、森林破坏、城市扩大、水利工程建设、环境污染等的影响，生物的栖息地急剧减少，导致许多生物的濒危和灭绝。森林是世界上生物多样性最丰富的生物栖聚场所。仅拉丁美洲的亚马孙河的热带雨林就聚集了地球生物总量的 1/5。公元前 700 年，地球约有 2/3 的表面为森林所覆盖，而目前世界森林覆盖率不到 1/3，热带雨林的减少尤为严重。有关学者估计，若保守估计每年热带雨林以 1% 的消失率计，每年有 0.2%～0.3% 的物种灭绝，生物栖息地面积缩小，能够供养的生物种数自然减少。但与之相比，生境破坏导致的生境片段化形成的生境岛屿对生物多样性减少的影响更大,这种影响间接导致生物的灭绝。比如森林的不合理砍伐,导致森林的不连续性斑块状分布,即生境岛屿。这在一方面使残留的森林的边缘效应扩大,原有的生境条件变得恶劣;另一方面改变了生物之间的生态关系,如生物被捕食、被寄生的概率增大。这两方面都间接地加速了物种的灭绝。

近年来,大西洋两岸几千只海豹由于 DDT、多氯联苯等杀虫剂中毒而死。人类向大气排放的大量污染物质,如氮氧化物、硫氧化物、碳氧化物、碳氢化合物等,还有各种粉尘、悬浮颗粒,使许多动植物的生存环境受到影响。大剂量的大气污染会使动物很快中毒死亡。水污染加剧水体的富营养化,使得鱼类的生存受到威胁。土壤污染也是影响生物多样性的重要因素之一。

2)资源的不合理利用

农、林、牧、渔及其他领域的不合理的开发活动导致了生物多样性的减少。自 20 世纪 50 年代,“绿色革命”中出现产量或品质方面独具优势的品种,被迅速推广传播,很快排挤了本地品种,印度尼西亚 1500 个当地水稻品种在 15 年内消失。

这种遗传多样性丧失造成农业生产系统抵抗力下降,而且随着作物种类的减少,当地固氮菌、捕食者、传粉者、种子传播者以及其他一些传统农业系统中通过几世纪进化的物种消失了。在林区,快速和全面地转向单优势种群的经济作物也面临同样的难题。在经济利益的驱动下,水域中的过度捕捞、牧区的超载放牧、对生物物种的过度捕猎和采集等掠夺式利用方式,使生物物种难以正常繁衍。

3)生物入侵

生物入侵是指人类有意或无意地引入一些外来物种,破坏景观的自然性和完整性,物种之间缺乏相互制约,导致一些物种的灭绝,影响遗传多样性,使农业、林业、渔业或其他方面的经济遭受损失。在全世界濒危植物名录中,有 35%～46% 物种的濒危是部分或完全由于外来物种入侵。如澳大利亚袋狼灭绝的原因除了人为捕杀,还有家犬的引入,家犬引入后产生野犬,种间竞争导致袋狼数量下降,直至灭绝。

4)环境污染

环境污染对生物多样性的影响除了使生物的栖息环境恶化,还直接威胁着生物的正常生长发育。农药、重金属等在食物链中的逐级浓缩、传递严重危害着食物链上端的生物。据统计,目前由于污染,全球已有 2/3 的鸟类生殖力下降,每年至少有 10 万只水鸟死于石油污染。

2. 保护生物多样性

保护生物多样性必须从遗传、物种和生态系统 3 个层次上入手。保护的内容主要包括:一是对那些濒临灭绝的珍稀濒危物种和生态系统的绝对保护,二是对数量较大的可以开发的资源进行可持续的合理利用。保护生物多样性,主要可以从以下几个方面入手。

1)就地保护

就地保护主要是就地设立自然保护区、国家公园、自然历史纪念地等,将有价值的自然生态系统和野生生物环境保护起来,以维持和恢复物种群体所必需的生存、繁衍与进化的环境,限制或禁止捕猎和采集,控制人类的其他干扰活动。

2)迁地保护

迁地保护就是通过人为努力,把野生生物物种的部分种群迁移到适当的地方加以人工管理和繁殖,使其种群能不断扩大。迁地保护适合受到高度威胁的动植物物种的紧急拯救,如利用植物园、动物园、迁地保护基地和繁育中心等对珍稀濒危动植物进行保护。我国植物园保存的各类高等植物有 23 万多种。

在我国已建的动物园中共饲养脊椎动物 600 多种。由于我国在珍稀动物的保存和繁育技术方面不断取得进展,许多珍稀濒危动物可以在动物园进行繁殖,如大熊猫、东北虎、华南虎、雪豹、黑颈鹤、丹顶鹤、金丝猴、扬子鳄、扭角羚、黑叶猴等。

3)离体保存

在就地保护及迁地保护都无法实施保护的情况下,生物多样性的离体保护应运而生。建立种子库、精子库、基因库,对生物多样性中的物种和遗传物质进行离体保护。

4)放归野外

我国对养殖繁育成功的濒危野生动物,逐步放归自然进行野化,例如,麋鹿、东北虎、野马的放归野化工作已开始,并取得一定成效。

保护生物多样性是我们每一个公民的责任和义务。善待众生首先要树立良好的行为规范,不参与乱捕滥杀、乱砍滥伐的活动,拒吃野味,还要广泛宣传保护物种的重要性,坚决同破坏物种资源的现象做斗争。

此外,健全法律法规、防治污染、加强环境保护宣传教育和加大科学研究力度等也是保护生物多样性的重要途径。在保护生物多样性的工作中,采用科学研究途径,探索现存野生生物资源的分布、栖息地、种群数量、繁殖状况、濒危原因,研究和分析开发利用现状、已采取的保护措施、存在的问题等,一般采取以下研究途径。

(1)分析生物多样性现状。

(2)对特殊生物资源进行研究。

(3)研究生物多样性保护与开发利用关系。

(4)实行生物种资源的就地保护。

(5)实行生物种资源的迁地保护。

(6)建立种质资源基因库。

(7)研究环境污染对生物多样性的影响。

(8)建立自然保护区,加强生物多样性保护的策略研究,采用先进的科学技术手段,例如遥感、地理信息系统、全球定位系统等。

7.4.2　湖泊生态系统的修复

1. 湖泊生态系统修复的生态调控措施

治理湖泊的方法:物理方法,如机械过滤、疏浚底泥和引水稀释等;化学方法,如杀藻剂杀藻等;生物方法,如放养鱼等;物化法,如木炭吸附藻毒素等。各类方法的主要目的是降低湖泊内的营养负荷,控制藻类过量生长,均能取得一定的成效。

1)物理、化学措施

在控制湖泊营养负荷实践中,研究者已经采用了许多方法来降低内部磷负荷,例如通过水体的有效循环,不断干扰温跃层,可加快水体与溶解氧(DO)、溶解物等的混合,有利于水质的修复。削减浅水湖的沉积物,采用铝盐及铁盐离子对分层湖泊沉积物进行化学处理,向深水湖底层充入氧或氮。

2)水流调控措施

湖泊具有水"平衡"现象,它影响着湖泊的营养供给、水体滞留时间及由此产

生的湖泊生产力和水质。若水体滞留时间很短,如在 10 d 以内,藻类生物不可能积累。水体滞留时间适当时,既能大量提供植物生长所需营养物,又有足够时间供藻类吸收营养促进其生长和积累。如有足够的营养物和 100 d 以上到几年的水体滞留时间,可为藻类生物的积累提供足够的条件。因此,营养物输入与水体滞留时间对藻类生产的共同影响,成为预测湖泊状况变化的基础。

为控制浮游植物的增加,使水体内浮游植物的损失超过其生长,除对水体滞留时间进行控制或换水外,增加水体冲刷以及其他不稳定因素也能实现这一目的。在夏季浮游植物生长不超过 5 d,因此这种方法在夏季不宜采用。但是,在冬季浮游植物生长缓慢的时候,冲刷等流速控制方法是一种更实用的修复措施,尤其对于冬季蓝绿藻浓度相对较高的湖泊十分有效。冬季冲刷之后,藻类数量大大减少,次年早春湖泊中大型植物就可成为优势种属。这一措施已经在荷兰一些湖泊生态系统修复中得到广泛应用,且取得了较好的效果。

3)水位调控措施

水位调控已经作为一类广泛应用的湖泊生态系统修复措施得到应用。这种方法能够促进鱼类活动,改善水鸟的生境,改善水质;但由于娱乐、自然保护或农业等因素,有时对湖泊进行水位调节或换水不太现实。

自然和人为因素引起的水位变化涉及多种因素,如湖水浑浊度、水位变化程度、波浪的影响(与风速、沉积物类型和湖的大小有关)和植物类型等,这些因素的综合作用往往难以预测。一些理论研究和经验数据表明水深和沉水植物的生长存在一定关系。如果水过深,植物生长会受到光线限制;如果水过浅,频繁的再悬浮和较差的底层条件,会使沉积物稳定性下降。

通过影响鱼类的聚集,水位调控也会对湖水产生间接的影响。在一些水库中,有人发现改变水位可以减少食草鱼类的聚集,进而改善水质。而且,短期的水位下降可以促进鱼类活动,减少食草鱼类和底栖鱼类数量,增加食肉性鱼类的生物量和种群数量。这可能是因为低水位生境使受精鱼卵干涸而无法孵化,或者增加了鱼类被捕食的危险。

此外,水位调控还可以控制损害性植物的生长,为营养丰富的浑浊湖泊向清水状态转变创造有利条件。浮游动物对浮游植物的取食量由于水位下降而增加,改善了水体透明度,为沉水植物生长提供了良好的条件。这种现象常常发生在富含营养底泥的重建性湖泊中。该类湖泊营养物浓度虽然很高,但由于含有大量的大型沉水植物,在修复后一年之内很清澈,然而几年过后,便会重新回到浑浊状态,同时伴随着食草性鱼类的迁徙进入。

4)大型水生植物的保护和移植

因为水生植物与被富营养化的藻类及其他浮游生物相互争夺营养、光照和生长空间等生态资源,所以水生植物的生长及修复对于富营养化水体的生态修复具有极其重要的作用。

围栏结构可以保护大型植物免遭水鸟的取食,这种方法也可以作为鱼类管理的一种替代或补充方法。围栏能提供一个不被取食的环境,大型植物可在其中自由生长和繁衍。另外,植物或种子的移植也是一种可选的方法。

5)生物操纵与鱼类管理

生物操纵即通过去除浮游生物捕食者或添加食鱼动物,降低以浮游生物为食鱼类的数量,使浮游动物的体型增大,生物量增加,从而提高浮游动物对浮游植物的摄食效率,降低浮游植物的数量。生物操纵可以通过许多不同的方式来克服生物的限制,进而加强对浮游植物的控制,利用底栖食草性鱼类减少沉积物再悬浮和内部营养负荷。生物操纵实验中用削减鱼类密度来改善水质,增加水体的透明度。有关学者认为生物操纵的成功例子大多是在水域面积 25 hm² (1 hm² = 10⁴ m²)以下及深度 3 m 以下的湖泊中实现的。不过,有些在更深的、分层的和面积超过 1 km² 的湖泊中也取得了成功。

引人注目的是,在富营养化湖中,鱼类数目减少通常会引发一连串的短期效应。而浮游植物生物量的减少改善了湖泊透明度。

在浅的分层富营养化湖泊中进行的实验中,总磷浓度下降 30%～50%,水底微型藻类的生长通过改善沉积物表面的光照条件,刺激了无机氮和磷的混合。由于捕食率高(特别是在深水湖中),水底藻类、浮游植物不会沉积太多,低的捕食压力下更多的水底动物最终会导致沉积物表面更高的氧化还原作用,这就减少了磷的释放,进一步加快了硝化-脱氮作用。此外,底层无脊椎动物和藻类可以稳定沉积物,因此减少了沉积物再悬浮的概率。

更低的鱼类密度减轻了鱼类对营养物浓度的影响。而且,营养物随着鱼类的运动而移动,随着鱼类而移动的磷含量超过了一些湖泊的平均含量,相当于 20%～30% 的平均外部磷负荷,这相比于富营养湖中的内部负荷还是很低的。

最近的发现表明:如果浅的温带湖泊中磷的浓度减少到 0.05～0.1 mg/L,并且水深超过 8 m 时,将会对鱼类管理产生重要的影响,其关键是使生物结构发生改变。然而,如果氮负荷比较低,总磷的消耗会由于鱼类管理而发生变化。

6）适当控制大型沉水植物的生长

虽然大型沉水植物的重建是许多湖泊生态系统修复工程的目标,但密集植物床在营养化湖泊中出现时也有危害性,如降低垂钓等娱乐价值,妨碍船的航行等。此外,生态系统的组成会由于入侵物种的过度生长而发生改变,如欧亚狐尾藻在美国和非洲的许多湖泊中已对本地植物构成严重威胁。对付这些危害性植物的方法包括特定食草昆虫如象鼻虫和食草鲤科鱼类的引入、每年收割、沉积物覆盖、下调水位或用农药进行处理等。

通常,收割和水位下降只能起短期的作用,因为这些植物群落的生长很快,而且外部负荷高。引入食草鲤科鱼类的作用很明显,因此,目前在世界上此方法应用广泛,但该类鱼过度取食又可能使湖泊由清澈转为浑浊状态。另外,鲤鱼不好捕捉,这种方法也应该谨慎采用。实际应用过程中很难达到大型沉水植物的理想密度以促进群落的多样性。

大型植物蔓延的湖泊中,经常通过挖泥机或收割的方式来实现其数量的削减。这可以提高湖泊的娱乐价值,提高生物多样性,并对肉食性鱼类有好处。

7）蚌类与湖泊的修复

蚌类是湖泊中有效的滤食者。有时大型蚌类能够在短期内将整个湖泊的水过滤一次,但在浑浊的湖泊很难见到它们的身影,这可能是由于它们在幼体阶段即被捕食。这些物种的再引入对于湖泊生态系统修复来说切实有效,但目前为止没有得到重视。

19 世纪时,斑马蚌进入欧洲,当其数量足够大时会对水的透明度产生重要影响。基质条件的改善可以提高蚌类的生长速度。蚌类在改善水质的同时也增加了水鸟的食物来源,但也不排除产生问题的可能。

2. 陆地湖泊生态修复的方法

湖泊生态修复的方法,总体而言可以分为外源性营养物种的控制措施和内源性营养物质的控制措施两大部分。

1）外源性方法

（1）截断外来污染物的排入。

湖泊污染、富营养化基本上来自外来物质的输入。因此,要采取如下几个方面措施进行截污。首先,对湖泊进行生态修复的重要环节是实现流域内废、污水的集中处理,使之达标排放,从根本上截断湖泊污染物的输入。其次,对湖区来水区域进行生态保护,尤其是植被覆盖低的地区,要加强植树种草,扩大植被覆盖率,目的是对湖泊产水区的污染物削减净化,从而减少来水污染负荷。因为,相对于较容易实现截断控制的点源污染,面源污染量大,分布广,尤其主要分布在农村地区或山区,控制难度较大。再次,应加强监管,严格控制湖滨带度假村、餐饮的数量与规模并监管其废、污水的排放。对游客产生的垃圾,要及时处理,尤其要采取措施防治隐蔽处的垃圾产生。规范渔业养殖及捕捞,退耕还湖,保护周边生态环境。

(2)恢复和重建湖滨带湿地生态系统。

湖滨带湿地是水陆生态系统间的一个过渡和缓冲地带,具有保持生物多样性、调节相邻生态系统稳定、净化水体、减少污染等功能。建立湖滨带湿地,恢复和重建湖滨水生植物,利用其截留、沉淀、吸附和吸收作用,净化水质,控制污染物。同时,能够营造人水和谐的亲水空间,也为两栖水生动物修复其生长空间及环境提供条件。

2)内源性方法

(1)物理法。

①引水稀释。引用清洁外源水对湖水进行稀释和冲刷。这一措施可以有效降低湖内污染物的浓度,提高水体的自净能力。这种方法只适用于可用水资源丰富的地区。

②底泥疏浚。多年的自然沉积,湖泊的底部积聚了大量的淤泥。这些淤泥富含营养物质及其他污染物质,如重金属能为水生生物生长提供营养物质来源,而底泥污染物释放会加速湖泊的富营养化进程,甚至引起水华的发生。因此,疏浚底泥是一种减少湖泊内营养物质来源的方法。但施工中必须注意防止底泥的泛起,对移出的底泥也要进行合理地处理,避免二次污染的发生。

③底泥覆盖。底泥覆盖的目的与底泥疏浚相同,在于减少底泥中的营养盐对湖泊的影响,但这一方法不是将底泥完全挖出,而是在底泥层的表面铺设一层渗透性小的物质,如生物膜或卵石,可以有效减少水流扰动引起底泥翻滚的现象,抑制底泥营养盐的释放,提高湖水清澈度,促进沉水植物的生长。但需要注意的是,铺设透水性太差的材料,会严重影响湖泊固有的生态环境。

④其他一些物理方法。除了以上3种较成熟、简便的措施,还有其他一些新技术投入应用,如水力调度技术、气体抽提技术和空气吹脱技术。水力调度技术是根据生物体的生态水力特性,人为营造出特定的水流环境和水生生物所需的

环境,来抑制藻类大量繁殖。气体抽取技术是利用真空泵和井,将受污染区的有机物蒸汽或转变为气相的污染物,从湖中抽取,收集处理。空气吹脱技术是将压缩空气注入受污染区域,将污染物从附着物上去除。结合提取技术可以得到较好效果。

(2)化学方法。

化学方法就是针对湖泊中的污染特征,投放相应的化学药剂,应用化学反应除去污染物质而净化水质的方法。常用的化学方法如下:对于磷元素超标,可以通过投放硫酸铝($Al_2(SO_4)_3 \cdot 18H_2O$),去除磷元素;对于湖水酸化,可以通过投放石灰来进行处理;对于重金属元素,常常投放石灰和硫化钠等;对于有机物,可以通过投放氧化剂来将其转化为无毒或者毒性较小的化合物,常用的有二氧化氯、次氯酸钠或者次氯酸钙、过氧化氢、高锰酸钾和臭氧。但需要注意的是,化学方法处理虽然操作简单,但费用较高,而且往往容易造成二次污染。

(3)生物方法。

生物方法也称生物强化法,主要依靠湖水中的生物增强湖水的自净能力,从而恢复整个生态系统。

①深水曝气技术。当湖泊出现富营养化现象时,水体溶解氧大幅降低,底层甚至出现厌氧状态。深水曝气便是通过机械方法将深层水抽取上来,进行曝气,之后回灌,或者注入纯氧和空气,使得水中的溶解氧增加,将厌氧环境改变为好氧环境,使藻类数量减少,明显减轻水华程度。

②水生植物修复。水生植物是湖泊中主要的初级生产者之一,往往是决定湖泊生态系统稳定的关键因素。水生植物生长过程中能将水体中的富营养化物质如氮、磷元素吸收、固定,既满足生长需要,又能净化水体。但修复湖泊水生植物是一项复杂的系统工程,需要考虑整个湖泊现有水质、水温等因素,确定适宜的植物种类,采用适当的技术方法,逐步进行恢复。具体的技术方法有以下几种。第一,人工湿地技术。通过人工设计建造湿地系统,适时适量收割植物,将营养物质移出湖泊系统,从而达到修复整个生态系统的目的。第二,生态浮床技术。采用无土栽培技术,以高分子材料为载体和基质(如发泡聚苯乙烯),综合集成的水面无土种植植物技术,既可种植经济作物,又能利用废弃塑料,同时不受光照等条件限制,应用效果明显。这一技术与人工湿地的最大优势就在于不占用土地。第三,前置库技术。前置库是位于受保护的湖泊水体上游支流的天然或人工库(塘)。前置库不仅可以拦截暴雨径流,还具有吸收、拦截部分污染物质、富营养物质的功能。在前置库中种植合适的水生植物能有效地达到这一目

标。这一技术与人工湿地类似,但位置更靠前,处于湖泊水体主体之外。对水生植物修复方法而言,能较为有效地恢复水质,而且投入较低,实施方便,但由于水生植物有一定的生命周期,应该及时予以收割处理,减少因自然凋零腐烂而引起的二次污染。同时选择植物种类时也要充分考虑湖泊自身生态系统中的品种,避免因引入物质不当而引起生物入侵。

③水生动物修复。该方法主要利用湖泊生态系统中食物链关系,通过调节水体中生物群落结构的方法来控制水质。主要是调整鱼群结构,针对不同的湖泊水质问题类型,在湖泊中投放、发展某种鱼类,抑制或消除另外一些鱼类,使整个食物网适合于鱼类自身对藻类的捕食和消耗,从而改善湖泊环境。比如通过投放肉食性鱼类来控制浮游生物食性鱼类或底栖生物食性鱼类数量,从而促进浮游植物的大量生长;投放植食(滤食)性鱼类,影响浮游植物的数量,控制藻类过度生长。水生动物修复方法成本低廉,无二次污染,同时可以收获水产品,在较小的湖泊生态系统中应用效果较好。但对于大型湖泊,由于其食物链、食物网关系复杂,需要考虑的因素较多,应用难度相应增加,同时也需要考虑生物入侵问题。

④生物膜技术。这一技术指根据天然河床上附着生物膜的过滤和净化作用,应用表面积较大的天然材料或人工介质为载体,利用其表面形成的黏液状生态膜,对污染水体进行净化。由于载体上富集了大量的微生物,能有效拦截、吸附、降解污染物质。

3. 城市湖泊的生态修复方法

北方湖泊要进行生态修复,首先,要进行城市湖泊生态面积的计算及最适生态需水量的计算;其次,进行最适面积的城市湖泊建设,每年保证最适生态需水量的供给,采用与南方城市湖泊同样的生态修复方法。南、北城市湖泊相同的生态修复方法如下。

1)清淤疏浚与曝气相结合

造成现代城市湖泊富营养化的主要原因是氮、磷等元素的过量排放,其中氮元素在水体中可以被重吸收进行再循环,而磷元素却只能沉积于湖泊的底泥中。因此,单纯的截污和净化水质是不够的,要进行清淤疏浚。对湖泊底泥污染的处理,首先应曝气或引入耗氧微生物进行处理,然后再进行清淤疏浚。

2)种植水生生物

在疏浚区的岸边种植挺水植物和浮叶植物,在游船活动的区域种植不同种

类的沉水植物。根据水位的变化及水深情况,选择乡土植物形成湿生-水生植物群落带。所选野生植物包括黄菖蒲、水葱、萱草、荷花、睡莲、野菱等。植物生长能促进悬浮物的沉降,增加水体的透明度,吸收水和底泥中的营养物质,改善水质,增加生物多样性,并有良好的景观效果。

3)放养滤食性的鱼类和底栖生物

放养鲢鱼、鳙鱼等滤食性鱼类和水蚯蚓、羽苔虫、田螺、圆蚌、湖蚌等底栖动物,依靠这些动物的过滤作用,减轻悬浮物的污染,增加水体的透明度。

4)彻底切断外源污染

外源污染指来自湖泊以外区域的污染,包括城市各种工业污染、生活污染、家禽养殖场及家畜养殖场的污染。彻底切断外源污染,要做到以下几点:一要关闭以前所有通往湖泊的排污口;二要运转原有污水处理厂;三要增建新的处理厂,进行合理布局,保证所有处理厂的处理量等于甚至略大于城市的污染产生量,保证每个处理厂正常运转,并达标排放。污水处理厂,包括工业污染处理厂、生活污染处理厂及生活污水处理厂。工业污染物要在工业污染处理厂进行处理。生活固态污染物要在生活污染处理厂进行处理。生活污水、家禽养殖场及家畜养殖场的污、废水要引入生活污水处理厂进行处理。

5)进行水道改造工程

有些城市湖泊为死水湖,容易滞水而形成污染,要进行湖泊的水道连通工程,让死水湖变为活水湖,保持水分的流动性,消除污水的滞留以达到稀释、扩散的效果,从而净化湖泊。

6)实施城市雨污分流工程及雨水调蓄工程

城市雨污分流工程主要是将城市降水与生活污水分开。雨水调蓄工程是在城市建地下初降雨水调蓄池,贮藏初降雨水。初降雨水,既带来了大气中的污染物,又带来了地表面的污染物,是非点源污染的携带者,不经处理,长期积累,将造成湖泊的泥砂沉积及污染。建初降雨水调蓄池,可在降雨初期暂存高污染的初降雨水,然后在降雨后引入污水处理厂进行处理,这样可以防止初降雨水带来的非点源污染对湖泊的影响。实施城市雨污分流工程,把城市雨水与生活污水分离,将后期基本无污染的降水直接排入天然水体,从而减轻污水处理厂的负担。

7）加强城市绿化带的建设

城市绿化带美化城市景观的作用不仅表现在吸收二氧化碳,制造氧气,防风防沙,保持水土,减缓城市"热岛"效应,调节气候,还有其他很重要的生态修复作用,如滞尘、截尘、吸尘作用和吸污、降污作用。加强城市绿化带的建设,包括河滨绿化带、道路绿化带、湖泊外缘绿化带等。在城市绿化带的建设中,建议种植乡土种植物,种类越多越好,这样不容易出现生物入侵现象,互补性强,自组织性强,自我调节力高,稳定性高,容易达到生态平衡。

8）打捞悬浮物

设置打捞船只,及时进行树叶、纸张等杂物的清理,保持水面干净。

7.4.3　河流生态系统的修复

1. 自然净化修复

自然净化是河流的一个重要特征,指河流受到污染后能在一定程度上通过自然净化使河流恢复到受污染以前的状态。污染物进入河流后,有机物在水流中经微生物氧化降解,逐渐被分解为无机物,并进一步被分解、还原,离开水相,使水质得到恢复,这是水体的自净作用。水体自净作用包括物理、化学及生物学过程,通过改善河流水动力条件,提高水体中有益菌的数量等,有效提高水体的自净作用。

2. 植被修复

恢复重建河流岸边带湿地植物及河道内的多种生态类型的水生高等植物,可以有效提高河岸抗冲刷强度、河床稳定性,也可以截留陆源的泥砂及污染物,还可以为其他水生生物提供栖息、觅食、繁育场所,改善河流的景观功能。

在水工、水利安全许可的前提下,尽可能地改造人工砌护岸、恢复自然护坡,恢复重建河流岸边带湿地植物,因地制宜地引种、栽培多种类型的水生高等植物。在不影响河流通航、泄洪排涝的前提下,在河道内也可引种沉水植物等,以改善水环境质量。

3. 生态补水

河流生态系统中的动物、植物及微生物组成都是长期适应特定水流、水位等特征而形成的特定的群落结构。为了保持河流生态系统的稳定,应根据河流生

态系统主要种群的需要,调节河流水位、水量等,以满足水生高等植物的生长、繁殖。例如,在洪涝年份,应根据水生高等植物的耐受性,及时采取措施,降低水位,避免水位过高对水生高等植物的压力;在干旱年份,水位太低,河床干枯,为了保证水生高等植物正常生长繁殖,必须适当提高水位,满足水生高等植物的需要。

4. 生物-生态修复技术

生物-生态修复技术通过微生物的接种或培养,实现水中污染物的迁移、转化和降解,从而改善水环境质量;同时,引种各种植物、动物等,调整水生生态系统结构,强化生态系统的功能,进一步消除污染,维持优良的水环境质量和生态系统的平衡。

从本质上说,生物-生态修复技术是对自然恢复能力和自净能力的一种强化。生物-生态修复技术必须因地制宜,根据水体污染特性、水体物理结构及生态结构特点等,将生物技术、生态技术合理组合。

常用的技术包括生物膜技术、固定化微生物技术、高效复合菌技术、植物床技术和人工湿地技术等。

生物-生态技术的组合对河流的生态修复,从消除污染着手,不断改善生境,为生态修复重建奠定基础,而生态系统的构建,又为稳定和维持环境质量提供保障。

5. 生物群落重建技术

生物群落重建技术是利用生态学原理和水生生物的基础生物学特性,通过引种、保护和生物操纵等技术措施,系统地重建水生生物多样性。

7.4.4　湿地的生态修复

1. 湿地生态修复的方法

1)湿地补水增湿措施

所有的湿地都存在短暂的丰水期,但各个湿地在用水机制方面存在很大的自然差异。在多数情况下,湿地及周围环境的排水、地下水过度开采等人类活动对湿地水环境具有很大的影响。

对曾失水过度的湿地来讲,湿地生态修复的前提条件是修复其高水位。但想完全修复原有湿地环境,单单对湿地进行补水是不够的,因为在湿地退化过程中,湿地生态系统的土壤结构和营养水平均已发生变化,如酸化作用和氮的矿化作用是排水的必然后果。而增湿补水伴随着氮、磷的释放,特别是在补水初期,因此,湿地补水必须要解决营养物质的积累问题。此外,钾缺乏也是排水后的泥炭地土壤的特征之一,这将是影响或限制湿地成功修复的重要因素。

可见,补水对于湿地生态修复来说还有很多的后续工作。而且,由于缺乏湿地水位的历史资料,人们往往很难准确估计补充水量的多少。一般而言,补水的多少应通过目标物种或群落的需水方式来确定,水位的极大值、极小值、平均最大值、平均最小值、平均值以及水位变化的频率与周期都可以影响湿地生态系统的结构与功能。

湿地补水首先要明确湿地水量减少的原因。修复湿地的水量也可通过挖掘降低湿地表面以补偿降低的水位、利用替代水源等方式进行。在多数情况下,技术上不会对补水增湿产生限制,困难主要集中在资源需求、土地竞争或政治因素等方面。在此讨论的湿地补水措施包括减少湿地排水、直接输水和重建湿地系统的供水机制。

(1)减少湿地排水。

目前,减少湿地排水的方法主要有两种:一种是在湿地内挖掘土壤形成潟湖以蓄积水源;另一种是在湿地生态系统的边缘构建木材或金属围堰以阻止水源流失,这种方法是一种简单且普遍应用的湿地保水措施,但是当近地表土壤的物理性质被改变后,单凭堵塞沟壑并不能有效地给湿地进行补水,必须辅以其他的方法。

填堵排水沟壑的目的是减少湿地的横向排水,但在某些情况下,沟壑对湿地的垂直向水流也有一定作用。堵塞排水沟时可以通过构设围堰减少排水沟中的水流,在整个沟壑中铺设低渗透性材料可减少垂直向的排水。

在由高水位形成的湿地中,构建围堰是很有效的。除了减少排水,围堰的水位还应比湿地原始状态更高。但高水位也潜藏着隐患:营养物质在沟壑水中的含量高时,会渗透到相连的湿地中,对湿地中的植物直接造成负面影响。对于由地下水上升而形成的湿地,构建围堰须进行仔细评估。因为横向水流是此类湿地形成的主要原因,围堰可能造成淤塞,非自然性的低潜能氧化还原作用可能会增加植物毒素。

湿地供水减少而产生的干旱缺水这一问题可通过围堰进行缓解。但对于其他原因引起的缺水,构建围堰并不一定适宜,因为它改变了自然的水供给机制,有时需要工作人员在次优的补水方式和不采取补水方式之间进行抉择。

主要通过在大范围内蓄水以减少横向水流。堤岸是一类长围堰,通常在湿地表面内部或者围绕着湿地边界修建,以形成一个浅的潟湖。对于一些因泥炭采掘、排水和下陷而形成的泥炭沼泽地,可以用堤岸封住其边缘。泥炭废弃地边缘的水位下降程度主要取决于泥炭的水传导性质和水位梯度。有时上述两个变量之一或全部值都很小,会形成一个很窄的水位下降带,这种情况通常不须补水。在水位比期望值低很多的情况下,堤岸是一种有效的补水工具,它不但允许小量洪水流入,而且还能减少水向外泄漏。

修建堤岸的材料很多,如泥炭土、低渗透膜等。其设计一般取决于材料本身的用途和不同泥炭层的水力性质。沼泽破裂的可能性和堤岸长期稳定性也需要重视。对于那些边缘高度差较大(>1.5 m)的地方,相比单一的堤岸,采用阶梯式的堤岸更合理。

阶梯式的堤岸可通过在周围土地上建立一个阶梯式的潟湖或在地块边缘挖掘出一系列台阶实现。前者不需要堤岸与要修复的废弃地毗连,因为它的功能是保持周围环境的高水位。这种修建堤岸方式类似于建造一个浅的潟湖。

(2)直接输水。

对于由于缺少水供给而干涸的湿地,在初期采用直接输水来进行湿地修复效果明显。人们可以铺设专门的给水管道,也可利用现有的河渠作为输水管道进行湿地直接输水。供给湿地的水源除了从其他流域调集,还可以利用雨水进行水源补给。雨水补水难免会存在一定的局限性,特别是在干燥的气候条件下,但不得不承认雨水输水确实具有可行性,如可划定泥炭地的部分区域作为季节性的供水蓄水池,充当湿地其他部分的储备水源。在地形条件允许的情况下,雨水输水可以通过引力作用进行排水(包括通过梯田式的阶梯形补水、排水管网或泵)。潟湖的水位通过泵排水来维持,效果一般不好,因为有资料表明它可能导致水中可溶物质增加。但若雨水是唯一可利用的补水源,相对季节性的低水位而言,这种方式仍然是可行的。

(3)重建湿地系统的供水机制。

湿地生态系统的供水机制改变而引起湿地的水量减少时,重建供水机制也是一种修复的方法,但是,由于大流域的水文过程影响着湿地,修复原始的供水机制需要对湿地和流域都加以控制,这种方法缺少普遍可行性。单一问题引起的供水减少更适合应用修复供水机制的方法(如取水点造成的水量减少)。这种方法虽然简单但费用高昂,并且湿地生态系统的完全修复仅通过修复原来的水供给机制不够全面。

2)控制湿地营养物

营养物质的含量受水质、水流源区以及湿地生态系统本身特征的影响。由于湿地生态系统面积较大,对一个具体的湿地而言,一般无法预测营养物质的阈值要达到多少才能对生态修复的过程起决定性作用。

水量因干旱减少的湿地,沉积在土壤里的很多营养物质会被矿化。矿化的营养物质会造成土壤板结,致使排水不畅。各类报道表明排水后的湿地土壤中氮的矿化作用会增加,磷的解吸附速率以及脱氮速率可因水位升高而加快。这种超量的营养物积累或者矿化可能对生态修复造成负面的影响,因此,湿地系统中的有机物含量需人为进行调整,通常情况下是降低湿地生态系统中的有机物含量。降低湿地生态系统中有机物含量的方法包括吸附吸收法、剥离表土法、脱氮法和收割法。

3)改善湿地酸化环境

湿地酸化是指湿地土壤表面及其附近环境 pH 值降低的现象。

湿地酸化程度取决于湿地系统的给排水状况、进入湿地的污染物种类与性质(金属阳离子和强酸性阴离子吸附平衡)以及湿地植物组成等。在某些地区,酸化是湿地在自然条件下自发的过程,与泥炭的积累程度密不可分,但不受水中矿物成分的影响。酸化现象较易出现在天然水塘中漂浮的植物周围和被洪水冲击的泥炭层表面。湿地土壤失水会导致 pH 值下降。此外,有些情况下硫化物的氧化也会引起酸性(硫酸)土壤含量的增加。

4)控制湿地演替和木本植物入侵

一些湿地生境处于顶级状态(如由雨水产生的鱼塘)、次顶级状态(如一些沼泽地)或者演替进程缓慢(如一些盐碱地),它们具有长期的稳定性。多数湿地植被处于顶级状态,演替变化相当快,会产生大量较矮的草地,同时草本植物易被木本植物入侵,从而造成湿地的消失。因此,控制或阻止湿地演替和木本植物入侵成为许多欧洲地区湿地修复性管理的主要工作,相比之下,这种工作在其他地方却没有得到普遍重视。部分原因在于历史上人们普遍任由湿地生境自然发展,而缺乏对湿地的有效管理。

5)修复湿地乡土植被

湿地植被修复主要通过两种方式进行:一种方法是从湿地系统外引种,进行

人工植被修复;另一种是利用湿地自身种源进行天然植被修复。

2.陆地湿地恢复的技术方法

1)湿地生境恢复技术

这一类技术指通过采取各类技术措施提高生境的异质性和稳定性,包括湿地基底恢复、湿地水状态恢复和湿地土壤恢复。

(1)湿地基底恢复。

通过运用工程措施,维持基底的稳定,保障湿地面积,同时对湿地地形、地貌进行改造。具体技术包括湿地及上游水土流失控制技术和湿地基底改造技术等。

(2)湿地水状态恢复。

此部分包括湿地水文条件的恢复和湿地水质的改善。水文条件的恢复可以通过修建引水渠、筑坝等水利工程来实现。前者可增加来水,后者可减少湿地排水。湿地生态系统中最重要的一个因素便是水,水也往往是湿地生态系统最敏感的一个因素。对于缺少水供给而干涸的湿地,可以先通过直接输水来进行初期的湿地修复。之后可以通过工程措施来对湿地水文过程进行科学调度。对湿地水质的改善,可以应用污水处理技术、水体富营养化控制技术等来进行。污水处理技术主要针对湿地上游来水过程,目的是减少污染物质的排入。而水体富营养化控制技术,往往针对湿地水体本身。这一技术又能分为物理、化学及生物等方法。

(3)湿地土壤恢复。

这部分包括土壤污染控制技术、土壤肥力恢复技术等。

2)湿地生物恢复技术

湿地生物恢复技术主要包括物种选育和培植技术、物种引入技术、物种保护技术、种群动态调控技术、种群行为控制技术、群落结构优化配置与组建技术、群落演替控制与恢复技术等。对于湿地生物恢复而言,最佳的选择便是利用湿地自身种源进行天然植被恢复。这样可以避免引入外来物种而引起生物入侵现象。天然种源恢复包括湿地种子库和孢子库、种子传播和植物繁殖体3类。湿地种子库指排水不良的土壤,与现存植被有很大的相似性。因为湿地植被形成的种子库的能力有很大不同,所以其重要性对于不同湿地类型也不尽相同。一般来说,丰水、枯水周期变化明显的湿地系统含有大量的一年生植物种子库。人们可以利用这些种子来进行恢复。但一些持续保持高水位的湿地的种子库就相对缺乏。对于不能形成种子库的湿地植物,其恢复关键取决于这类植物的外来种子在湿地内的传播,这便是种子传播。植物繁殖体指湿地植物的某一部分有时也可以传播,然后生长,如一些苔藓植物等,可以通过风力传播,重新生长。通过外来引种进行植物恢复,有播种、移植、看护植物等方式。

3)湿地生态系统结构与功能恢复技术

湿地生态系统结构与功能恢复技术主要包括生态系统总体设计技术、生态系统构建与集成技术等。这一部分是湿地生态恢复研究中的重点及难点。对不同类型的退化湿地生态系统,要采用不同的恢复技术。

3.滨海湿地生态修复方法

选择在典型海洋生态系统集中分布区、外来物种入侵区、重金属污染严重区、气候变化影响敏感区等区域开展一批典型海洋生态修复工程,建立海洋生态建设示范区,因地制宜采取适当的人工措施,结合生态系统的自我恢复能力,在较短的时间内实现生态系统服务功能的初步恢复。制定海洋生态修复的总体规划、技术标准和评价体系,合理设计修复过程中的人为引导,规范各类生态系统修复活动的选址原则、自然条件评估方法、修复涉及相关技术及其适合性、对修复活动的监测与绩效评估技术等。开展一系列生态修复措施,对滨海湿地实行退养还滩,恢复植被,改善水文,底播增殖大型海藻,保护养护海草床和恢复人工种植,实施海岸防护屏障建设,逐步构建我国海岸防护的立体屏障,恢复近岸海域对污染物的消减能力和生物多样性的维护能力,建设各类海洋生态屏障和生态廊道,提高防御海洋灾害以及应对气候变化的能力,增加蓝色碳汇区。通过滨海湿地种植芦苇等盐沼植被和在近岸水体中种植大型海藻吸附治理重金属污染。通过航道疏浚物堆积建立人工滨海湿地或人工岛,将疏浚泥转化为再生资源。

1)微生物修复

有机污染物质的降解转化实际上是由微生物细胞内一系列活性酶催化进行的氧化、还原、水解和异构化等过程。目前,滨海湿地主要受到石油烃为主的有机污染。在自然条件下,滨海湿地污染物可以在微生物的参与下自然降解。湿地中虽然存在着大量可以分解污染物的微生物,但由于这些微生物密度较低,降解速度极为缓慢。特别是由于有些污染物质缺乏自然湿地微生物代谢所必需的

营养元素,微生物的生长代谢受到影响,从而也影响到污染物质的降解速度。

湿地微生物修复成功与否主要与降解微生物群落在环境中的数量及生长繁殖速率有关,因此当污染湿地环境中降解菌很少或不存在时,引入数量合适的降解菌株是非常必要的,这样可以大大缩短污染物的降解时间。而微生物修复中引入具有降解能力的菌种成功与否与菌株在环境中的适应性及竞争力有关。环境中污染物的微生物修复过程完成后,这些菌株大都会由于缺乏足够的营养和能量来源最终在环境中消亡,但少数情况下接种的菌株可能会长期存在于环境中。因此,在引入用于微生物修复的菌种之前,应事先做好风险评价研究。

2)大型藻类移植修复

大型藻类不但能有效降低氮、磷等营养物质的浓度,而且可以通过光合作用,提高海域初级生产力。同时,大型海藻的存在为众多的海洋生物提供了生活的附着基质、食物和生活空间,对赤潮生物还有抑制作用。因此,大型海藻对于海域生态环境的稳定具有重要作用。

许多海域本来有大型海藻生存,但因生境丧失(如污染和富营养化导致的透明度降低使海底生活的大型藻类得不到足够的光线而消失以及海底物理结构的改变等)、过度开发等而从环境中消失,结果这些海域的生态环境更加恶化。大型藻类具有诸多生态功能,特别是大型藻类易于栽培后从环境中移植,因此在海洋环境退化海域,特别是富营养化海水养殖区移植栽培大型海藻,是对退化的海洋环境进行原位修复的一种有效手段。目前,世界许多国家和地区都开展了利用大型藻类移植来修复退化的海洋生态环境。用于移植的大型藻类有海带、江蒿、紫菜、巨藻、石莼等。大型藻类移植具有显著的环境效益、生态效益和经济效益。

在对退化海域大型藻类生物进行修复过程中,首选的是土著大型藻类。有些海域本来就有大型藻类分布,由于种种原因大量减少或消失。这些海域应该在进行生境修复的基础上,扶持幸存的大型藻类,使其尽快恢复正常的分布和生活状态,促进环境的修复。对于已经消失的本土大型藻类,宜从就近海域规模引入同种大型藻类,有利于尽快在退化海域重建大型藻类生态环境。在原先没有大型藻类分布的海域,也可能原先该海域本底就不适合某些大型藻类生存,因此应在充分调查该海域生态环境状况和生态评估的基础上,引入一些适合该海域水质和底质特点的大型藻类,使其迅速增殖,形成海藻场,促进退化海洋生态环境的恢复。也可以在这些海区控制污染,改良水质,建造人工藻礁,创造适合大型藻类生存的环境,然后移植合适的大型藻类。

在进行大型藻类移植过程中,可以以人工方式采集大型海藻孢子,令其附着于基质上,将这种附着大型藻类孢子的基质投放于海底,并让其萌发、生长,或人为移栽野生海藻种苗,促使各种大型海藻在退化海域大量繁殖生长,形成密集的海藻群落,形成大型的海藻场。

3)底栖动物移植修复

有许多种类的底栖动物以从水层中沉降下来的有机碳屑为食物,有些以水中的有机碎屑和浮游生物为食,同时许多底栖生物还是其他大型动物的饵料。在许多湿地、浅海以及河口区分布的贻贝床、牡蛎礁具有的重要生态功能。因此,底栖动物在净化水体、提供栖息生境、保护生物多样性和耦合生态系统能量流动等方面均具有重要的功能,对控制滨海水体的富营养化具有重要作用,对于海洋生态系统的稳定具有重要意义。

在许多海域的海底天然分布着众多的底栖动物,例如,江苏省海门蛎蚜山牡蛎礁、小清河牡蛎礁、渤海湾牡蛎礁等。但是自20世纪以来,由于过度采捕、环境污染、病害和生境破坏等,在沿海海域,特别是河口、海湾和许多沿岸海区,许多底栖动物的种群数量持续下降,部分种群甚至消失。有些曾拥有极高海洋生物多样性的富饶海岸带,已成为无生命的荒滩、死海,海洋生态系统的结构与功能受到破坏,海洋环境退化越来越严重。

为了修复沿岸浅海生态系统、净化水质和促进渔业可持续发展,近年来,世界各地都开展了一系列牡蛎礁、贻贝床和其他底栖动物的恢复活动。在进行底栖动物移植修复过程中,在控制污染和生境修复的基础上,引入合适的底栖动物种类,使其在修复区域建立稳定种群,形成规模资源,达到以生物来调控水质、改善沉积物质量,以期在退化潮间带、潮下带重建植被和底栖动物群落,使受损生境得到修复,进而恢复该区域生物多样性和生物资源的生产力,促使退化海洋环境的生物结构完善和生态平衡。为达到上述目的,采用的方法包括本土底栖动物种类的增殖和非本土种类移植等。适用的底栖动物种类包括:贝类中的牡蛎、贻贝、毛蚶、青蛤、杂色蛤,多毛类的沙蚕,甲壳类的蟹类等。例如,美国在东海岸及墨西哥湾建立了大量的人工牡蛎礁,研究结果证实:构建的人工牡蛎礁经过两三年时间,就能恢复自然生境的生态功能。

7.4.5　地下水的生态修复

随着科学技术的进步,各项地下水修复技术也在不断发展,有传统修复技

术、气体抽提技术、原位化学反应技术、生物修复技术、植物修复技术、空气吹脱技术、水力和气压裂缝方法、污染带阻截墙技术、稳定和固化技术以及电动力学修复技术等。

1. 传统修复技术

采用传统修复技术处理受到污染的地下水层时,用水泵将地下水抽取出来,在地面进行处理、净化。这样,一方面取出来的地下水可以在地面得到合适的处理、净化,然后再重新注入地下水或者排放进入地表水体,从而减少了地下水和土壤的污染程度;另一方面可以防止受污染的地下水向周围迁移,减少污染扩散。

2. 原位化学反应技术

微生物生长繁殖过程存在必需营养物,通过深井向地下水层中添加微生物生长过程必需的营养物和具有高氧化还原电位的化合物,改变地下水体的营养状况和氧化还原状态,依靠本土微生物的作用促进地下水中污染物分解和氧化。

3. 生物修复技术

原位自然生物修复,是利用土壤和地下水原有的微生物,在自然条件下对污染区域进行自然修复。但是,自然生物修复也并不是不采取任何行动措施,同样需要制定详细的计划方案,鉴定现场活性微生物,监测污染物降解速率和污染带的迁移等。原位工程生物修复指采取工程措施,有目的地操控土壤和地下水中的生物过程,加快环境修复。原位工程生物修复技术有两种途径:一种途径是提供微生物生长所需要的营养,改善微生物生长的环境条件,从而大幅度提高野生微生物的数量和活性,提高其降解污染物的能力,这种途径称为生物强化修复;另一种途径是投加实验室培养的对污染物具有特殊亲和性的微生物,使其能够降解土壤和地下水中的污染物,称为生物接种修复。地面生物处理是将受污染的土壤挖掘出来,在地面建造的处理设施内进行生物处理,主要有泥浆生物反应器和地面堆肥等。

4. 生物反应器法

生物反应器法是把抽提地下水系统和回注系统结合并加以改进的方法,就是将地下水抽提到地上,用生物反应器加以处理的过程。这种处理方法自然形成一个闭路环,包括以下 4 个步骤。

(1)将污染地下水抽提至地面。

(2)在地面生物反应器内对污染的地下水进行好氧降解,并不断向生物反应器内补充营养物和氧气。

（3）处理后的地下水通过渗灌系统回灌到土壤内。

（4）在回灌过程中加入营养物和已驯化的微生物，并注入氧气，使生物降解过程在土壤及地下水层内加速进行。

5.生物注射法

（1）生物注射法是对传统气提技术加以改进而形成的新技术。

（2）生物注射法主要是在污染地下水的下部加压注入空气，气流能加速地下水和土壤中有机物的挥发和降解。

（3）生物注射法主要是通气、抽提联用，并通过增加及延长停留时间促进生物代谢进行降解，提高修复效率。

生物注射法存在着一定的局限性，该方法只能用于土壤气提技术可行的场所，效果受岩相学和土层学的制约，如果用于处理黏土方面，效果也不是很理想。

6.有机黏土法

有机黏土法是一种新发展起来的处理污染地下水的化学方法，可以利用人工合成的有机黏土有效去除有毒化合物。

有机黏土法修复过程：向蓄水层注入季铵盐阳离子表面活性剂，使其在现场形成有机污染物的吸附区，可以显著增加蓄水层对地下水中有机污染物的吸附能力。适当分布这样的吸附区，可以截住流动的有机污染物，将有机污染物固定在一定的吸附区域内。利用现场的微生物，降解富集在吸附区的有机污染物，从而彻底消除地下水的有机污染物。

第8章 土壤修复技术

8.1 土壤污染的危害与防治

8.1.1 土壤污染的原因

1. 污水灌溉对土壤的污染

生活污水和工业废水中,含有氮、磷、钾等植物所需的多种养分,所以合理地使用污水灌溉农田,一般有增产效果。但污水中还含有重金属、酚、氰化物等许多有毒有害的物质,如果污水没有经过必要的处理而直接用于农田灌溉,会将污水中有毒有害的物质带至农田,污染土壤。例如冶炼、电镀、燃料、汞化物等工业废水能引起镉、汞、铬、铜等重金属污染;石油化工、肥料、农药等工业废水会引起酚、三氯乙醛、农药等有机物的污染。

2. 大气污染对土壤的污染

大气中的有害气体主要是工业排出的有毒废气,它的污染面大,会对土壤造成严重污染。工业废气的污染大致分为两类:气体污染,如二氧化硫、氟化物、臭氧、氮氧化物、碳氢化合物等;气溶胶污染,如粉尘、烟尘等固体粒子及烟雾,雾气等液体粒子,它们通过沉降或降水进入土壤,造成污染。例如,有色金属冶炼厂排出的废气中含有铬、铅、铜、镉等重金属,对附近的土壤造成污染;生产磷肥、氟化物的工厂会对附近的土壤造成粉尘污染和氟污染。

3. 化肥对土壤的污染

施用化肥是农业增产的重要措施,但使用不合理也会引起土壤污染。长期大量使用氮肥,会破坏土壤结构,造成土壤板结,生物学性质恶化,影响农作物的产量和质量。过量使用硝态氮肥,会使饲料作物含有过多的硝酸盐,妨碍牲畜体内氧的输送,使其患病,甚至死亡。

4. 农药对土壤的影响

农药能防治病、虫、草害,如果使用得当,可保证作物的增产,但它是一类危害性很大的土壤污染物,施用不当,会引起土壤污染。喷施于作物体上的农药(粉剂、水剂、乳液等),除部分被植物吸收或逸入大气外,约有一半散落于农田,这一部分农药与直接施用于田间的农药(如拌种消毒剂、地下害虫熏蒸剂和杀虫剂等)成为农田土壤中农药的基本来源。农作物从土壤中吸收农药,在根、茎、叶、果实和种子中积累,通过食物、饲料危害人体和牲畜的健康。此外,农药在杀虫、防病的同时,也使有益于农业的微生物、昆虫、鸟类遭到伤害,破坏了生态系统,使农作物遭受间接损失。

5. 工业废物和城市垃圾对土壤的污染

工业废物和城市垃圾是土壤的固体污染物。例如,各种农用塑料薄膜作为大棚、地膜覆盖物被广泛使用,如果管理、回收不善,大量残膜碎片散落田间,会造成农田"白色污染"。这样的固体污染物既不易蒸发、挥发,也不易被土壤微生物分解,是一种长期滞留土壤的污染物。

6. 牲畜排泄物和生物残体对土壤的污染

禽畜饲养场的厩肥和屠宰场的废物,如果不进行物理和生化处理,其中的寄生虫、病原菌和病毒等就可能引起土壤和水域污染,并通过水和农作物危害人体健康。

8.1.2　土壤污染的危害

1. 不合理的生活以及工业污水灌溉

通过观察数据,发现人们对生活以及工业污水灌溉的忽视程度较高,常常会出现生活以及工业污水排放不合理现象。有些人认为生活污水中含有很多的植物养分,因而将生活污水运用到农田灌溉中,短时间内确实会促进植物的生长,但是生活污水中可能含有其他有毒物质,长期来看,有可能会引起农田土地的酸化、碱化以及盐化。同时,还有一些工厂往往不对工业废水进行必要的处理,将其随意排放,导致受污染土壤内的重金属物质大大增加,若人们食用此土壤种植的作物,会导致关节痛、糖尿病以及心血管病,孕妇在食用后甚至还会导致婴儿畸形。

2. 过度使用农药和化肥

就目前的实际情况而言,农药和化肥的过度使用,导致土壤污染物的化学成分增多,土壤变得难以治理。在农业生产中,人们为了提高粮食作物产量,大多

都会使用农药和化肥。农药和化肥的适度使用,会促进粮食作物产量的提高,但是在农业生产中农药和化肥的过度使用,不仅粮食作物产量得不到明显的提高,而且还会对土壤造成污染。

3. 固体废弃物不合理丢弃

根据研究调查显示,我国居民保护环境的意识比较薄弱,导致了部分固体废弃物不合理丢弃现象。土壤污染物的固体废弃物的主要来源是人们生产生活所产生的工业废物和城市垃圾,有些人将城市垃圾随意丢弃,就会造成土壤污染。比如塑料制品在生活中的使用比较广泛,但是这种塑料制品本身难以降解,如果人们在使用完塑料制品后,将其随意丢弃,则会对土壤造成"白色污染",从而间接地对人体健康造成危害。

8.1.3　土壤污染防治措施

1. 引导科学用药,推广低害农药

科学使用农药能够发挥其消灭病虫害的作用,那么如何科学地使用农药呢?首先,农药使用者须严格按照农药相关管理规定,对农药的运输、保存严格按要求进行,使用者必须了解农药的使用时间、使用范围及次数等;其次,政府部门应积极倡导并鼓励科研人员研发出低毒、高效、低残留环境友好型的生物农药,培育抗虫抗病性强的作物新品种;再次,利用科学的方式帮助农业劳动者防治病虫害,邀请专业人员讲解如何耕作栽培、育种等技术,如何利用生物、基因技术及物理方法防治有害生物;最后,对于已经受到农药污染的土壤,可以采取向土壤增施绿肥,以此减少农药进入作物的概率。

2. 制定残膜标准,推广揭膜技术

农膜残留对土壤的危害大,应对农膜残留量制定标准,如果超出该标准,相关人员将受到一定惩罚。有关部门应尽快制定并实施相应标准,从而让治理农膜污染走上法治化的道路。农膜的使用是为了作物更好地生长和发育,所以在作物收获之前就可以揭膜,选择合适时间揭膜能够抑制病虫害,促进作物根系的发育,实现作物增产。研发易降解膜是解决农膜危害的直接办法,须逐步实现可降解无污染的生物地膜替代现有的聚乙烯农膜。

3. 合理施用有机肥,改善土壤理化性质

有机肥料中含有多种微量元素,能够有效地改善土壤中的有机质和养分含

量,增加土壤胶体数量,提高土壤的吸附力,减少农药的流失,提高化肥的利用率。政府应该给予农户有机肥料的补贴,并大力推广肥料混施方法,通过增施有机肥、有机无机配施以此降低无机肥料的使用。

8.2　常见土壤污染修复技术

8.2.1　土壤污染修复的内涵以及重要性

明确土壤污染修复的内涵及其重要性对加快土壤修复进程有着十分重要的作用。

1. 内涵

土壤作为社会持续发展的重要前提条件,可为作物提供生长发展所必需的养分、空气以及热量等。一旦土壤受到污染和破坏,那么农作物生长将会受到直接的恶劣影响。土壤污染修复理论依靠循环再生的治理原则,运用先进的生产技术与方法实现土壤环境的修复,从而实现土壤修复体系的构建,进而实现土壤环境的整体优化。

2. 土壤污染修复的重要性

受污染的土壤中含有大量的有害物质,并且会随着地域、时间等因素呈现出不同程度的污染。认识土壤污染修复技术的重要性可为其后续方法与技术的落实工作奠定坚实的基础。具体来说,土壤污染修复的重要性主要可以体现在几个方面。一方面,土壤作为人类生存繁衍的基础,对其进行修复可以得到安全健康的农产品,从而进一步保障人们身体的健康。另一方面,进行土壤修复的重要性还体现在对于污染的阻断上,即修复土壤污染可以消除土壤中的有害物质,进而使其引起的水污染、大气污染等多种类型的污染得到规避,实现环境质量的改善。

8.2.2　土壤污染修复的技术

1. 物理修复技术

1)电动修复技术

电动修复技术是指在电场作用下将金属离子从土壤传输到电极的方法。与

其他原位方法相比,电动修复技术还在不断地创新完善中,并且具备修复范围广、灵活简便、不容易破坏土壤自然结构等诸多优势。但是电动修复技术的不足之处也是显而易见的,例如,消耗能源较高、受 pH 值的影响较大等。

2)客土、换土法

客土修复技术与换土修复技术都是针对土壤污染较轻的土壤修复而言的,客土修复指的是在土壤内添加清洁土壤的方式,而换土修复指的是用无污染的土壤取代污染土壤的方式。无论是客土法还是换土法目前都无法满足市场发展的需求,因此在实际应用过程中这两种方法的使用频率都相对较低。

2. 化学修复技术

1)土壤淋洗技术

土壤淋洗技术是通过化学洗涤剂的化学作用来实现修复污染的技术。就目前的使用现状来看,这种技术的使用范围较为局限,且存在着可能使土壤肥力降低、容易引起二次污染以及价格较高等不足。

2)有机黏土修复技术

有机黏土修复技术主要是采用抽取和回注地下水的方式来实现有机物的降解的。作为储油库土壤修复的重要修复技术,有机黏土修复技术的运行成本相对较低,使用频率较高。

3)固化稳定联合修复技术

固化稳定联合修复技术的原理是使用大量药剂来实现土壤污染修复。尽管这种技术的应用原理相对简单,但是其土壤修复的效果却往往不是十分理想,并且可能引发较为严重的二次污染,运用较少。

3. 生物修复技术

1)原位生物修复技术

生物修复技术是指利用生物(这里仅限于微生物)将污染物转化为无危害或危害较小的化合物以清理污染场地的修复技术。它可能只涉及原生生物降解作用,也可能包括人为改变地下环境条件下的强化生物降解作用。强化生物处理通常是通过增加营养或能量源以提高原有微生物的活性来实现,但有些情况下也通过添加筛选出的微生物以提高地下环境的降解能力或降解速率来实现。

2）植物修复技术

与原位生物修复技术相比,植物修复技术的优势在于污染修复成本较低,且污染修复效果较好。但是存在的不足是修复时间较长,通常修复时间需要 3～5 年。植物修复技术主要分为植物提取、植物挥发和植物降解 3 种,这 3 种植物技术的不同之处在于其污染修复作用的原理不同。首先,植物提取是利用植物与重金属之间的吸收作用来实现污染土壤重金属污染物的清理。因此,在运用此方法时要选取重金属吸收能力强的植物。其次,植物挥发法是利用植物根部的自然植物体作用来实现土壤污染物状态转化的过程,这一方法不仅实现了土壤污染物的修复,而且很好地改善了土壤内部的环境。最后,植物降解主要是利用微生物与植物的协作影响来实现污染物的清理工作,而这一方法比较适用于污染程度较轻的土壤。

8.2.3　土壤污染修复技术未来发展趋势

在不断提倡生态文明建设与可持续发展理论的背景下,我国的土壤污染修复技术未来的发展主要呈现出将土壤修复更多地与生态健康结合起来,多层次、多角度、全方位综合发展,崇尚绿色可持续发展原则 3 个趋势。

1. 将土壤修复更多地与生态健康结合起来

随着社会的不断发展,生态文明建设日益深入人心。而土壤污染修复技术的提出与发展在这种背景下则需要更加重视技术使用与环境影响的关系,而不仅仅是追求技术落实效果的高效性。因此,未来的土壤污染修复技术将更加倾向于生物修复技术,即通过土壤污染物与微生物之间的相互作用来实现土壤污染修复的目的。

2. 多层次、多角度、全方位综合发展

随着时代的不断发展,科学技术在不断进步,针对土壤修复的技术研究也将朝着多层次、多角度、全方位、复杂化的方向发展着。而随着科学技术的不断深入,未来土壤修复体系也会更加复杂,即不仅仅是利用一种修复技术来进行单一的修复,而是将多种修复技术结合起来构建出的全方位、综合性的技术修复系统。土壤污染修复技术的这一发展趋势也体现了未来土壤污染修复技术的高效性,并且考虑到了某种单一技术的局限性而导致其使用范围有限的问题。

3. 崇尚绿色可持续发展原则

从目前的土壤污染修复技术的使用现状看,很多技术虽然能在一定程度上

修复土壤质量,但是却带来了二次污染的问题。因此这一问题自然也成为土壤修复技术未来发展迫切需要解决的问题。随着土壤污染修复技术研究的不断深入,日后土壤修复技术将朝着绿色可持续发展的方向进行。这样不仅充分节约了成本,还有效地运用了可再生能源,使土壤微生物的生存环境得到了塑造,进而提升了土壤自我修复的能力,实现土壤污染修复的目的。

8.3　土壤生态环境保护问题

8.3.1　我国土壤环境污染现状

1.土地的随意开发

即便近些年政府部门对土地开发问题的关注度越来越高,但工业用地的比重却不见下降,大量的农村用地、耕地被占用,可供使用的耕地面积越来越少,规划不合理的情况仍然较为严重。我国的土地开发利用策略一直都是以可持续发展目标为导向,但是在实际工作中,为了经济效益而对土地进行开发的现象仍然时有发生,从长远看,会对我国经济发展造成巨大的损失。

2.环保意识不够

不管是农村还是城市的生态环境保护,难以落到实处且无法取得理想成效。其主要原因在于人们对该工作的重视程度并不高。环境保护是"功在当代,利在千秋"的浩大工程,但部分企业工厂以眼前经济效益为主,并未主动承担起社会责任,对环境问题的关注度不足。

3.表层土壤流失严重

水土流失一直都是环境治理中应该关注的重点内容,尤其是在大西北地区,水土流失现象更为严重,导致大面积的土地根本无法利用起来。气候导致地区耕地表层土壤被风刮走,无法用于正常的农作物栽培或土地开发,人类活动逐渐减少,大量的土地资源被浪费。

8.3.2　土壤污染的特征

土壤环境的复杂性决定了其污染特征的独特性。土壤污染的特征如下。

1. 土壤环境污染具有隐蔽性和滞后性

土壤污染与水污染和大气污染不同,在污染初期没有明显的现象,不易被发现,直到累积到一定程度,通过对土壤样品进行分析和农作物的残留检测,才能确定。日本富山县神通川流域因镉超标而引起的"痛痛病"经过了十几年才被人们发现。

2. 土壤污染具有累积性和地域性

污染物在土壤中不易迁移和扩散,会随着时间推移而不断累积,且部分污染物在土壤中难降解,将对土壤造成长期污染。

3. 土壤污染具有不可逆转性

重金属对土壤的污染基本是一个不可逆过程,土壤一旦受到污染,很难完全修复。

4. 土壤治理难且治理周期长

土壤由于其吸附性和致密性,不像水污染可以通过离子交换和絮凝沉降等方法快速治理,一般治理周期较长。

8.3.3　土壤生态环境保护措施

1. 完善生态环境建设

我国在经济发展初期,环境破坏问题较为严重,为了扩大城市建设面积和规模,土地的随意开采、过度开垦现象较为普遍。随着时代和社会的发展,人们对土壤环境的关注度也不断提升。政府除了增加了资金、人才方面的投入,还颁布了退耕还林在内的多项政策。通过经济、生态环境的共同发展,当前我国森林资源已经较为丰富,尤其是在大西北地区,水土流失的现象已经大大减少。这样的土壤环境更适合国家经济的发展,也可实现人与自然的和谐相处。

2. 增强土壤肥力

我国自古以来就是农业大国,经济的发展、人们的日常生活都离不开农业支持,想要改善土壤生态环境,就要采取相应的手段来提升土壤肥力,为农作物的健康生长创造良好条件。

土壤生态环境保护具体可从以下几个方面进行。首先,应该进行秸秆的还田处理。目前,我国很多农村地区居民依然采用燃烧秸秆的方式来提升土壤肥力,虽然能够取得较好的效果,但大量的秸秆燃烧会对空气造成较为严重的污

267

染。因此，为了有效解决这一问题，可改变处理方式，利用秸秆腐熟的方法，既能够避免对环境造成破坏，还可取得同样的效果。其次，用有机肥料代替化学肥料。农村地区有大量的天然肥料，牲畜、人们生活的自然垃圾等都是较为理想的肥料来源。

3.加强生态环境保护意识

近些年，在国家政府的大力引导下，生态社会的构建正如火如荼地进行，这也是我国经济发展进入到全新阶段后，社会发展的主要方向。不论是城市还是农村居民，都要充分意识到生态环境保护的重要性，积极转变思想理念，积极参与到环境保护事业中。城乡居民既是环境的破坏者，同时也是受害者，因此要加大宣传教育力度，充分发挥新媒体、各大手机软件平台的作用，让人们了解环境保护的必要性，增强环保意识。

4.重点排查污染源

常见的土壤污染源包括化工企业、电镀企业、印染企业，以及少部分医药企业。要在有关政策允许范围内合理进行开发，避免过度开发，确保符合土地开发管理规定。各企业要将环境监测、污染排放作为日常管理的重点，将监管重点放在重金属、化学物质等。在排放时，一定要先对这些有毒有害物质进行预处理，在达到规定的标准后再进行排放。要保证企业环境监测结果的透明公开，勇于接受内部、外部的双重监督。对于危险废物贮存场要做到"三防"（防渗漏、防雨淋、防流失），避免对土壤环境造成破坏。

5.遵循土壤环境保护规范

（1）目前土壤环境保护工作受到了国家有关部门的充分关注，要严格按照相应的规章制度开展工作。不同地区要遵循区域的污染防治规定，并严格按照要求落实到位，在农业、工业等活动中，减少污染排放，降低对土壤的伤害，例如对农药包装废弃物进行回收和二次利用等。

（2）要抓住土壤环境监督管理工作的重点，例如，关注废水的排放、重金属的检测等，从而判断土壤受污染的严重程度，并采取正确的处理措施。

（3）对恶意破坏土壤环境，随意开垦开发的个人和企业进行严厉处罚。在环境执法中，将污染防治作为重点内容，情节严重的追究法律责任。

（4）环境保护部门可加强和司法部门的合作，形成完善的监察体系，促进监察机关的联动合作。

（5）对土壤环境治理中可能发生的突发案件进行预测，提前做好预案工作，要能够及时找到负责人,或是采取有效的措施,在最短的时间内,尽可能减少环境污染和破坏程度的进一步加深。

6. 土壤环境污染的治理和修复

土壤环境污染的治理,具体可从以下两个方面进行。一是要对已经受到污染的土壤进行全面评估、检测及分析,查明污染源并做到"对症下药"。要严格控制工厂、企业的污染排放,有针对性地设置污染物排放标准,控制化学药剂的用量、类型等。对各企业生产环节进行不定期的突击检查,加强监督管理,制定可行的治理方案。二是根据污染源和污染物的类型,构建完善的监控措施。当具有污染的企业、项目入驻时,及时进行沟通,减少污染排放。

土壤环境污染的修复,可以从两个方面进行:一是要确定治理修复的对象;二是可进行污染治理的试点。

7. 构建有效的环保监察体系

我国国土面积辽阔,想要对每一片地区的土壤环境进行治理难度较大,而且在推动土地的合理开发和利用中,也存在着不少阻碍。为了实现经济和生态的和谐发展,建立有效的环保监察体系十分有必要。要加大对农村、对城市土地情况的监督和管理,重点关注污染排放较大的企业和工厂,安排专业人员不定期进行抽查,制定针对性的污染物排放检测标准,以提升土壤环境的治理水平。

8.4　完善土壤生态保护制度

8.4.1　完善土壤生态保护制度的必要性

1. 以末端治理或损毁修复为核心的制度内容不利于土壤生态保护

我国的土壤生态保护仍以损害治理为主,有明显的末端监管性、被动防御性与应急性。这种保护主要针对明显的物理性损毁,对于土壤污染的致灾性、致损性产生的生态问题未予以重视。主要体现在以下两方面。

一是侧重于显见的土地退化与土壤污染的规制,对潜伏期较长不易察觉的过度使用农药化肥所造成的土壤退化或毒化、过度使用耕地导致的土地退化等没有制度规范。即使有,也由于法律实践要求重证据、重应用的特点,使一些保护性制度仅落实于纸上。如《中华人民共和国农业法》虽规定了农业生产经营者

保养耕地、防止污染和退化的责任,但对违法者却没有制裁手段。

二是被动监管与末端管控不能解决真正意义上的面源污染以及由渐进式的土壤污染或退化产生的环境问题。深化"限塑令"以来,"白色污染"得到一定遏制,但未改变土壤质量整体下降的趋势。虽然《中华人民共和国刑法》规定污染环境要承担刑事责任,但因污染土壤而承担刑事责任并要求责任者改良土壤的责任既未明晰也难落实,因为承担刑责的前提是在一定时间可能产生大面积的土壤污染。

2. 现有土壤环境责任制度不利于保障土壤生态恢复

首先,土壤生态修复或生态损害赔偿责任机制不健全,不利于达成土壤生态保护的目的。"谁损毁,谁复垦"的土地复垦原则虽在一定程度上有利于耕地保护,但此原则只要求造成土地损毁或破坏的当事人承担复垦责任,对于复垦的生态标准并未明确。《土地复垦条例》及实施细则中仅规定了损毁严重的土地的复垦,对不同类型的被污染土壤、毒化土壤、肥力下降土壤、经济效用正在丧失的土壤等均不适用。实践中因具体责任人不明晰、担责方式不具体、追责机制不得力而复垦造假、复垦落空,出现虚构的"占补平衡"以套取资金的现象并不鲜见。

其次,承担生态监管及保护责任的主体规定不明晰,不利于责任的落实。《中华人民共和国土地管理法》《土地复垦条例》及实施细则虽然规定了"土地复垦义务人为相关生产建设活动的主体、历史遗留损毁土地和自然灾害损毁土地的复垦义务人是县级以上人民政府"。但哪些人是具体生产建设活动的责任主体、各种混合原因导致的土地损毁如何配置责任等均未明晰。

最后,土壤保护制度覆盖面有限,具体制度的可执行性弱,直接影响了实际生态保护效果。一方面,我国土地损毁或破坏类责任承担的范围未能完全涵盖土壤生态保护。目前的土壤修复与土地治理多针对生态损毁严重的情形,非明显损害或存在潜在污染损害的土壤未能得到有效保护。另一方面,我国土壤保护的个体责任多为宣示性责任,没有明确的细则或办法来保障责任的落实。

3. 以单项治理为中心的土地制度不利于土壤生态修复

现有的土地治理与修复制度有明显的重事后监督、轻预防,重单一保护、缺综合防治的特征。作为土壤保护重要法源的《中华人民共和国大气污染防治法》《中华人民共和国水污染防治法》《中华人民共和国固体废物污染环境防治法》中均没有土壤保护的内容;综合治理、总量控制制度中也未将大气循环与水循环最终可能导致的土壤污染纳入其中。

8.4.2　完善我国土壤生态保护制度的可行性

1.土地伦理观的改变为土壤保护提供了思想动力与基本理念

决策主体转变观念,开始出台规定以维护土壤生态功能、改善土壤环境质量;利用主体转变观念,以保护土壤的可持续利用;转变土地管理行为与方式,严格监管污染或损毁土壤的修复与再利用。

2.科技发展为土壤生态安全制度的确立与实施提供了科学依据

土壤生态学、土壤质量监测与评估技术的发展等为土壤生态安全及土壤质量保护提供了科学基础。国内外围绕特定区域或特定土壤类型的某些土壤性状在空间上的变化或退化的评价研究,土壤退化评价方法论及评价指标体系定量化、动态化、综合性和实用性以及尺度转换等方面的研究,为土壤生态的风险评估与动态评价提供了基础。土壤污染和退化成因及防治对策的动态研究,为法律制度的设计提供了技术保障与对策支持。

3.现有制度为土壤生态安全制度的构建提供了路径选择

我国防治土壤污染或退化的源头性制度奠定了一定的制度基础。此类制度在我国已具雏形,主要包括农业生产资料的使用与许可、土壤填埋废弃物的处置与管控(特别是对有毒有害物质的土壤处置的严格管制)、相关工程作业的污染管控与评价、对污水灌溉的管控等。特别是《中华人民共和国水土保持法》对水土流失比较严重的地区规定了较严格的农耕种植手段与种养方式等。

土壤生态的修复、救济、保障或监管制度提供了初步的制度保障。《中华人民共和国土地管理法》《土地复垦条例》规定对在生产建设过程中因挖损、塌陷、压占等造成破坏的土地采取整治措施,使其恢复到可供利用状态,一些省份也制定了相应的土地复垦规定。《中华人民共和国防沙治沙法》规定给予从事防沙治沙活动的单位和个人资金补助、财政贴息以及税费减免等政策优惠。《中华人民共和国土地管理法》对耕地保护提出了比较严格的适用范围以及措施。《中华人民共和国森林法》对我国林地保护进行了明确规定。我国已经签订了《关于特别是作为水禽栖息地的国际重要湿地公约》,一些重要湿地的保护已经取得一定成效。

4.其他国家或区域土壤生态保护的启示

棕地(即污染土地)的再利用是扩充土地资源的方式,也是保护土壤的重要

途径。英、德等国运用环境税减免、污染控制标准的提升、棕地开发的权益保障等手段,恢复棕地的生态功能,并在此基础上加大棕地的再利用力度。如英国除了通过绿地建设将棕地再开发率从 50% 提高到 60%,还通过其他途径提高棕地利用度,如今泰晤士通道中的部分棕地已成为政府解决伦敦及其东南部地区房屋短缺及提供"可持续发展社区"的重要地域。德国莱比锡通过变更一些临时使用策略,使棕地利用的可达性、社会认可度及观赏性的价值更高。而我国因产业转移、产业转型、产业结构调整、区域规划等留下大量的棕地,应充分结合我国实际,有效借鉴部分发达国家关于棕地的再开发利用与保护的措施来修复部分区域的土壤生态,提高土地资源的利用率。

土壤生态损害责任制度是保障土壤得以修复和保护的根本。美国《综合环境反应、赔偿与责任法》对土壤污染采取一整套严格、连带和溯及既往的法律责任,明确规定了承担法律责任的主体范围、具体费用,责任人的抗辩事由及限制等。法国规定了工业厂址污染土壤者责任,便于土壤污染责任的追溯。日本《土壤污染对策法》在棕地治理基金的来源中,强制规定了土地所有者应负责清除棕地的污染。我们应结合现有的国家土地所有权制度,明确土地的所有者与使用者所应承担的土壤保护、修复与损害赔偿责任。

对污染土壤,实行分类监管、治理、修复是有效的土壤生态保护手段之一。如法国除运用工业法控制排放污染的活动和建设项目,通过工业法对潜在的污染从源头上进行控制外,还建立了土壤污染防治的日常监测制度、土壤污染防治的农作物种植管理制度、土壤风险评估与修复制度等,且明确规定无主土地的修复由国家承担,并以工业用地污染为基础,建立了两个污染土地的公共信息管理数据库——污染土地的国家数据库和工业污染地的国家目录,在分类明晰的基础上进行有效监管、修复与开发利用。相较于土壤生态保护制度完备的国家,我国的土壤分类利用制度较完善,但保护性制度与修复性开发利用制度欠缺,特别是对于土壤污染严重的八类典型地块如何实现有效的监管、治理、修复,是我们现阶段必须解决的重大难题,也是未来《中华人民共和国土壤污染防治法》与《土壤污染防治行动计划》中要解决的重大问题。法国的做法无疑为我们解决工业用地所产生的土壤污染治理与保护提供了借鉴。

8.4.3　我国土壤生态安全制度的完善

综上所述,在《中华人民共和国土地管理法》与《中华人民共和国土壤污染防治法》的修订中,应注重土壤的保护性开发利用,并以土壤生态保护为核心,从土壤风险管理、土壤生态预警、土壤保护责任及土壤修复与治理制度等来全面保护土壤生态。

1. 完善土壤风险管理制度

土壤生态风险管理总体上可分两类：一是预防土地开发利用中土壤生态损害或退化的风险；二是治理、修复或重新开发利用被污染（损害）或已退化土壤的风险。第一类侧重预防风险产生，通过完善土地利用规划、审核、监管制度达成；第二类侧重于土壤的修复及其再开发过程中必须解决的环境、健康与经济风险问题，要解决好土地产权流转、收益保障、地上附着物的风险管理等。

在微观层面，土壤风险评估至少应包括 3 个环节：一是土地开发利用前与环境影响评价制度相结合，对土壤的生态状况及利用风险进行评估；二是土地开发利用过程中，土壤风险等级及风险指数评估，并不断调整利用方式；三是被污染或已退化土壤的风险评估与修复。

从宏观层面看，我国土壤风险评估应与战略发展、规划环评相结合，调查分析不同区域、不同类型的土壤资源，做出全面的风险评估。土壤中度污染、重度污染或者极重污染区域，在需要进行土壤污染治理和控制土壤污染严重恶化趋势的背景下，土壤出产物方面的贸易利益损失，需要国家在宏观层面提供区际利益转移的平衡与补偿机制的。

2. 逐步构建我国的土壤生态预警制度

土壤生态在长期的农牧业与工矿业发展中，承受了巨大的内外部影响。应以信息化、资源化、生态化为核心，通过土壤生态质量监测评价，构建土壤资源风险监测与动态监管相结合的生态预警制度。

土壤生态信息数据库是土壤生态信息的共享平台，此平台可以使不同的监管主体与不同的土地使用权主体充分了解土壤生态状况及使用状况。可依土地使用权或土壤生态状况来确定，先由土地使用权人上报土壤生态信息，再由土地监管与环境监管部门对土壤状况进行综合或单项监测评估，最后将信息汇总并及时录入相关数据库。

土壤普查的常态化是了解土壤生态的基础，但我国的土壤普查有待制度化与进一步完善。首先，将土壤普查制度化，通过《中华人民共和国土地管理法》《中华人民共和国土壤污染防治法》规定普查的对象、主体、形式与具体范围；其次，实现土壤普查的常态化，将土地使用权、土地监管者等作为土壤保护的具体执行者与责任主体来确定；最后，应定期深入调查、监测、评估不同使用条件下的

土壤生态状况,特别要重点调查八大类典型区域的土壤生态状况。

3. 完善土壤生态损害赔偿责任制度

1)土壤生态损害责任主体的构想

土壤生态责任包括土壤污染与土壤生态损害两类。根据土壤污染现状,承担防治污染责任的主体应包括农业用地、工业用地以及城市生活垃圾等污染土壤的使用权人、所有权人或管理者;根据土地退化现状,承担防治退化责任的主体应包含导致土壤退化的农牧业用地者、导致土地损毁的工矿业用地主体以及其他导致土地破坏或损毁的主体。土壤生态保护主体应包含:土地使用权人、土地所有权人、管理者及土壤污染或损害行为关系人。

2)土壤生态损害责任形式的确立

我国土壤保护责任系有限的行政责任,此类责任由于土壤生态损害的隐蔽性与潜伏性,弊端显而易见。土壤保护并非仅是政府责任,应是所有可能破坏或损害土壤生态者的责任,我们须不断完善土壤保护的民事与刑事责任。对于土壤生态损害的司法保护方式,我们可借鉴美、日等国的做法,对土壤生态损害责任确立不同主体的连带、无限、溯及既往的法律责任,使某一区域土壤生态的保护者存在着可以找到的"潜在责任人"来承担相应的治理费用。

3)土壤生态保护基金库的设立

除排污费征收、特殊的财政资金外,应建立完备的土壤生态保护资金或基金库。如对可能污染环境的生产资料,可以从农牧业生产资料的企业或相关经济实体中收取土壤生态保护费,也可以通过相关企业的技术改进来减免其税费最终达到保护土壤的目的。土壤生态保护基金库须解决两个问题:一是解决历史遗留下来的土壤污染与退化的治理和恢复的资金;二是建立稳定可靠的资金筹措机制。对于历史遗留问题,除了单方面由政府筹资,应充分发挥市场机制与土地使用权流转的效用。

4. 完善土壤生态修复与治理机制

1)构建土壤质量标准体系

土壤质量标准体系的构建,旨在引领、规范我国土壤质量标准化工作,不断提高其科学性、全面性、系统性和预见性,从而更好地保护并不断提高土壤质量。因此,要在调研国内外土壤质量标准化现状的基础上,分析我国土壤质量方面具体的标准化需求,结合土壤质量相关标准的类型、专业领域、级别、功能等情况,按照《标准体系表构建原则和要求》(GB/T 13016—2018),构建我国土壤质量标准体系。科学构建的土壤质量标准体系将为我国土壤质量保护、生态环境建设等提供坚实的制度支持。

2)土壤治理修复与土地上的权益关联起来

结合我国的土地权属制度,应将使用权、所有权与土壤治理修复直接关联起来,以土地使用权人、土地所有权人作为第一责任人,承担土壤修复与治理的直接责任;以土壤生态保护基金为基础,设立多方参与的治理、修复机制,由第三者实施土壤的修复与治理。

3)设立灵活的土壤修复目标与修复土壤的使用途径

基于未来土地利用类型(如娱乐、居住、公园、服务中心等)多样化的趋势,在修复目标的选择或修复土地的再开发利用时,应选择不同污染物的清洁标准,以及多样化的土地用途与之相匹配,尽可能合理充分地利用土地资源来发展城市绿地、各类林地、生态用地。

第9章　绿化与园林附属工程

9.1　栽植基础工程

9.1.1　种植前土壤处理

（1）种植或播种前应对该地区的土壤理化性质进行化验分析,采取相应的消毒、施肥和客土等措施。

（2）植物生长所必需的最低种植土层厚度应符合规定。

（3）种植地的土壤含有建筑废土及其他有害成分,以及强酸性土、强碱土、盐土、盐碱土、重黏土、沙土等,均应根据设计规定,采用客土或采取改良土壤的技术措施。

（4）绿地应按设计要求构筑地形。对草坪种植地、花卉种植地、播种地应施足基肥,翻耕 25～30 cm,搂平耙细,去除杂物,平整度和坡度应符合设计要求。

9.1.2　重盐碱、重黏土地土壤改良

土壤全盐含量大于或等于 0.5% 的重盐碱地和土壤为重黏土地区的绿化栽植工程应实施土壤改良。

重盐碱、重黏土地土壤改良的原因和工程措施基本相同,土壤改良工程应由具备相应资质的专业施工单位施工。

重盐碱、重黏土地的排盐（渗水）、隔淋（渗水）层施工应符合国家相关规范要求。

9.1.3　坡面绿化防护栽植基层工程

土壤坡面、岩石坡面、混凝土覆盖面的坡面等在进行绿化栽植时,应有防止水土流失的措施。

混凝土格构、固土网垫、格栅、土工合成材料、喷射基质等施工做法应符合设

计和规范要求。

9.2　栽　植　工　程

9.2.1　草坪种植

1. 草坪用地

1)草坪用地的清理

(1)在有树木的场地上,要全部或者有选择地把树和灌丛移走,也要把影响下一步草坪建植的岩石、碎砖瓦块以及所有对草坪草生长的不利因素清除,还要控制草坪建植中或建植后可能与草坪草竞争的杂草。

(2)对木本植物进行清理,包括树木、灌丛、树桩及埋藏树根的清理。

(3)还要清除裸露石块、砖瓦等。在 35 cm 以内表层土壤中,不应当有大的砾石瓦块。

2)草坪用地的整形

(1)草坪用地应有利于地表水的排放,地形上至少需要 15 cm 厚的覆土层。体育场草坪一般应设计成中间高、四周低的地形。

(2)为了确保地面平滑,使整个地块达到所需的高度,可按设计要求每相隔一定距离设置木桩标记。

(3)在土壤松软的地方填土时,土壤会沉实下降,填土的高度要高出所设计的高度,用细质地土壤充填时,大约要高出 15%,用粗质土时可低些。在填土量大的地方,每填 30 cm 就要镇压,以加速沉实。

(4)在进一步整平地面坪床时,也可把底肥均匀地施入表层土壤中。

①在种植面积小、大型设备工作不方便的场地上,常用铁耙人工整地。为了提高效率,也可用人工拖把耙平。

②种植面积大,应用专用机械来完成。与耕作一样,细整也要在适宜的土壤水分范围内进行,以保证良好的效果。

3)草坪用地的翻耕

(1)草坪用地面积大时,可先用机械犁耕,再用圆盘犁耕,最后耙地。

(2)草坪用地面积小时,用旋耕机耕一两次也可达到同样的效果,一般耕深10~15 cm。

(3)耕作时要注意土壤的含水量,土壤过湿或过干都会破坏土壤的结构。查看土壤水分含量是否适于耕作,可用手紧握一小把土,然后用大拇指捏碎,如果土块易于破碎,则说明适宜耕作。土过干会很难破碎,过湿则会在压力下形成泥条。

4)草坪用地的改良

土壤改良是把改良物质加入土壤中,从而改善土壤理化性质的过程。保水性差、养分贫乏、通气不良等土壤不良性质都可以通过土壤改良得到改善。

大部分草坪草适宜的酸碱度在6.5~7.0。土壤过酸过碱,一方面会严重影响养分有效性;另一方面有些矿质元素含量过高会对草坪草产生毒害,从而大大降低草坪质量。因此,对过酸过碱的土壤要进行改良。对过酸的土壤,可通过施用石灰来降低酸度。对于过碱的土壤,可通过加入硫酸镁等来调节。

2. 草坪草种的选择

影响草坪草种选择的因素很多,应在掌握各草坪植物的生物学特性和生态适应性的基础上,根据当地的气候、土壤、用途、对草坪质量的要求及管理水平等因素,进行综合考虑后加以选择。

(1)在冷季型草坪草中,草坪型高羊茅抗热能力较强,在我国东部沿海可向南延伸到上海地区,但是向北达到黑龙江南部地区即会产生冻害。

(2)多年生黑麦草的分布范围比高羊茅要小,其适宜范围在沈阳和徐州之间的广大过渡地带。

(3)草地早熟禾则主要分布在徐州以北的广大地区,是冷季型草坪草中抗寒性最强的草种之一。

(4)正常情况下,多数紫羊茅类草坪草在北京以南地区难以度过炎热的夏季。

(5)暖季型草坪草中,狗牙根适宜在黄河以南的广大地区栽植。狗牙根的播种时间最好选择在春夏交替时节,一般不选择春季和秋季种植,因为春秋季节播种气温较低,会导致幼苗生长速度变慢,且秋季幼苗难以抵抗寒冬。

(6)结缕草是暖季型草坪草中抗寒性较强的草种,沈阳地区有天然结缕草广泛分布。

(7)野牛草是良好的水土保持用草坪草,同时也具有较强的抗寒性。

(8)在冷季型草坪草中,匍匐翦股颖对土壤肥力要求较高,而细羊茅较耐瘠薄;暖季型草坪草中,狗牙根对土壤肥力要求高于结缕草。

3.草坪种植

草坪植物的建植方法有种子建植和营养体(无性)建植两种。无论选择哪一种建植方法,均需依据建植费用、建植时间、现有草坪建植材料及其生长特性而定。其中,直铺草皮的费用较高,但速度最快。

1)种子种植

(1)撒播法。

播种草坪草时要求把种子均匀地撒于坪床上,并把它们混入 6 mm 深的表土中。播深取决于种子大小,种子越小,播种越浅。播得过深或过浅都会导致出苗率低。如种子播得过深,在幼苗进行光合作用和从土壤中吸收营养元素之前,胚胎内储存的营养不能满足幼苗的营养需求而导致幼苗死亡。种子播得过浅,则不能和土壤充分混合,种子会被地表径流冲走、被风刮走或发芽后干枯。

(2)喷播法。

喷播是一种把草坪草种子、覆盖物、肥料等混合后加入液流中进行喷射播种的方法。喷播机上安装有大功率、大出水量单嘴喷射系统,把预先混合均匀的种子、黏结剂、覆盖物、肥料、保湿剂、染色剂和水的浆状物,通过高压喷到土壤表面。采用这种方法,施肥、播种与覆盖可以一次操作完成,特别适宜陡坡场地等大面积草坪的建植。该方法中,混合材料选择及其配比是保证播种质量效果的关键。喷播使种子留在表面,不能与土壤混合和进行滚压,通常需要在上面覆盖植物(秸秆或无纺布)才能获得满意的效果。当气候干旱、土壤水分蒸发太大和太快时,应及时喷水。

2)营养体建植

在市政工程中,营养体繁殖方法包括铺草皮、栽草块、栽枝条和匍匐茎。除铺草皮之外,以上方法仅限于在强匍匐茎或强根茎生长习性的草坪植物。

(1)草皮铺栽法。

采用草皮铺栽法施工时,可以很快形成草坪,而且可以在任何时候(北方封冻期除外)进行,且栽后管理容易,缺点是成本高,并要求有丰富的草源。

①起草皮时,厚度应该越薄越好,所带土壤以 1.5～2.5 cm 为宜,草皮中无或有少量枯草层形成。也可以把草皮上的土壤洗掉,促进扎根,减少草皮土壤与

移植地土壤质地差异较大而引起土壤层次形成的问题。

②为了避免草皮(特别是冷季型草皮)受热或脱水而造成损伤,起卷后应尽快铺植,一般要求在24～48 h内铺植好。

③草皮堆积在一起,由于草皮植物呼吸产出的热量不能排出,使温度升高,能导致草皮损伤或死亡。在草皮堆放期间,气温高、叶片较长、植株体内含氮量高、病害、通风不良等都可加重草皮发热产生的危害,应采取降温措施。

④草皮铺栽施工时,常用的草皮铺栽方法主要有以下3种。

a.无缝铺栽,是不留间隔全部铺栽的方法。草皮紧连,不留缝隙,相互错缝,要求快速建成草坪时常使用这种方法。草皮的需要量和草坪面积相同(100%)。

b.有缝铺栽,各块草皮相互间留有一定宽度的缝进行铺栽。缝的宽度为4～6 cm,当缝宽为4 cm时,草皮必须占草坪总面积的70%以上。

c.方格形花纹铺栽,草皮的需用量只需占草坪面积的50%,建成草坪较慢。注意密铺应互相衔接不留缝,间铺间隙应均匀,并填以种植土。草块铺设后应滚压、灌水。

⑤铺草皮时,要求坪床潮而不湿。如果土壤干燥,温度高,应在铺草皮前浇水润湿土壤,铺后立即灌水。坪床浇水后,人或机械不可在上面行走。

⑥铺设草皮时,应把所铺的相接草皮块调整好,使相邻草皮块首尾相援,尽量减少由于收缩而出现的裂缝。要把各个草皮块与相邻的草皮块紧密相接,并轻轻夯实,以便与土壤均匀接触。

⑦在草皮块之间和各暴露面之间的裂缝用过筛的土壤填紧,这样可减少新铺草皮的脱水问题。填缝隙的土壤应不含杂草种子,这样可把杂草减少到最低限度。

⑧当把草皮块铺在斜坡上时,要用木桩固定,等到草坪草充分生根,并能够固定草皮时再移走木桩。如坡度大于10%,每块草皮钉两个木桩即可。

(2)直栽法。

直栽法是将草块均匀栽植在坪床上的一种草坪建植方法。草块是由草坪或草皮分割成的小的块状草坪,草块上带有约5 cm厚的土壤。常用的直栽法有以下3种。

①栽植正方形或圆形的草坪块。草坪块的大小约为5 cm×5 cm,栽植行间距为30～40 cm,栽植时应注意使草坪块上部与土壤表面齐平。常用此方法建植草坪的草坪草有结缕草,但也可用于其他多匍匐茎或强根茎草坪草。

②把草皮分成小的草坪草束,按一定的间隔尺寸栽植。这一过程一般可以

人工完成，也可以用机械。机械直栽法是采用带有正方形刀片的旋筒把草皮切成草坪草束，通过机器进行栽植。这是一种高效的种植方法，适用于不能用种子建植的大面积草坪中。

③采用在果岭通气打孔过程中得到的多匍匐茎的草坪草束（如狗牙根和匍匐翦股颖）来建植草坪。把这些草坪草束撒在坪床上，经过滚压使草坪草束与土壤紧密接触和坪面平整。草坪草束上的草坪草易于脱水，因而要经常保持坪床湿润，直到草坪草长出足够的根系为止。

（3）枝条匍匐茎法。

枝条和匍匐茎是单株植物或者是含有几个节的植株的一部分，节上可以长出新的植株。

①插枝条法就是把枝条种在条沟中，相距 15～30 cm，深 5～7 cm。每根枝条要有 2～4 个节，栽植过程中，要在条沟填土后使一部分枝条露出土壤表层。插入枝条后要立刻滚压和灌溉，以加速草坪草的恢复和生长。也可使用直栽法中使用的机械来栽植，把枝条（而非草坪块）成束地送入机器的滑槽内，并且自动地种植在条沟中。有时也可直接把枝条放在土壤表面，然后用扁棍把枝条插入土壤中。

插枝条法主要用来建植有匍匐茎的暖季型草坪草，但也能用于匍匐翦股颖草坪的建植。

②匍茎法是指把无性繁殖材料（草坪草匍匐茎）均匀地撒在土壤表面，然后覆土和轻轻滚压的建坪方法。一般在撒匍匐茎之前喷水，使坪床土壤潮而不湿。用人工或机械把打碎的匍匐茎均匀地撒到坪床上，而后覆土，使草坪草匍匐茎部分覆盖，或者用圆盘犁轻轻耙过，使匍匐茎部分插入土壤中。轻轻滚压后立即喷水，保持湿润，直至匍匐茎扎根。

4. 草坪植物的灌溉

对刚完成播种或栽植的草坪，灌溉是一项保证成坪的重要措施。

灌溉有利于种子和无性繁殖材料扎根和发芽。水分供应不足往往是造成草坪建植失败的主要原因。

草坪植物常用的灌溉方法有地面漫灌、喷灌和地下灌溉 3 种。

（1）地面漫灌是一种相对简单的方法。其优点是简单易行；缺点是耗水量大，水量不够均匀，坡度大的草坪不能使用。采用这种灌溉方法要求草坪表面应相当平整，且具有一定的坡度，理想的坡度是 0.5%～1.5%。这样的坡度用水量最经济，但大面积草坪要达到以上要求，较为困难，因而有一定的局限性。

（2）喷灌是使用喷灌设备将水淋到草坪上。其优点是能在地形起伏变化大的地方或斜坡使用，灌水量容易控制，用水经济，便于自动化作业；主要缺点是建造成本高。但此法仍为目前国内外采用最多的草坪灌水方法。

（3）地下灌溉是利用毛细管作用从根系层下面设的管道中由下向上供水。此法可避免土壤紧实，并使蒸发量及地面流失量降到最低程度。节省水是此法最突出的优点。然而由于设备投资大、维修困难，使用此法灌水的草坪甚少。

9.2.2　树木栽植

树木栽植成功与否受各种因素的制约，如树木本身的质量及其移植期，生长环境的温度、光照、土壤、肥料、水分、病虫害等。

树木有深根性和浅根性两种。种植深根性的树木需有深厚的土壤，在栽植大乔木时比小乔木、灌木需要更厚的土壤。

1. 树木栽植季节的选择

应根据树木的习性和当地的气候条件，选择适宜的种植时期。

1）春季移植

我国北方地区适宜春季植树，春季是树木休眠期，蒸腾量小，栽后容易达到地上、地下部分的生理平衡。另外，春季也是树木的生长期，树体内贮藏的营养物质丰富，生理机制开始活跃，有利于根系再生和植株生长。春季移植适期较短，应根据苗木发芽的早晚，合理安排移植顺序。落叶树早移，常绿树后移。

2）秋季移植

秋季移植在树木地上部分生长缓慢或停止生长后进行。北方冬季寒冷的地区，秋季移植植物均需要带土球栽植。

3）雨季移植

南方在梅雨初期，北方在雨季刚开始时，适宜移植常绿树及萌芽力较强的树种。

4）非适宜季节移植

不能在适宜季节移植时，可按照不同类别树种采取不同措施。

常绿树种起苗时应带较正常情况大的土球，对树冠进行疏剪、摘叶，做到随掘、随运、随栽，及时灌水，叶面经常喷水，晴热天气应遮阴。

冬季应防风防寒,尤其是新栽植的常绿乔木,如雪松、油松、马尾松等。

落叶乔木采取以下技术措施:提前疏枝、环状断根、在适宜季节起苗用容器假植、摘去部分叶片等。另外,夏季可搭棚遮阴、树冠喷雾、树干保湿,也可采用现代科技手段,喷施抗蒸腾剂,树干注射营养液等措施,保持空气湿润;冬季应防风防寒。

2. 种植场地平整

(1)根据设计图纸的要求,将绿化地段与其他用地界限区划开来,整理出预定的地形,使其与周围排水趋向一致。整理工作一般应在栽植前 3 个月以上的时期内进行。

(2)凡对施工有碍的一切障碍物如堆放的杂物、违章建筑、坟堆、砖石块等要从施工场地上清除干净。一般情况下已有树木凡能保留的尽可能保留。

(3)对坡度在 8°以下的平缓耕地或半荒地,应根据植物种植必需的最低土层厚度要求,通常翻耕 30～50 cm 深度,以利蓄水保墒。视土壤情况,合理施肥以改变土壤肥性。平地整地要有一定倾斜度,以利排除过多的雨水。

(4)对工程场地宜先清除杂物、垃圾、随后换土。如种植地的土壤含有建筑废土及其他有害成分,如强酸性土、强碱土、盐碱土、重黏土、沙土等,均应根据设计规定,采用客土或改良土壤的技术措施。

(5)对低湿地区,应先挖排水沟降低地下水位防止返碱。通常在种植前一年,每隔 20 m 左右就挖出一条深 1.5～2.0 m 的排水沟,并将挖掘的表土翻至一侧培成垅台,经过一个生长季,土壤受雨水的冲洗,盐碱减少,杂草腐烂了,土质疏松,不干不湿,即可在垅台上种树。

(6)对新堆土山的整地,应经过一个雨季使其自然沉降,才能进行整地植树。

(7)对荒山整地,应先清理地面,刨出枯树根,搬除可以移动的障碍物,在坡度较平缓、土层较厚的情况下,可以采用水平带状整地。

3. 施工定点与放线

1)一般规定

(1)定点放线要以设计提供的标准点或固定建筑物、构筑物等为依据。

(2)定点放线应符合设计图纸要求,位置要准确,标记要明显。定点放线后应由设计或有关人员验点,合格后方可施工。

(3)规则式种植,树穴位置必须排列整齐,横平竖直。行道树定点,行位必须准确,大约每 50 m 钉一根控制木桩,木桩位置应在株距之间。

（4）孤立树定点时，应用木桩标志于树穴的中心位置上，木桩上写明树种和树穴的规格。

（5）绿篱和色带、色块，应在沟槽边线处用白灰线标明。

2）行道树定点放线

道路两侧成行列式栽植的树木，称行道树。要求栽植位置准确，株行距相等（在国外有用不等距的）。一般按设计断面定点。在已有道路旁定点以路牙为依据，然后用皮尺、钢尺或测绳定出行位，再按设计定株距，每隔 10 株于株距中间钉一根木桩（不是钉在所挖坑穴的位置上），作为行位控制标记，以确定每株树木坑（穴）位置的依据，然后用白灰点标出单株位置。

由于道路绿化与市政、交通、沿途单位、居民等关系密切，植树位置的确定，除和规定的设计部门配合协商外，在定点后还应请设计人员验点。

3）自然式定位放线

自然式种植，定点放线应按设计意图保持自然，自然式树丛用白灰线标明范围，其位置和形状应符合设计要求。树丛内的树木分布应有疏有密，不得成规则状，三点不得成行，不得成等腰三角形。树丛中应钉一根木桩，标明所种的树种、数量、树穴规格。

（1）坐标定点法。根据植物配置的疏密度先按一定的比例在设计图及现场分别打好方格，在图上用尺量出树木在某方格的纵横坐标尺寸，再按此位置放置在现场相应的方格内。

（2）仪器测放。用经纬仪或小平板仪依据地上原有基点或建筑物、道路将树群或孤植树依照设计图上的位置依次定出每株的位置。

（3）目测法。对于设计图上无固定点的绿化种植，如灌木丛、树群等可用上述两种方法画出树群树丛的栽植范围，其中每株树木的位置和排列情况可根据设计要求在所定范围内用目测法进行定点，定点时应注意植株的生态要求并注意自然美观。定点后，多采用白灰打点或打桩，标明树种、栽植数量（灌木丛树群）、坑径。

4. 穴槽挖掘

（1）挖种植穴、槽的位置应准确，严格以定点放线的标记为依据。

（2）穴、槽的规格，应视土质情况和树木根系大小而定。一般要求树穴直径应较根系和土球直径加大 15～20 cm，深度加 10～15 cm。树槽宽度应在土球外两侧各加 10 cm,深度加 10～15 cm,如遇土质不好,须进行客土或采取施肥措施的,应适当加大穴槽规格。

(3)挖种植穴、槽应垂直下挖,穴槽壁要平滑,上下口径大小要一致,挖出的表土和底土、好土和坏土分别置放。穴、槽壁要平滑,底部应留一土堆或一层活土。挖穴槽应垂直下挖,上下口径应一致,以免树木根系不能舒展或填土不实。

(4)在新垫土方地区挖树穴、槽,应将穴、槽底部踏实。在斜坡挖穴、槽应采取鱼鳞坑和水平条的方法。

(5)挖植树穴、槽时遇障碍物,如市政设施、电信、电缆等应先停止操作,请示有关部门解决。

(6)栽植穴挖好之后,一般即可开始种树。但若种植土太贫瘠,就先要在穴底垫一层基肥。基肥一定要用经过充分腐熟的有机肥,如堆肥、厩肥等。基肥层以上还应当铺一层壤土,厚 5 cm 以上。

5.苗木植前修剪

1)一般规定

(1)为平衡树势,提高植树成活率,树木移植时应进行适度的强修剪。

(2)修剪时应在保证树木成活的前提下,尽量照顾不同品种树木自然生长的规律和树形。

(3)修剪的剪口必须平滑,不得劈裂并注意留芽的方位。超过 2 cm 的剪口应用刀削平,涂抹防腐剂。

(4)种植前应进行苗木根系修剪,宜将劈裂根、病虫根、过长根剪除,并对树冠进行修剪,保持地上、地下平衡。

2)乔木类植前修剪

(1)具有明显主干的高大落叶乔木应保持原有树形,适当疏枝,对保留的主侧枝应在健壮芽上短截,可剪去 1/5～1/3 的枝条。

(2)无明显主干、枝条茂密的落叶乔木,对干径 10 cm 以上树木,可疏枝保持原树形;对干径为 5～10 cm 的苗木,可选留主干上的几个侧枝,保持原有树形进行短截。

(3)枝条茂密具圆头型树冠的常绿乔木可适量疏枝。树叶集生树干顶部的苗木可不修剪。具轮生侧枝的常绿乔木用作行道树时,可剪除基部 2～3 层轮生侧枝。

（4）常绿针叶树，不宜修剪，只剪除病虫枝、枯死枝、生长衰弱枝、过密的轮生枝和下垂枝。

（5）用作行道树的乔木，定干高度宜大于 3 m，第一分枝点以下枝条应全部剪除，分枝点以上枝条酌情疏剪或短截，并应保持树冠原型。

（6）珍贵树种的树冠宜做少量疏剪。

3）灌木及藤蔓类植前修剪

（1）带土球或湿润地区带宿土裸根苗木及上年花芽分化的开花灌木不宜作修剪，当有枯枝、病虫枝时应予剪除。

（2）枝条茂密的大灌木，可适量疏枝。

（3）对嫁接灌木，应将接口以下砧木萌生枝条剪除。

（4）分枝明显、新枝着生花芽的小灌木，应顺其树势适当修剪，促生新枝，更新老枝。

（5）用作绿篱的乔灌木，可在种植后按设计要求整形修剪。苗圃培育成型的绿篱，种植后应加以整修。

（6）攀缘类和蔓性苗木可剪除过长部分。攀缘上架苗木可剪除交错枝、横向生长枝。

6. 苗木定植

（1）定植应根据树木的习性和当地的气候条件，选择最适宜的时期进行。定植时，应先将苗木的土球或根蔸放入种植穴内，使其居中，然后将树干立起扶正，使其保持垂直。

（2）树木扶正后，分层回填种植土，填土后将树根稍向上提一提，使根群舒展开，每填一层土就要用锄把将土压紧实，直到填满穴坑，并使土面能够盖住树木的根茎部位。

（3）检查扶正后，把余下的穴土绕根茎一周进行培土，做成环形的拦水围堰。其围堰的直径应略大于种植穴的直径。堰土要拍压紧实，不能松散。

（4）种植裸根树木时，将原根际埋下 3～5 cm 即可，应将种植穴底填土呈半圆土堆，置入树木填土至1/3时，应轻提树干使根系舒展，并充分接触土壤，随填土分层踏实。

（5）带土球树木必须踏实穴底土层，而后置入种植穴，填土踏实。

（6）绿篱成块种植或群植时，应由中心向外顺序退植。坡式种植时应由上向下种植。大型块植或不同彩色丛植时，宜分区分块。

（7）假山或岩缝间种植,应在种植土中掺入苔藓、泥炭等保湿透气材料。

（8）落叶乔木在非种植季节种植时,应根据不同情况分别采取以下技术措施。

①苗木必须提前采取疏枝、环状断根或在适宜季节起苗用容器假植等处理。

②苗木应进行强修剪,剪除部分侧枝,保留的侧枝也应疏剪或短截,并应保留原树冠的 1/3,同时必须加大土球体积。

③可摘叶的应摘去部分叶片,但不得伤害幼芽。

④夏季可搭棚遮阴、树冠喷雾、树干保湿,保持空气湿润;冬季应防风防寒。

⑤干旱地区或干旱季节,种植裸根树木应采取根部喷布生根激素、增加浇水次数等措施。

（9）对排水不良的种植穴,可在穴底铺 10～15 cm 砂砾或铺设渗入管、盲沟,以利排水。

（10）栽植较大的乔木时,在定植后应加支撑,以防浇水后大风吹倒苗木。

9.2.3　大树移植

1.大树移植时间

如果掘起的大树带有较大的土球,在移植过程中严格执行操作规程,移植后又注意养护,那么在任何时间都可以进行大树移植。但在实际中,最佳移植时间是早春,因为这时树液开始流动并开始生长、发芽,挖掘时损伤的根系容易愈合和再生,移植后经过从早春到晚秋的正常生长,树木移植的受伤的部分已复原,给树木顺利越冬创造了有利条件。

在春季树木开始发芽而树叶还没全部长成以前,树木的蒸腾还未达到最旺盛时期,此时带土球移植,缩短土球暴露的时间,栽后加强养护也能确保大树的存活。

盛夏季节,由于树木的蒸腾量大,此时移植对大树成活不利,在必要时可加大土球,加强修剪、遮阴,尽量减少树木的蒸腾量,也可成活,但费用较高。

在北方的雨季和南方的梅雨期,空气中的湿度较大,因而有利于移植,可带土球移植一些针叶树种。

深秋及冬季,从树木开始落叶到气温不低于－15 ℃这段时间,也可移植大树。在此期间,树木虽处于休眠状态,但地下部分尚未完全停止活动,故移植时被切断的根系能在这段时间进行愈合,给来年春季发芽生长创造良好的条件,但

287

在严寒的北方,必须对移植的树木进行土面保护,才能达到这一目的。南方地区尤其在一些气温不太低、温度较大的地区一年四季可移植,落叶树还可裸根移植。

2. 大树移植准备

1)树木移植方法

树木移植方法应根据品种、树木生长情况、土质、移植地的环境条件、季节等因素确定。

(1)生长正常易成活的落叶树木,在移植季节可用带毛泥球灌浆法移植。

(2)生长正常的常绿树,生长略差的落叶树或较难移植的落叶树在移植季节内移植或生长正常的落叶树在非季节移植的均应用带泥球的方法移植。

(3)生长较弱,移植难度较大或非季节移植的,必须放大泥球范围,并用硬材包装法移植。

2)树木植前修剪

树木修剪方法及修剪量应根据树木品种、树冠生长情况、移植季节、挖掘方式、运输条件、种植地条件等因素来确定。

(1)落叶树可抽稀后进行强截,多留生长枝和萌生的强枝,修剪量可达3/5～9/10。

(2)常绿阔叶树,采取收缩树冠的方法,截去外围的枝条,适当修剪树冠内部不必要的弱枝,多留强的萌生枝,修剪量可达1/3～3/5。

(3)针叶树以疏枝为主,修剪量可达1/5～2/5。

(4)对易挥发芳香油和树脂的针叶树、香樟等应在移植前一周进行修剪,凡10 cm以上的大伤口应光滑平整,经消毒并涂保护剂。

3)树木切根与扎冠

对于5年内未做过移植或切根处理的大树,必须在移植前1～2年进行切根处理。切根应分期交错进行,其范围宜比挖掘范围小10 cm左右。切根时间,可在立春天气刚转暖到萌芽前、秋季落叶前进行。

移植前,可根据树冠形态和种植后造景的要求,对树木做好定方位的记号。树干、主枝用草绳或草片进行包扎后应在树上拉好浪风绳。收扎树冠时应由上至下,由内至外,依次向内收紧,大枝扎缚处要垫橡皮等软物,不应损伤树木。

3. 大树的挖掘

1)裸根挖掘

(1)裸根移植仅限于落叶乔木,按规定根系大小应视根系分布而定,一般为 1.3 m 处干径的 8～10 倍。

(2)裸根移植成活的关键是尽量缩短根部暴露时间。移植后应保持根部湿润,方法是根系挖掘出后喷保湿剂或沾泥浆,用湿草包裹等。

(3)沿所留根幅外垂直下挖操作沟,沟宽 60～80 cm,沟深视根系的分布而定,挖至不见主根为准。一般为 80～120 cm。

(4)挖掘过程中将所有预留根系外的根系全部切断,剪口要平滑不得劈裂。

(5)从所留根系深度 1/2 处以下,可逐渐向内部掏挖,切断所有主侧根后,即可打碎土台,保留护心土,清除余土,推倒树木,如有特殊要求可包扎根部。

2)土球挖掘

土球挖掘法主要适用于树木胸径为 10～15 cm 或稍大一些的常绿乔木。带土球移植时应保证土球完好,尤其雨期更应注意。

(1)土球的直径和高度应根据树木胸径的大小来确定,土球规格一般按干径 1.3 m 处的 7～10 倍确定,土球高度一般为土球直径的 2/3 左右。

(2)在挖掘过程中要有选择地保留一部分树根际原土,以利于树木萌根。同时,必须在树木移栽半个月前对穴土进行杀菌、除虫处理,用 50%托布津或 50% 多菌灵粉剂拌土杀菌,用 50%面威颗粒剂拌土杀虫(以上药剂拌土的比例为 0.1%)。

(3)将包装材料,蒲包、蒲包片、草绳用水浸泡好待用。挖掘高大乔木或冠幅较大的树木前应立好支柱,支稳树木。

(4)掘前以树干为中心,按规定尺寸画出圆圈,在圈外挖 60～80 cm 的操作沟至规定深度。挖时先去表土,以见表根为准,再行下挖,挖时遇粗根必须用锯锯断再削平,不得硬铲,以免造成散坨。

(5)修坨,用铣将所留土坨修成上大下小呈截头圆锥形的土球。

(6)收底,土球底部不应留得过大,一般为土球直径的 1/3 左右。收底时遇粗大根系应锯断。

(7)围内腰绳,用浸好水的草绳,将土球腰部缠绕紧,随绕随拍打勒紧,腰绳宽度视土球土质而定,一般为土球的 1/5 左右。

(8)开底沟,围好腰绳后,在土球底部向内挖一圈 5~6 cm 宽的底沟,以利打包时兜绕底沿,草绳不易松脱。

(9)用包装物(蒲包、蒲包片、麻袋片等)将土球包严,用草绳围接固定。打包时绳要收紧,随绕随敲打,用双股或四股草绳以树干为起点,稍倾斜,从上往下绕到土球底沿沟内再由另一面返到土球上面,再绕树干顺时针方向缠绕,应先成双层或四股草绳,第二层与第一层交叉压花。草绳间隔一般 8~10 cm。

(10)围外腰绳,打好包后在土球腰部用草绳横绕 20~30 cm 的腰绳,草绳应缠紧,随绕随用木槌敲打,围好后将腰绳上下用草绳斜拉绑紧,避免脱落。

(11)完成打包后,将树木按预定方向推倒,遇有直根应锯断,不得硬推,随后用蒲包片将底部包严,用草绳与土球上的草绳相串联。

3)木箱挖掘

木箱适用于挖掘方形土台,树木的胸径为 15~25 cm 的常绿乔木多采用这种方法。

(1)施工放线时,应先清除表土,露出表面根,按规定以树干为中心,选好树冠观赏面,画出比规定尺寸大 5~10 cm 的正方形土台范围,尺寸必须准确。然后在土台范围外 80~100 cm 画出一条白灰线,为操作沟范围。

(2)立支柱。用 3~4 根立支柱将树支稳,呈三角形或正方形,支柱应坚固,长度要在分枝点以上,支柱底部可钉小横棍,再埋严、夯实。支柱与树枝干应捆绑紧,但相接处必须垫软物,不得直接磨树皮。为更牢固支柱间还可加横杆相连。

(3)按所画出的操作沟范围下挖,沟壁应规整平滑,不得向内洼陷。挖至规定深度,挖出的土随时平铺或运走。

(4)修整土台。按规定尺寸,四角均应比木箱板大 5 cm,土台面平滑,不得有砖石或粗根等突出土台。修好的土台上面不得站人。

(5)土台修整后先装四面的边板,上边板时板的上口应略低于土台 1~2 cm,下口应高于土台底边 1~2 cm。靠箱板时土台四角用蒲包片垫好再靠紧箱板,靠紧后暂用木棍与坑边支牢。检查合格后用钢丝绳围起上下两道放置,位置分别置于上下沿的 15~20 cm 处。

(6)两道钢丝绳接口分别置于箱板的方向(一东一西或一南一北),钢丝绳接口处套入紧线器挂钩内,注意紧线器应稳定在箱板中间的带上。为使箱板紧贴土台,四面均应用 1~2 个圆木槽垫在绳板之间,放好后两面用驳棍转动,同步收紧钢丝绳,随紧随用木棍敲打钢丝绳,直至发出金属弦音声为止。

(7)钉箱板。用加工好的铁腰子将木箱四角连接,钉铁腰子,应距离两板上下各 5 cm 处为上下两道,中间每隔 8～10 cm 一道,必须钉牢,圆钉应稍向外倾斜钉入,钉子不能弯曲,铁皮与木带间应绷紧,敲打出金属颤音后方可撤除钢丝绳。

(8)掏底。将四周沟槽再下挖 30～40 cm 深后,从相对两侧同时向土台内进行掏底,掏底宽度相当于安装单板的宽度,掏底时留土略高于箱板下沿 1～2 cm。遇粗根应略向土台内将根锯断。

(9)掏好一块板的宽度应立即安装。安装时使底板一头顶装在木箱边板的木带上,下部用木墩支紧,另一头用油压千斤顶顶起,待板靠近后,用圆钉钉牢铁腰子,用圆木墩顶紧,撤出油压千斤顶,随后用支棍在箱板上端与坑壁支牢,坑壁一面应垫木板,支好后方可继续向内掏底。

(10)向内掏底时,操作人员的头部、身体严禁进入土台底部,掏底时风速达 4 级以上应停止操作。

(11)遇底土松散时,上底板时应垫蒲包片,底板应封严不留间隙。遇少量亏土脱土处应用蒲包装土或木板等物填充后,再钉底板。

(12)装上板。先将表土铲垫平整,中间略高 1～2 cm,上板长度应与边板外沿相等,不得超出或不足。上板前先垫蒲包片,上板放置的方向与底板交叉,上板间距应均匀,一般为 15～20 cm。如树木多次搬运,上板还可改变方向再加一层,呈井字形。

4. 树木的装卸

(1)装卸和运输过程应保护好树木,尤其是根系,土球和木箱应保证其完好。树冠应围拢,树干要包装保护。

(2)装车时根系、土球、木箱向前,树冠朝后。装卸裸根树木时,应特别注意保护好根部,减少根部劈裂、折断,装车后支稳、挤严,并用湿草袋或苫布遮盖加以保护。卸车时应顺序吊下。

(3)装卸土球树木应保护土球完整,不散坨。为此装卸时应用粗麻绳捆绑,同时在绳与土球间,垫上木板,装车后将土球放稳,用木板等物卡紧,使其不滚动。

(4)装卸木箱树木,应确保木箱完好,关键是拴绳,起吊,首先用钢丝绳在木箱下端约 1/3 处拦腰围住,绳头套入吊钩内。再用一根钢丝绳或麻绳按合适的角度一头垫上软物拴在树干恰当的位置,另一头也套入吊钩内,缓缓使树冠向上翘起后,找好重心,保护树身,则可起吊装车。装车时,车厢上先垫较木箱长 20 cm 的 10 cm×10 cm 的方木两根,放箱时注意不得压钢丝绳。

5. 树木的定植

(1)按设计位置挖种植穴,种植穴的规格应根据根系、土球、木箱规格的大小而定。

(2)种植的深浅应合适,一般与原土痕齐平或略高于地面 5 cm 左右。种植时应选好主要观赏面的方向,并照顾朝阳面,一般树弯应尽量迎风,种植时要栽正扶植,树冠主尖与根在一垂直线上。

(3)还土。一般用种植土加入腐殖土(肥土制成混合土)使用,其比例为 7:3。注意肥土必须充分腐熟,混合均匀。还土时要分层进行,每 30 cm 一层,还后踏实,填满为止。

(4)立支柱。要用细钢丝绳拉纤,使支柱埋深立牢,绳与树干相接处应垫软物。

(5)开堰。

①裸根。土球树开圆堰,土堰内径与坑沿相同,堰高为 20～30 cm,开堰时注意不应过深,以免挖坏树根或土球。

②木箱树木。开双层方堰,内堰里边在土台边沿处,外堰边在方坑边沿处,堰高 25 cm 左右。堰应用细土、拍实,不得漏水。

(6)浇水 3 遍。第一遍水量不易过大,水流要缓慢,使土下沉;一般栽后 2～3 d 内完成第二遍浇水,一周内完成第三遍浇水;后两遍浇水的水量要足,每次浇水后要注意整堰,填土堵漏。

(7)种植裸根树木根系必须舒展,剪去劈裂断根,剪口要平滑。有条件可施入生根剂。

(8)种植土球树木时,应将土球放稳,随后拆包取出包装物,如土球松散,腰绳以下可不拆除,以上部分则应解开取出。

(9)种植木箱树木。先在坑内用土堆一个高 20 cm 左右、宽 30～80 cm 的一长方形土台。将树木直立,如土质坚硬,土台完好,可先拆去中间 3 块底板,用两根钢丝绳兜住底板,绳的两头扣在吊钩上,起吊入坑,置于土台上。注意树木起吊入坑时,树下、吊臂下严禁站人。木箱入坑后,为了校正位置,操作人员应在坑上部作业,不得立于坑内,以免受伤。树木落稳后,撤出钢丝绳,拆除底板填土。将树木支稳,即可拆除木箱上板及蒲包,坑内填土约 1/3 处,则可拆除四边箱板,取出,分层填土夯实至地平。

(10)支撑与固定。

①大树的支撑宜用扁担桩十字架和三角撑,低矮树可用扁担桩,高大树木可用三角撑,风大树大的,可将两种桩结合起来。

②扁担桩的竖桩不得小于 2.3 m,入土深度 1.2 m,桩位应在根系和土球范围外,水平桩离地 1 m 以上,两水平桩十字交叉位置应在树干的上风方向,扎缚处应垫软物。

③三角撑宜在树干高 2/3 处设置,用毛竹或钢丝绳固定,三角撑的一根撑干(绳)必须在主风向上位,其他两根可均匀分布。

④发现土面下沉时,必须及时升高扎缚部位,以免吊桩。

9.2.4　种草格

1)植草格施工要求

(1)在铺设支撑层时,特别要注意保证有足够的渗水性,但最主要的还是牢固性。

(2)支撑层的受压情况和厚度由假设的施压物(汽车、人行道等)决定,如承载小汽车,需 30 cm 厚度。

(3)铺设草坪格前,必须先在支撑层上铺设一层厚 2~3 cm 的砂土混合物。

(4)草坪格既可排成一排,也可梯形排列。各草坪格均应拼接完好,可以用通用工具将其制成弧形或其他造型。可将白色标志块嵌入草坪格。

(5)草坪格底部交错排列可使其很好地固定安装在地基上。按要求可能需要在整块地区外围加框或者用固定钉将其固定,为避免草坪格可能发生的热胀情况,必须在每块草坪格之间预留 1~1.5 cm 的缝隙。

(6)植草要分两步完成。首先填入基层土,然后在土上洒水,使其稳固,接着撒上草籽,最后撒上一些土以使基层土与草坪格顶端等高。

(7)在草皮发芽期间,必须经常浇水,不要在新植草皮上行驶,一旦草皮完全长好,此区域即可投入使用。

(8)经常照看植草路面,如有必要,可割草、施肥,形成优美的植草环境。

2)人行道植草格施工

(1)原基土夯实。

(2)在夯实的基土面上铺装植草格。

（3）在植草格的凹槽内撒上 30 mm 厚的种植土。

（4）在植草格上铺草皮。铺草皮时须将草皮压实于种植土上。浇水养护待草成活后即可使用。

3）停车位植草格施工

（1）地基土应分层夯实，密实度应达到 85% 以上；属于软塑—流塑状淤泥层的，建议抛填块石并碾压至密实。

（2）设 150 mm 厚砂石垫层。具体做法：中粗砂 10%、20～40 mm 粒径碎石 60%、黏性土 30% 混合拌匀，摊平碾压至密实。

（3）设置 60 mm 厚稳定层（兼作养殖层）。稳定层做法：25% 粒径为 10～30 mm 的碎石、15% 中等粗细河砂、60% 耕作土并掺入适量有机肥，三者翻拌均匀，摊铺在砂石垫层上，碾压密实，即可作为植草格的基层。

（4）在基层上撒少许有机肥，人工铺装植草格。植草格的外形尺寸是根据停车位的尺寸模数设计的，一般在铺装时不用裁剪；当停车位有特殊形状要求或停车位上有污水井盖时，可裁剪植草格以适合停车位不同形状的要求。

（5）在植草格的凹植槽内撒上 20 mm 厚的种植土。

（6）在植草格种植土层上铺草皮或播草籽。铺草皮时须将草皮压实于种植土上。浇水养护待草成活后即可停车。

9.3　施工期养护

植物栽植后到工程竣工验收前，为施工期间的植物养护时期。

栽植后对园林植物及时进行养护和管理才能使植物生长良好，提高栽植成活率，保证市政绿化工程质量。

9.3.1　相关规定

（1）绿化栽植工程应编制养护管理计划，并按计划认真组织实施，养护计划应包括下列内容。

①报据植物习性和墒情及时浇水。

②结合中耕除草，平整树台。

③加强病虫害观测，控制突发性病虫害发生，主要病虫害防治应及时。

④根据植物生长及时追肥、施肥。

⑤衬水应及时剥芽、去蘖、疏枝整形。草坪应及时进行修剪。

⑥对树木应加强支撑、绑扎及裹干措施,做好防强风、干热、洪涝、越冬防寒等工作。

(2)植物病虫害防治,应采用生物防治方法和生物农药及高效低毒农药,严禁使用剧毒农药。

(3)对生长不良、枯死、损坏、缺株的植物应及时更换或补栽,用于更换及补栽的植物材料应和原植株的种类、规格一致。

9.3.2　养护管理措施

1. 灌溉与排水

新栽植的树木应根据不同的树种和不同的立地条件进行适期、适量的灌溉,应保护土壤的有效水分。

栽植成活的树木,在干旱或立地条件较差土壤中,及时进行灌溉。

对水分和空气温度要求较高的树种,须在清晨或傍晚进行灌溉。

立地条件差的地段,灌溉前先松土,夏季灌溉早、晚进行,灌溉一次浇透。

暴雨后树木周围的积水尽快排除,新栽树木周围的积水应尽快排除以免影响根部呼吸。

2. 中耕锄草

中耕锄草环节在树木养护中是重要的组成部分,它关系着植物营养的摄取、植物的生存空间、景观的观赏效果。

中耕除草可增加土壤透气性,提高土温,促进肥料的分解,有利于根系生长。中耕宜在晴天,或雨后 2~3 d 进行;夏季中耕同时结合除草一举两得,宜浅些;秋后中耕宜深些,且可结合施肥进行。

杂草消耗大量水分和养分,影响园林植物生长,同时传播各种病虫害。除草要本着"除早、除小、除了"原则。

3. 施肥

根据季节和植物的不同生长期,制定不同的施肥计划。如开花发育时期,植物对各种营养元素的需要都特别迫切,而钾肥的作用更为重要。树木在春季和夏初需肥多,在生长的后期则对氮和水分的需要很少。

4. 整形与修剪

树木在养护阶段中,应该通过修剪调整树形,均衡树势,调节树木通风透光

和土壤养分的分配,调整植物群落之间的关系,促进树木生产苗壮。各类苗木的修剪以自然树形为主。

乔木类:在保证树形的前提下主要修除长枝、病虫枝、交叉枝、并生枝、下垂枝、扭伤枝以及枯枝烂头。

灌木类:灌木修剪按照"先上后下、先内后外、去弱留强、去老留新"的原则进行,修剪促使枝叶茂盛,分布匀称,球型圆满,花灌木修剪要有利于促进短枝和花芽的形成。

5.病虫害的防治

在引进和输出苗木时,严格遵守国家、地方有关植物检疫法和相关规章制度。充分利用园林植物的多样性来保护、抑制病虫危害。

一旦发现病虫害,以生态效益为重,采用物理防治为先,运用化学药剂为辅,使用化学药剂严格参照有关法律法规及相关标准规定执行。

9.4　园林附属工程

园林附属工程主要包括园路与广场铺装工程,假山、叠石、置石工程,园林理水工程,园林设施安装。

9.4.1　园路与广场铺装工程

1.园路工程

1)园路工程的作用及分类

园路与城市道路不同,除具有组织交通的功能外,还有划分空间、引导游览和构成园景的作用。根据路面使用材料的不同,将路面进行以下分类。

(1)整体路面。包括水泥混凝土路面和沥青混凝土路面,路拱坡度为1.0%～1.5%。这种路面的平整度好,耐压、耐磨、养护简单,便于清扫,色彩暗淡,长段路面的行驶易引起司机的疲劳。

(2)块料路面。包括各种天然的块石或各种预制块料铺装的路面。具有简朴、大方的特点,利用条纹之间的变化产生方向的变化和防滑,减少反光强度。路拱坡度为1.5%～2.5%。

(3)碎料路面。用各种碎石、瓦石、卵石等组成的路面。路拱坡度为1.5%

～4%。

（4）简易路面。由煤屑、三合土等组成的路面，多用于临时性或过渡性园路。路拱坡度为 3%～5%。

2）园路的结构

（1）面层。面层是路面最上层，直接承受人流、车辆和大气因素等的破坏。

（2）结合层。结合层是在采用块料铺筑面层时，在面层和基层之间，为了结合和找平而设置的一层。一般用 3～5 cm 的粗砂、水泥砂浆或白灰砂浆铺装。

（3）基层。基层一般在土基之上，起承重作用，一方面支承由面层传下来的荷载；另一方面则把此荷载传给土基。

（4）路基。路基是路面的基础，不仅为路面提供一个平整的基面，承受路面传下来的荷载，也是保证路面强度和稳定性的重要条件之一。

3）园路施工

（1）放线。放线按路面设计的中线，在路面上留 20～50 m 放一个中心桩。在弯道的曲线上应在曲头、曲中和曲尾各放一个中心桩，并在各桩上写明桩号，根据中心桩，路面宽度定的边桩，放出路面的平曲线。

（2）准备路槽。路面每侧要放出 20 cm 挖槽，路槽的深度应等于路面的厚度，槽底应有 2%～3% 的横坡度。

（3）铺筑基层。铺筑基层的厚度、平整度、中线高程均应符合设计要求。基层常用的做法有干结碎石基层、天然级配砂砾基层、混凝土基层、粉煤灰无机料基层和石灰土基层。

（4）铺筑结合层。铺筑结合层时可采用 1∶3 水泥砂浆，或采用粗砂垫层，厚度为 30 mm。路缘石接缝处应以 1∶3 水泥砂浆勾缝，凹缝深 5 mm。

（5）铺筑面层。面层铺筑时铺砖应轻轻放平，用橡胶锤敲打稳定，不得损伤砖的边角。发现结合层不平时，应重新用砂浆找平，严禁向铺砖底填筑砂浆或支垫碎砖块等。采用橡胶带做伸缩缝时，应将橡胶带平整直顺紧靠方砖。

（6）安装路缘石。铺完路后，安装路缘石。预制块料基础宜与路床同时填挖碾压，以保证整体的均匀密度。

2. 广场工程

广场工程的施工程序与园路工程基本相同，其主要施工技术要点如下。

1）挖方与填方施工

挖填方工作量较小时，可用人力施工；工程量较大时，应该进行机械化施工。填方区的堆填顺序，应当先深后浅；先分层填实深处，后填浅处。

2）场地平整与找坡

挖填方工程基本完成后，对挖填出的新地面进行整理。根据各坐标桩标明的该点挖高度数据和设计的坡度数据对场地进行找坡，保证场地内各处地面都基本达到设计的坡度。

3）地面施工

（1）基层的施工。在广场地面施工中应注意基层的稳定性，确保施工质量。

（2）面层的施工。地面面层采用整体现浇的混凝土面层，可事先分成若干规则的浇筑块（单元），每个浇筑尺寸为 4 m×3 m～7 m×6 m，然后逐块施工。

9.4.2　假山、叠石、置石工程

假山、叠石工程是指采用自然山石进行堆叠而成的假山、溪流、水池、花坛、立峰等工程。置石工程的主要形式有特置、对置、散置、群置、山石器设等。置石用的山石材料较少，施工较简单。

假山叠石或在重要位置堆砌的峰石、瀑布，宜由设计单位或委托施工单位制作 1∶25 或 1∶50 的模型，经建设单位及有关专家评审认可后再进行施工。

假山叠石选用的石材质地应一致，色泽相近，纹理统一，石料应坚实耐压，无裂缝、损伤、剥落现象；峰石形态完美，具有观赏价值。

1. 假山、叠石基础工程

假山、叠石基础工程施工应符合设计和安全规定，假山结构和主峰稳定性应符合抗风、抗震强度要求。假山、叠石的基础应符合下列规定。

（1）假山地基基础承载力应大于山石总荷载的 1.5 倍；灰土基础应低于地平面 20 cm，其面积应大于假山底面积，外沿宽出 50 cm。

（2）假山设在陆地上，应选用 C20 以上混凝土制作基础；假山设在水中，应选用 C25 混凝土或不低于 M7.5 的水泥砂浆砌石块制作基础。根据不同地势、地质有特殊要求的，可做特殊处理。

2. 假山、叠石主体工程

假山、叠石主体工程应包括下列内容。

（1）主体山石应错缝叠压，纹理统一。叠石或景石放置时，应注意主面方向，掌握重心。山体最外侧的峰石底部应灌注 1∶2 水泥砂浆。

（2）假山、叠石和景石布置后的石块间缝隙，应先填塞、连接、嵌实，用 1∶2 的水泥砂浆进行勾缝。勾缝应做到自然平整、无遗漏。明缝宽应不超过 2 cm，暗缝应凹入石面 1.5～2 cm，砂浆干燥后色泽应与石料色泽相近。

（3）跌水、山洞的山石长度应不小于 150 cm，整块大体量山石应稳定，不得倾斜。横向挑出的山石后部配重不小于悬挑重量的 2 倍，压脚石应确保牢固，黏结材料应满足强度要求。辅助加固构件（银锭扣、铁爬钉、铁扁担、各类吊架等）承载力和数量应保证达到山体的结构安全及艺术效果要求，铁件表面应做防锈处理。

（4）假山山洞的洞壁凹凸面不得影响游人安全，洞内应有采光，不得有积水。

（5）假山、叠石、布置临路侧、山洞洞顶和洞壁的岩面应圆润，不得带有锐角。

（6）登山道的走向应自然，踏步铺设应平整、牢固，高度以 14～16 cm 为宜，除特殊位置外，高度不得大于 25 cm，宽度应不小于 30 cm。

（7）溪流景石的自然驳岸的布置，应体现溪流的自然感，并与周围环境协调。汀步安置应稳固，表面平整。

（8）壁峰不宜过厚，应以嵌入墙体为主，与墙体脱离部分应有可靠排水措施。墙体内应预埋铁件钩托石块，保证稳固。

3. 假山收顶工程

（1）收顶的山石应选用体量较大、轮廓和体态富有特点的山石。

（2）收顶施工应自后向前、由主及次、自上而下分层作业。每层的高度宜为 30～80 cm，不得在凝固期间强行施工，影响胶结料强度。

（3）顶部管线、水路、空洞应预埋、预留，事后不得凿穿。

（4）结构承重受力用石必须有足够的强度。

第 10 章　施工项目安全管理

10.1　施工安全管理概述

10.1.1　施工安全管理的特点

(1)产品的固定性导致作业环境局限性。

建筑产品坐落在一个固定的位置上,必须在有限的场地和空间上集中大量的人力、物资、机具来进行交叉作业。由于作业环境的局限性,容易产生物体打击等伤亡事故。

(2)露天作业导致作业条件恶劣性。

建筑工程施工大多是在露天空旷的地上完成的,工作环境相当艰苦,容易发生伤亡事故。

(3)体积庞大带来了施工作业高空性。

建筑产品的体积十分庞大,操作工人大多在十几米甚至几百米高空进行作业,因而容易产生高空坠落的伤亡事故。

(4)流动性大,工人安全意识薄弱增加了安全管理的难度。

由于建筑产品的固定性,当这一产品完成后,施工单位就必须转移到新的施工地点,施工人员流动性大,安全意识薄弱,要求安全管理举措必须及时、到位,增加了施工安全管理的难度。

(5)手工操作多、体力消耗大、强度高,导致个体劳动保护任务艰巨。

在恶劣的作业环境下,施工工人的手工操作多,体能耗费大,劳动时间和劳动强度都比其他行业要大,其职业危害严重,带来了个人劳动保护的艰巨性。

(6)产品多样性、施工工艺多变性要求强化安全技术措施和安全管理措施。

建筑产品多样,施工生产工艺复杂多变,如一条道路的各道施工工序均有其不同的特性,不安全因素各不相同。同时,随着工程建设进度,施工现场的不安全因素也在随时变化,要求施工单位必须针对工程进度和施工现场实际情况及时地采取安全技术措施和安全管理措施。

(7)施工场地窄小导致多工种立体交叉。

近年来,建筑由低向高发展,施工现场却由宽到窄发展,致使施工场地与施工条件要求的矛盾日益突出,多工种交叉作业增加,导致机械伤害、物体打击事故增多。

施工安全生产的上述特点,决定了施工生产的安全隐患多存在于高空作业、交叉作业、垂直运输、个体劳动保护以及使用电气工具上,伤亡事故也多集中在高空坠落、物体打击、机械伤害、起重伤害、触电、坍塌等方面。同时,新、奇、个性化的建筑产品的出现给建筑施工带来了新的挑战,也给建筑工程安全管理和安全防护技术提出了新的要求。

10.1.2　施工现场不安全因素

1.人的不安全因素

人的不安全因素是指影响安全的人的因素,即能够使系统发生故障或发生性能不良的事件的人员个人的不安全因素和违背设计和安全要求的错误行为。人的不安全因素可分为个人的不安全因素和人的不安全行为两个大类。

1)个人的不安全因素

个人的不安全因素指人员的心理、生理、能力中所具有不能适应工作、作业岗位要求的影响安全的因素。个人的不安全因素主要包括以下内容:

①心理上的不安全因素,指人在心理上具有影响安全的性格、气质和情绪,如懒散、粗心等;

②生理上的不安全因素,包括视觉、听觉等感觉器官及体能、年龄、疾病等不适合工作或作业岗位要求的影响因素;

③能力上的不安全因素,包括知识技能、应变能力、资格等不能适应工作和作业岗位要求的影响因素。

2)人的不安全行为

人的不安全行为指造成事故的人为错误,是人为地使系统发生故障或发生性能不良事件,是违背设计和操作规程的错误行为。按《企业职工伤亡事故分类》(GB 6441—86),在施工现场不安全行为可分为 13 大类:

①操作失误、忽视安全、忽视警告;

②造成安全装置失效；

③使用不安全设备；

④手代替工具操作；

⑤物体存放不当：

⑥冒险进入危险场所；

⑦攀坐不安全位置；

⑧在起吊物下作业、停留；

⑨在机器运转时进行检查、维修、保养等工作；

⑩有分散注意力行为；

⑪没有正确使用个人防护用品、用具；

⑫不安全装束；

⑬对易燃易爆等危险物品处理错误。

3)不安全行为产生的主要原因

系统、组织的原因，思想责任性原因及工作原因。其中，工作原因产生不安全行为的影响因素包括：专业知识的欠缺或工作方法不得当；技能不熟练或经验不足；作业的速度不适当；操作不当，但又不服从管理。

分析事故原因，绝大多数事故不是技术原因，而是违章所致，因而必须重视和防止产生人的不安全因素。

2. 物的不安全状态

物的不安全状态是指能导致事故发生的物质条件，包括机械设备等物质或环境所存在的不安全因素。

1)物的不安全状态的内容

物的不安全状态的内容主要包括：

①物（包括机器、设备、工具、物质等）本身存在的缺陷；

②防护保险方面的缺陷；

③物的放置方法的缺陷；

④作业环境场所的缺陷；

⑤外部和自然界的不安全状态；

⑥作业方法导致的物的不安全状态；

⑦保护器具信号、标志和个体防护用品的缺陷。

2）物的不安全状态的类型

物的不安全状态的类型主要包括：

①防护等装置缺乏或有缺陷；

②设备、设施、工具、附件有缺陷；

③个人防护用品用具缺少或有缺陷；

④施工生产场地环境不良。

3.管理上的不安全因素

管理上的不安全因素通常也称为管理上的缺陷，也是事故潜在的不安全因素，作为间接的原因主要有以下方面：

①技术上的缺陷；

②教育上的缺陷

③生理上的缺陷；

④心理上的缺陷；

⑤管理工作上的缺陷；

⑥教育和社会、历史原因造成的缺陷。

10.1.3 施工安全管理的任务

（1）正确贯彻执行国家和地方的安全生产、劳动保护和环境卫生的法律法规、方针政策和标准规程，使施工现场安全生产工作做到目标明确，组织、制度、措施落实，保障施工安全。

（2）建立完善施工现场的安全生产管理制度，制定本项目的安全技术操作规程，编制有针对性的安全技术措施。

（3）组织安全教育，提高职工安全生产素质，促使职工掌握生产技术知识，遵章守纪地进行施工生产。

（4）运用现代管理和科学技术，选择并实施实现安全目标的具体方案，对本项目的安全目标的实现进行控制。

（5）按"四不放过"的原则对事故进行处理并向政府有关安全管理部门汇报。

10.1.4 施工安全管理实施程序

（1）确定项目的安全目标。

按目标管理方法在以项目经理为首的项目管理系统内进行分解,从而确定每个岗位的安全目标,实现全员安全控制。

(2)编制项目安全技术措施计划。

对生产过程中的不安全因素,用技术手段加以消除和控制,并编制项目安全技术措施计划。这是落实预防为主方针的具体体现,是进行工程项目安全控制的指导性文件。

(3)安全技术措施计划的落实和实施。

建立健全安全生产责任制,设置安全生产设施,进行安全教育和培训,沟通和交流信息,通过安全控制使生产作业的安全状况处于受控状态。

(4)安全技术措施计划的验证。

进行安全检查,纠正不符合情况,并做好检查记录工作。根据实际情况补充和修改安全技术措施。

(5)持续改进,直至完成建筑工程项目的所有工作。

10.1.5 施工安全管理的基本要求

(1)必须取得安全行政主管部门颁发的"安全施工许可证"后才可开工。

(2)总承包单位和每一个分包单位都应持有"施工企业安全资格审查认可证"。

(3)各类人员必须具备相应的执业资格才能上岗。

(4)所有新员工必须经过三级安全教育,即公司、项目部和班组的安全教育。

(5)特殊工种作业人员必须持有特种作业操作证,并严格按规定定期进行复查。

(6)查出的安全隐患要做到"五定",即定整改责任人、定整改措施、定整改完成时间、定整改完成人、定整改验收人。

(7)必须把好安全生产"六关",即措施关、交底关、教育关、防护关、检查关、改进关。

(8)施工现场安全设施齐全,并符合国家及地方有关规定。

(9)施工机械(特别是现场安设的起重设备等)必须经安全检查合格后方可使用。

10.1.6　安全生产责任制

1. 一般规定

安全生产责任制是各项管理制度的核心,是企业岗位责任制的重要组成部分,是企业安全管理中最基本的制度,也是保障安全生产的重要组织措施。

安全生产责任制度是根据"管生产必须管安全""安全生产,人人有责"等原则,明确各级领导、各职能部门、各工种人员在生产中应负有的安全职责。有了安全生产责任制,就能把安全与生产从组织领导上结合起来,把管生产必须管安全的原则从制度上固定下来,从而增强了各级管理人员的安全责任心,使安全管理纵向到底,横向到边,专管成线,群管成网,责任明确,协调配合,共同努力,真正把安全生产工作落到实处。

企业应以文件的形式颁布企业安全生产责任制。参照《中华人民共和国建筑法》《中华人民共和国安全生产法》及《国务院关于特大安全事故行政责任追究的规定》制定企业的安全生产责任制。制定各级各部门安全生产责任制的基本要求如下。

(1)企业经理是企业安全生产的第一责任人。

(2)企业总工程师(主任工程师或技术负责人)对企业安全生产的技术工作负总责。

(3)项目经理应对项目的安全生产工作负领导责任:认真执行安全生产规章制度,不违章指挥,制定和实施安全技术措施,经常进行安全生产检查,消除事故隐患,制止违章作业;对职工进行安全技术和安全纪律教育;发生伤亡事故要及时上报,并认真分析事故原因,提出并实现改进措施。

(4)班组长、施工员、工程项目技术负责人对所管工程的安全生产负直接责任。

(5)班组长要模范遵守安全生产规章制度,带领本班组安全作业,认真执行安全交底,有权拒绝违章指挥;班前要对所使用的机具、设备、防护用具及作业环境进行安全检查;组织班组安全活动日,开班前安全生产会;发生工伤事故时应保护现场并立即向班组长报告。

(6)企业中的生产、技术、机械设备、材料、财务、教育、劳资、卫生等各职能机构都应在各自业务范围内对安全生产负责。

(7)安全机构和专职人员应做好安全管理工作和监督检查工作。

2. 施工项目管理人员及生产人员的安全责任

1）项目经理安全生产责任制

（1）项目经理是工程施工安全生产第一负责人，全面负责工程施工全过程的安全生产、文明卫生、防火工作，遵守国家相关法律法规，执行上级安全生产规章制度，对劳动保护全面负责。

（2）组织落实各级安全生产责任制，贯彻上级部门的安全规章制度，并落实到施工过程管理中，把安全生产提到日常议事日程上。

（3）负责搞好职工安全教育，支持安全员工作，组织检查安全生产。

（4）发现事故隐患，按"定整改责任人、定整改措施、定整改完成时间、定整改完成人、定整改验收人"方针，及时落实整改。

（5）发生工伤事故时，及时抢救，保护现场，上报上级部门。

（6）不准违章指挥与强令职工冒险作业。

2）技术员安全生产责任制

（1）遵守国家法令，学习熟悉安全生产操作规程，执行上级安全部门的规章制度。

（2）根据施工技术方案中的安全生产技术措施，提出技术实施方案和改进方案中的技术措施要求。

（3）在审核安全生产技术措施时，发现不符合技术规范要求的，有权提出更改意见，纠正并完善该措施。

（4）按照技术部门编制的安全技术措施，根据施工现场实际补充编制分项分类的安全技术措施，使之完善。

（5）在施工过程中，对现场安全生产有责任进行管理，发现隐患，有权督促纠正、整改，通知安全员落实整改并向项目经理汇报。

（6）对施工设施和各类安全保护、防护物品进行技术鉴定，提出结论性意见。

3）安全员安全生产责任制

（1）负责施工现场的安全生产、文明卫生、防火管理工作，遵守国家法令，认真学习熟悉安全生产规章制度，努力提高专业知识和管理水平，提高自身素质。

（2）经常检查施工现场的安全生产工作，发现隐患及时采取措施进行整改，并及时报项目经理处理。

（3）坚持原则，对违章作业、违反安全操作规程的人和事决不姑息，敢于阻止和教育。

(4)对安全设施的配置提出合理意见,提交项目经理解决,如得不到解决,应责令暂停施工,报公司处理。

(5)安全员有权根据公司有关制度进行监督,对违纪者进行处罚,对安全先进者上报公司并给予奖励。

(6)发生工伤事故时,及时保护现场,组织抢救并立即报告项目经理,同时上报公司。

(7)做好安全技术交底工作,强化安全生产、文明卫生、防火工作的管理。

4)施工员安全生产责任制

(1)遵守国家有关法律法规,熟悉企业各项安全技术措施,在组织施工中落实安全生产技术措施。

(2)检查施工现场的安全工作是施工员应尽的职责,在施工中同时检查各安全设施的规范要求和科学性,发现不符规范要求和科学性的,及时调整,并汇报项目经理。

(3)施工过程中,发现违章现象或冒险作业,协同安全员共同做好工作,及时阻止和纠正,必要时暂停施工,汇报项目经理。

(4)在施工过程中,生产与安全发生矛盾时,必须服从安全第一的原则,暂停施工,待整改和落实安全措施后,方准再施工。

(5)施工过程中,发现安全隐患,及时告诉安全员和项目经理,并采取措施,协同整改,确保施工全过程中的安全。

5)各生产班组和职工安全生产责任制

(1)遵守国家法律法规和安全生产操作规程与规章制度,不违章作业,有权拒绝违章指挥和在安全设施不完善的危险区域施工。无有效安全措施的,有权停止作业,并汇报项目经理,提出整改意见。

(2)正确使用劳动保护用品和安全设施,爱护机械、电器等施工设备,不准非本工种人员操作机械、电器。

(3)学习熟悉安全技术操作规程和上级安全部门的规章制度,遵守安全生产的相关规定,努力提高自我保护意识,增强自我保护能力。

(4)职工之间应相互监督,制止违章作业和冒险作业,发现隐患及时报告项目经理和安全员,并立即整改,在确保安全的前提下安全作业。

(5)发生工伤事故,及时抢救,并立即报告领导,保护现场,如实向上级反映

情况。

3. 安全管理目标责任考核制度及考核办法

企业应根据实际情况制定安全生产责任制及其考核办法。企业应成立责任制考核领导小组，并制定责任制考核的具体办法，进行考核并有相应考核记录。工程项目部项目经理由企业考核，各管理人员由项目经理组织有关人员考核。考核时间可为每月一小考，半年一中考，一年一总考。

1）考核办法的制定

（1）成立安全生产责任制考核领导小组。

（2）以文件的形式制定考核的办法，确保考核工作认真落实。

（3）严格考核标准、考核时间、考核内容。

（4）要和经济效益挂钩，奖罚分明。

（5）不走过场，要加强透明度，实行群众监督。

（6）考核依据为"管理人员安全生产责任目标考核表"。

2）项目考核办法

（1）项目工程开工后，企业安全生产责任制考核领导小组应负责对项目各级各部门及管理人员安全生产责任目标考核。

（2）考核对象：项目经理、施工技术人员、施工管理人员、安全员、班组长等。

（3）考核程序：项目经理和安全员由公司（分公司）考核，其他管理人员由项目经理组织有关人员进行考核。

（4）考核时间：可根据企业和项目部实际情况进行，每月至少一次。

（5）考核内容：根据安全生产责任制，结合安全管理目标，按考核表中内容进行考核。

（6）考核结果应及时张榜公示，同时，根据考核结果对优秀者给予奖励，对不合格者进行处罚。

10.2　安全技术措施

10.2.1　安全技术措施一般规定

安全技术措施是指为防止工伤事故和职业病的危害，从技术上采取的措施。

在工程施工中,是指针对工程特点、环境条件、劳动组织、作业方法、施工机械、供电设施等制定确保安全施工的措施。安全技术措施是建筑工程项目管理实施规划或施工组织设计的重要组成部分。

施工安全技术措施包括安全防护设施的设置和安全预防措施,主要有以下内容,如防火、防毒、防爆、防汛、防尘、防坍塌、防物体打击、防机械伤害、防溜车、防高空坠落、防交通事故、防寒、防暑、防疫、防环境污染等。

10.2.2　安全技术措施编制依据和编制要求

1. 编制依据

建筑工程项目施工组织或专项施工方案中必须有针对性的安全技术措施,特殊和危险性大的工程必须编制专项施工方案或安全技术措施。安全技术措施或专项施工方案的编制依据如下:

①国家和地方有关安全生产、劳动保护、环境保护和消防安全等的法律、法规和有关规定;

②建筑工程安全生产的法律和标准、规程;

③安全技术标准、规范和规程;

④企业的安全管理规章制度。

2. 编制的要求

1) 及时性

(1)施工前必须编制安全技术措施,经审核审批后正式下达项目经理部以指导施工。

(2)在施工过程中,发生设计变更时,安全技术措施必须及时变更或做补充,否则不能施工;施工条件发生变化时,必须变更安全技术措施内容,并及时经原编制、审批人员办理变更手续,不得擅自变更。

2) 针对性

(1)针对工程项目的结构特点,凡在施工生产中可能出现的危险源,必须从技术上采取措施,消除危险,保证施工安全。

(2)针对不同的施工方法和施工工艺制定相应的安全技术措施。

不同的施工方法要有不同的安全技术措施,技术措施要有设计、安全验算结果、详图以及文字说明。根据不同分部分项工程的施工工艺可能给施工带来的

不安全因素,从技术上采取措施保证其安全实施。《建筑工程安全生产管理条例》规定,土方工程、基坑支护、模板工程、起重吊装工程、脚手架工程及拆除、爆破工程等必须编制专项施工方案,深基坑、地下暗挖工程、高大模板工程的专项施工方案还应当组织专家进行论证审查。编制施工组织设计或施工方案在使用新技术、新工艺、新设备、新材料的同时,必须制定相应的安全技术措施。

(3)针对使用的各种机械设备、用电设备可能给施工人员带来的危险,从安全保险装置、限位装置等方面采取安全技术措施。

(4)针对施工中有毒、有害、易燃、易爆等作业可能给施工人员造成的危害,制定相应的防范措施。

(5)针对施工现场及周围环境中可能给施工人员及周围居民带来的危险,以及材料、设备运输的困难和不安全因素,制定相应的安全技术措施。

(6)针对季节性、气候施工的特点,编制施工安全措施,具体有雨期施工安全措施、冬季施工安全措施、夏季施工安全措施等。

3)可操作性、具体性

(1)安全技术措施及方案必须明确具体,具可操作性,能具体指导施工,绝不能一般化和形式化。

(2)安全技术措施及方案中必须有施工总平面图,在图中必须对危险的油库、易燃材料库、变电设备,材料、构件的堆放位置以及塔式起重机、井字架或龙门架、搅拌机的位置等按照施工需要和安全堆放的要求明确定位,并提出具体要求。

(3)安全技术措施及方案中劳动保护、环保、消防等人员必须掌握工程项目概况、施工方法、场地环境等最新资料,并熟悉有关安全生产法规和标准,具有一定的专业水平和施工经验。

10.2.3　安全技术措施的编制内容

1.一般工程

一般工程包括:场内运输道路及人行通道的布置;一般基础和桩基础施工方案;主体结构施工方案;主体装修工程施工方案;临时用电技术方案;临边、洞口及交叉作业、施工防护安全技术措施;安全网的架设范围及管理要求;防水施工安全技术方案;设备安装安全技术方案;防火、防毒、防爆、防雷安全技术措施;临街防护,临近外架供电线路,地下供电、供气、通风、管线,毗邻建筑物防护等安全技术措施;群塔作业安全技术措施;中小型机械安全技术措施;冬、夏雨期施工安全技术措施;新工艺、新技术、新材料施工安全技术措施等。

2. 单位工程安全技术措施

对于结构复杂、危险性大、特性较多的特殊工程,应单独编制专项施工方案,如土方工程、基坑支护、模板工程、起重吊装工程、脚手架工程及拆除、爆破工程等。专项施工方案中要有设计依据、安全验算结果、详图以及文字说明。

3. 季节性施工安全技术措施

高温作业安全措施:夏季气候炎热,高温时间持续较长,制定防暑降温等安全措施雨期施工安全方案;雨期施工,制定防止触电、防雷、防塌、防台风等安全技术措施。冬期施工安全方案:冬期施工,制定防火、防风、防滑、防煤气中毒、防冻等安全措施。

10.2.4　安全技术措施及方案审批、变更管理

1. 安全技术措施及方案审批管理

(1)一般工程安全技术措施及方案由项目经理部专业工程师审核,项目经理部技术负责人审批,报公司管理部、质量安全监督部门备案。

(2)重要工程安全技术措施及方案由项目经理部技术负责人审批,公司管理部、安全部复核,由公司技术发展部或公司部工程师委托技术人员审批并在公司管理部、安全部备案。

(3)大型、特大工程安全技术措施及方案由项目经理部技术负责人组织编制,报公司技术发展部、管理部、安全部审核。《建筑工程安全生产管理条例》规定,深基坑、高大模板工程、地下暗挖工程等必须进行专家论证审查,经同意后方可实施。

2. 安全技术措施及方案变更管理

(1)施工过程中如发生设计变更,原定的安全技术措施也必须随着变更,否则不准施工。

(2)施工过程中确实需要修改拟定的安全技术措施时,必须经编制人同意,并办理修改审批手续。

10.2.5　安全技术交底

安全技术交底是指导工人安全施工的技术措施,是工程项目安全技术方案

的具体落实。安全技术交底一般由项目经理部技术管理人员根据分部分项工程的具体要求、特点和危险因素编写,是操作者的指令性文件,因而,要具体、明确、针对性强。

1. 安全技术交底的有关规定

(1)安全技术交底实行分级交底制度。开工前,项目技术负责人要将工程概况、施工方法、安全技术措施等情况向工地负责人、班组长交底,必要时向全体职工进行交底;班组长安排班组工作前,必须进行书面的安全技术交底,两个以上施工队和工种配合时,班组长应按工程进度定期或不定期向有关班组进行交叉作业的安全交底;班组长应每天对工人进行施工要求、作业环境等全面交底。

(2)结构复杂的分部分项工程施工前,项目经理、技术负责人应有针对性地进行全面、详细的安全技术交底。

2. 安全技术交底的基本要求

(1)项目经理部必须实行逐级安全技术交底制度,纵向延伸到班组全体作业人员。

(2)技术交底必须具体、明确,针对性强。

(3)技术交底的内容应针对分部分项工程施工中给作业人员带来的潜在危险因素和存在的问题。

(4)应优先采用新的安全技术措施。

(5)应将工程概况、施工方法、施工程序、安全技术措施等向班组长、作业人员进行详细交底。

(6)定期向由两个以上作业队伍和多工种进行交叉施工的作业队伍进行书面交底。

(7)保留书面安全技术交底等签字记录。

3. 安全技术交底的主要内容

(1)本工程项目的施工作业特点和危险点。

(2)针对危险点的具体预防措施。

(3)应注意的安全事项。

(4)相应的安全操作规程和标准。

(5)发生事故后应及时采取的避难和急救措施。

10.3　安全教育与检查

10.3.1　安全教育

1.安全教育的内容

安全教育主要包括安全生产思想、安全知识、安全技能和安全法制教育 4 个方面的内容。

1)安全生产思想教育

(1)安全生产思想教育。首先提高各级领导和全体员工对安全生产重要意义的认识,从思想上认识安全生产的重要意义,以增强关心人、保护人的责任感,树立牢固的群众观念;其次通过安全生产方针、政策教育,提高各级领导和全体员工的政策水平,使他们正确全面地理解国家的安全生产方针政策,严肃认真地执行安全生产法律法规和规章制度。

(2)劳动纪律的教育。使全体员工懂得严格执行劳动纪律对实现安全生产的重要性,劳动纪律是劳动者进行共同劳动时必须遵守的规则和秩序。反对违章指挥,反对违章作业,严格执行安全操作规程。遵守劳动纪律是贯彻"安全第一,预防为主"的方针,减少伤亡事故,实现安全生产的重要保证。

2)安全知识教育

企业所有员工都应具备安全基本知识。因此,全体员工必须接受安全知识教育,每年按规定学时进行安全培训。安全基本知识教育的主要内容有企业的生产经营概况、施工生产流程、主要施工方法,施工生产危险区域及其安全防护的基本知识和注意事项,机械设备场内运输知识,电气设备(动力照明)、高处作业、有毒有害原材料等安全防护基本知识,以及消防器材和个人防护用品的使用知识等。

3)安全技能教育

安全技能教育,就是结合本工种专业特点,实现安全操作、安全防护所必须具备的基本技能知识要求。每个员工都要熟悉本工种、本岗位的专业安全技能知识。安全技能知识是比较专门、细致和深入的知识,包括安全技术、劳动卫生

和安全操作规程。国家规定建筑业从事登高架设、起重、焊接、电气、爆破、压力容器、锅炉等特种作业人员必须进行专门的安全技能培训，经考试合格，持证上岗。

4）安全法制教育

安全法制教育就是要采取各种有效形式，对员工进行安全生产法律法规、行政法规和规章制度方面教育，从而提高全体员工学法、知法、懂法、守法的自觉性，以达到安全生产的目的。

2. 施工现场常用的安全教育形式

1）新工人三级安全教育

三级安全教育是企业必须坚持的安全生产基本教育制度。对新工人（包括新招收的合同工、临时工、学徒工、劳务工及实习和代培人员）都必须进行公司（厂）、项目、班组的三级安全教育。三级安全教育一般由安全、教育和劳资等部门配合组织进行。经教育考试合格者才准许进入生产岗位，不合格者必须补课、补考。对新工人的三级安全教育要建立档案、职工安全生产教育卡等，新工人工作一个阶段后还应进行重复性的安全再教育，以加深工人对安全的感性和理性认识。

公司（厂）进行安全基本知识、法规、法制教育。主要内容包括：①党和国家的安全生产方针；②安全生产法规、标准和法制观念；③本单位施工（生产）过程及安全生产规章制度、安全纪律；④本单位安全生产的形势及历史上发生的重大事故和应吸取的教训；⑤发生事故后如何抢救伤员、排险、保护现场和及时报告。

项目部进行现场规章制度和遵章守纪教育。主要内容包括：①本单位（工程处、项目部、车间）安全生产基本知识；②本单位（包括施工、生产场地）安全生产制度、规定及安全注意事项；③本工种的安全技术操作规程；④机械设备、电气安全及高空作业安全基本知识；⑤防毒、防尘、防火、防爆知识及紧急情况安全处置和安全疏散知识；⑥防护用品发放标准及防护用具、用品使用的基本知识。

班组安全生产教育由班组长主持进行，或由班组安全员或指定技术熟练、重视安全生产且具有丰富经验的工人讲解，进行本工种岗位安全操作班组安全制度、纪律教育。主要内容包括：①本班组作业特点及安全操作规程；②班组安全生产活动制度及纪律；③爱护和正确使用安全防护装置（设施）及个人劳动防护用品；④本岗位易发生事故的不安全因素及防范对策；⑤本岗位的作业环境及使用的机械设备、工具的安全要求。

2）特种作业人员的培训

（1）特种作业指容易发生人员伤亡事故，对操作者本人、他人及周围设施的安全可能造成重大危害的作业。直接从事特种作业的人员称为特种作业人员。

（2）特种作业的范围：电工作业、金属焊接、切割作业、起重机械（含电梯）作业、施工生产场地内机动车辆驾驶、登高架设作业、锅炉作业、压力容器作业、制冷作业、爆破作业、危险物品作业、经应急管理部批准的其他作业等（电工、电或气焊工、架子工、司炉工、爆破工、机械操作工、起重工、塔吊司机及指挥人员、人货两用电梯司机、信号指挥人员、厂内车辆驾驶人员、起重机机械拆装作业人员、物料提升机操纵者）。

（3）《中华人民共和国劳动法》和有关安全卫生规程规定，从事特种作业的职工所在单位必须按照有关规定，对其进行专门的安全技术培训，经过有关考试合格并取得操作合格证或者驾驶执照后，才准许独立操作。

3）经常性教育

（1）经常性的普及教育贯穿于管理工作的全过程，并根据接受教育对象的不同特点，多层次、多渠道和多种方法进行，可以取得良好的效果。

（2）采用新技术、新工艺、新设备、新材料和调换工作岗位时，要对操作人员进行新技术操作和新岗位的安全教育，未经教育不得上岗操作。

（3）班组应每周安排一次安全活动日，可利用班前和班后进行。

（4）适时安全教育。根据建筑施工的生产特点进行"五抓紧"的安全教育：①工程突出赶任务，往往不注意安全，要抓紧教育；②工程接近收尾时，容易忽视安全，要抓紧教育；③施工条件好时，容易麻痹，要抓紧教育；④季节气候变化，外界不安全因素多，要抓紧教育；⑤节假日前后，思想不稳定，要抓紧教育。做到警钟长鸣，防患于未然。

（5）纠正违章教育。企业对由于违反安全规章制度而导致重大险情或未遂事故的，进行违章纠正教育。教育内容为违反的规章条文和危害，务必使受教育者充分认识自身的过失，吸取教训。至于情节严重的违章事件，除教育责任者本人外，还应通过适当的形式以现身说法，扩大教育面。

10.3.2　安全检查

1.安全检查的形式

1)主管部门安全检查

主管部门(包括中央、省、市级建筑行政主管部门)对下属单位进行的安全检查能着重关注本行业的特点、共性和主要问题,具有针对性、调查性,也有批评性。同时,通过检查总结,扩大(积累)安全生产经验,对基层推动作用较大。

2)定期安全检查

企业内部必须建立定期分级安全检查制度。企业规模、内部建制等不同,要求也不能千篇一律。一般中型以上的企业(公司)每季度组织一次安全检查,工程处(项目处、附属厂)每月或每周组织一次安全检查。每次安全检查应由单位领导或总工程师(技术领导)带队,由工会、安全、动力设备、保卫等部门派员参加。这种制度性的定期检查属全面性和考核性检查。

3)专业性安全检查

专业安全检查应由企业有关业务部门组织有关人员对某项专业(如垂直提升机、脚手架、电气、塔吊、压力容器、防尘防毒等)的安全问题或在施工(生产)中存在的普遍性安全问题进行单项检查。这类检查专业性强,也可结合评比进行,主要由专业技术人员、懂行的安全技术人员和有实际操作、维修能力的工作人员参加。

4)经常性的安全检查

在施工(生产)过程中进行经常性的预防检查,能及时发现隐患,消除隐患,保证施工(生产)的正常进行。

5)季节性及节假日前后安全检查

季节性安全检查是针对气候特点(如冬季、夏季、雨季、风季等)可能给施工(生产)带来危害而组织的安全检查。节假日安全检查是在节假日(特别是重大节日,如元旦、劳动节、国庆节)前后防止职工纪律松懈、思想麻痹等进行的检查。检查应由单位领导组织有关部门人员进行。节日加班更要重视对加班人员的安全教育,同时认真检查安全防范措施的落实。

6)施工现场的自检、互检和交接检查

(1)自检:班组作业前、后对自身所处的环境和工作程序进行安全检查,可随

时消除安全隐患。

（2）互检：班组之间开展的安全检查，可以互相监督，共同遵章守纪。

（3）交接检查：上道工序完毕，交给下道工序使用前，应由工地负责人组织班组长、安全员、班组其他有关人员参加，进行安全检查或验收，确认无误或合格后，方能交给下一道工序使用。如脚手架、井字架与龙门架、塔吊等，在搭设好使用前，都要经过交接检查。

2.安全检查的主要内容

1）查思想

查思想主要检查企业的领导和职工对安全生产工作的认识。

2）查管理

查管理主要检查工程的安全生产管理是否有效。主要内容包括安全生产责任制、安全技术措施计划、安全组织机构、安全保证措施、安全技术交底、安全教育、持证上岗、安全设施、安全标识、操作规程、违规行为、安全记录等。

3）查隐患

查隐患主要检查作业现场是否符合安全生产、文明生产的要求。

4）查事故处理

查事故处理对安全事故的处理应达到查明事故原因，明确责任并对责任者进行处理，明确和落实整改措施等目标。同时，还应检查对伤亡事故是否及时报告，认真调查，严肃处理。

安全检查的重点是违章指挥和违章作业。安全检查后应编制安全检查报告，说明已达标项目、未达标项目、存在问题及原因分析、纠正和预防措施。

10.4　安全事故管理

10.4.1　伤亡事故的定义与分类

1.伤亡事故的定义

事故是指人们在进行有目的的活动过程中，发生了违背人们意愿的不幸事

件,使有目的的行动暂时或永久地停止。伤亡事故是指职工在劳动生产过程中发生的人身伤害、急性中毒事故。

2. 伤亡事故分类

1)按事故产生的原因分类

《企业职工伤亡事故分类》(GB 6441—86)将危险因素分为 20 类。

(1)物体打击,指物体在重力或其他外力的作用下运动,打击人体造成伤害的危险,例如,高速旋转的设备部件松脱飞出伤人、高速流体喷射伤人等。不包括因机械设备、车辆、起重机械、坍塌等引发的物体打击的危险。

(2)车辆伤害,指机动车辆在行驶过程中导致的撞击、人体坠落、物体倒塌、飞落、挤压等形式伤害的危险,不包括起重设备提升、牵引车辆和车辆停驶时发生事故的危险。

(3)机械伤害,指由于机械设备的运动或静止的部件、工具、被加工件等,直接与人体接触引起的碰撞、剪切、夹挤、卷绞缠、碾压、割、刺等形式伤害的危险,不包括车辆、起重机械引起的各类机械伤害危险。

(4)起重伤害,指各种起重作业(包括起重机安装、检修、试验)中发生挤压、坠落、物体打击(吊具、吊重等)和触电事故的危险。

(5)触电,主要包括以下两类。

①电击、电伤:人体与带电体直接接触或人体接近带高压电体,使人体流过超过承受阈值的电流而造成伤害的危险称为电击;带电体产生放电电弧而导致人体烧伤的伤害称为电伤。

②雷电:雷击造成的设备损坏或人员伤亡。雷电也可能导致二次事故的发生。

(6)淹溺,指人体落入水中造成伤害的危险,包括高处坠落淹溺,不包括矿山、井下透水等的淹溺。

(7)灼烫,指火焰烫伤、高温物体烫伤、化学灼伤(酸、碱、盐、有机物引起的体内外灼伤)、物理灼伤(光、放射性物质引起的体内外灼伤)等危险,不包括电灼伤和火灾引起的烧伤危险。

(8)火灾,指由于火灾而引起的烧伤、窒息、中毒等伤害的危险,包括由电气设备故障、雷电等引起的火灾伤害的危险。

(9)高处坠落,指在高处作业时发生坠落造成冲击伤害的危险,不包括触电坠落和行驶车辆、起重机坠落的危险。

(10)坍塌,指物体在外力或重力作用下,超过自身的强度极限或因结构、稳定性破坏而造成的危险(如脚手架坍塌、堆置物倒塌等),不包括车辆、起重机械碰撞或爆破引起的坍塌。

(11)冒顶偏帮,指井下巷道和采矿工作面围岩或顶板不稳定,没有采取可靠的支护,顶板冒落或巷道偏帮对作业人员造成的伤害。

(12)透水,指井下没有采取防治水措施、没有及时发现突水征兆或发现突水征兆没有及时采取防探水措施或没有及时探水,裂隙、溶洞、废弃巷道、透水岩层、地表露头等积水进入采空区、巷道、探掘工作面,造成井下涌水量突然增大而发生淹井事故。

(13)放炮,指爆破作业中存在的危险。

(14)火药爆炸,指火药、炸药在生产、加工、运输、贮存过程中发生爆炸的危险。

(15)瓦斯爆炸,指井下瓦斯超限达到爆炸条件而发生瓦斯爆炸危险。

(16)锅炉爆炸,指锅炉等发生压力急剧释放、冲击波和物体(残片)作用于人体所造成的危险。

(17)容器爆炸,指压力容器、乙炔瓶、氧气瓶等发生压力急剧释放、冲击波和物体(残片)作用于人体所造成的危险。

(18)其他爆炸,指可燃性气体、粉尘等与空气混合形成爆炸性混合物,接触引爆能源(包括电气火花)发生爆炸的危险。

(19)中毒窒息,指化学品、有害气体急性中毒、缺氧窒息、中毒性窒息等危险。

(20)其他伤害,指除上述因素以外的一些可能的危险因素,例如,体力搬运重物时碰伤、扭伤、非机动车碰撞轧伤、滑倒(摔倒)碰伤、非高处作业跌落损伤、生物侵害等危险。

2)按事故后果严重分类

(1)轻伤事故:造成职工肢体或某些器官功能性器质性轻度损伤,表现为劳动能力轻度或暂时丧失的伤害,一般每个受伤人员休息 1 个工作日以上,105 个工作日以下。

(2)重伤事故:一般指受伤人员肢体残缺或视觉、听觉等器官受到严重损伤,能引起人体长期存在功能障碍或劳动能力有很大损失的伤害,或者造成每个受伤人员 105 个工作日以上的失能伤害。

（3）死亡事故：一次事故中死亡职工 1～2 人的事故。

（4）重大伤亡事故：一次事故中死亡 3 人以上（含 3 人）的事故。

（5）特大伤亡事故：一次死亡 10 人以上（含 10 人）的事故。

（6）急性中毒事故：指生产性毒物一次或短期内通过人的呼吸道、皮肤或消化大量进入人体内，使人体在短时间内发生病变，导致职工立即中断工作，并需进行急救或死亡的事故。急性中毒的特点是发病快，一般不超过 1 个工作日，有的毒物因毒性有一定的潜伏期，可在下班后数小时发病。

10.4.2　事故的调查处理

1. 伤亡事故报告

1）事故报告的时限

发生伤亡事故后，负伤者或最先发现事故人，应立即报告领导。企业领导在接到重伤、死亡、重大死亡事故报告后，应按规定用快速方法，立即向工程所在地建设行政主管部门以及国家安全生产监督部门等相关部门报告。各有关部门接到报告后，应立即转报各自的上级主管部门。一般伤亡事故在 24 h 以内，重大和特大伤亡事故在 2 h 以内报到主管部门。

2）事故报告的程序

事故报告程序：施工项目发生伤亡事故，负伤者或者事故现场有关人员应立即直接或逐级报告。

（1）轻伤事故，立即报告工程项目经理，项目经理报告企业主管部门和企业负责人。

（2）重伤事故、急性中毒事故、死亡事故，立即报告项目经理和企业主管部门、企业负责人，并由企业负责人立即以最快速的方式报告企业上级主管部门、政府安全监察部门、行业主管部门，以及工程所在地的公安部门。

（3）重大事故由企业上级主管部门逐级上报。涉及两个以上单位的伤亡事故，由伤亡人员所在单位报告，相关单位也应向其主管部门报告。事故报告要以最快捷的方式立即报告，报告时限不得超过地方政府主管部门的规定时限。

3）事故伤亡报告内容

（1）事故发生（或发现）的时间、详细地点。

（2）发生事故的项目名称及所属单位。

（3）事故类别、事故严重程度。

（4）伤亡人数、伤亡人员基本情况。

（5）事故简要经过及抢救措施。

（6）报告人情况和联系电话。

2. 保护事故现场、组织调查组

1) 事故现场的保护

事故发生后,现场人员要有组织、听指挥,迅速做好两件事。

（1）抢救伤员,排除险情,制止事故蔓延扩大。抢救伤员时,要采取正确的救助方法,避免二次伤害;同时遵循救助的科学性和实效性,防止抢救阻碍或事故蔓延;对于伤员救治医院的选择要迅速、准确,减少不必要的转院,贻误治疗时机。

（2）为了事故调查分析需要,须保护好事故现场。事故现场是提供有关物证的主要场所,是调查事故原因不可缺少的客观条件,要求现场各种物件的位置、颜色、形状及其物理、化学性质等尽可能保持事故结束时的原来状态。因此,在事故排险、伤员抢救过程中,要保护好事故现场,确因抢救伤员或为防止事故继续扩大而必须移动现场设备、设施时,现场负责人应组织现场人员查清现场情况,做出标志和记明数据,绘出现场示意图,任何单位和个人不得以抢救伤员等名义故意破坏或者伪造事故现场。必须采取一切可能的措施,防止人为或自然因素的破坏。

发生事故的项目,其生产作业场所仍然存在危及人身安全的事故隐患时,要立即停工,进行全面的检查和整改。

2) 组织事故调查组

在接到事故报告后,企业主管领导应立即赶赴现场组织抢救,并迅速组织调查组开展事故调查。

（1）轻伤事故,由项目经理牵头,项目经理部生产、技术、安全、人事、保卫、工会等有关部门的成员组成事故调查组。

（2）重伤事故,由企业负责人或其指定人员牵头,企业生产、技术、安全、人事、保卫、工会、监察等有关部门的成员,会同上级主管部门负责人组成事故调查组。

（3）死亡事故，由企业负责人或其指定人员牵头，企业生产、技术、安全、人事、保卫、工会、监察等有关部门的成员，会同上级主管部门负责人、政府安全监察部门、行业主管部门、公安部门、工会组织组成事故调查组。

（4）重大死亡事故，按照企业的隶属关系，由省、自治区、直辖市企业主管部门或者国务院有关主管部门会同同级行政安全管理部门、公安部门、监察部门、工会组成事故调查组，进行调查。

重大死亡事故调查组应邀请人民检察院参加，还可邀请有关专业技术人员参加。

3）事故调查组成员条件

（1）与所发生事故没有直接利害关系。

（2）具有事故调查所需要的某一方面业务的专长。

（3）满足事故调查中涉及企业管理范围的需要。

3. 事故现场勘察

事故现场勘察是技术性很强的工作，涉及广泛的科技知识和实践经验，调查组对事故的现场勘察必须做到及时、全面、准确、客观。现场勘察的主要内容如下。

1）现场笔录

（1）发生事故的时间、地点、气象等。

（2）现场勘察人员姓名、单位、职务。

（3）现场勘察起止时间、勘察过程。

（4）能量失散所造成的破坏情况、状态、程度等。

（5）设备损坏或异常情况及事故前后的位置。

（6）事故发生前劳动组合、现场人员的位置和行动。

（7）散落情况。

（8）重要物证的特征、位置及检验情况等。

2）现场拍照或摄像

（1）方位拍摄，能反映事故现场在周围环境中的位置。

（2）全面拍摄，能反映事故现场各部分之间的联系。

（3）中心拍摄，反映事故现场中心情况。

（4）细目拍摄，提示事故直接原因的痕迹物、致害物等。

(5)人体拍摄,反映伤亡者主要受伤和造成死亡的伤害部位。

3)绘制事故图

据事故类别和规模以及调查工作的需要应绘出下列示意图。

(1)事故时人员位置及活动图。

(2)破坏物立体图或展开图。

(3)涉及范围图。

(4)设备或工具、器具构造简图等。

4)事故资料

(1)事故单位的营业证照及复印件。

(2)有关经营承包经济合同。

(3)安全生产管理制度。

(4)技术标准、安全操作规程、安全技术交底。

(5)安全培训材料及安全培训教育记录。

(6)项目安全施工资质和证件。

(7)伤亡人员证件(包括特种作业证、就业证、身份证)。

(8)劳务用工注册手续。

(9)事故调查的初步情况(包括伤亡人员的自然情况、事故的初步原因分析等)。

(10)事故现场示意图。

4.分析事故原因

1)事故性质

(1)责任事故,是指由于人的过失造成的事故。

(2)非责任事故,即由于人们不能预见或不可抗力的自然条件变化所造成的事故,或是在技术改造、发明创造、科学试验活动中,由于科学技术条件的限制而发生的无法预料的事故。但是,对于能够预见并可以采取措施加以避免的伤亡事故,或没有经过认真研究解决技术问题而造成的事故,不能包括在内。

(3)破坏性事故,即为达到既定目的而故意制造的事故。对已确定为破坏性事故的,由公安机关认真追查破案,依法处理。

2)事故原因

(1)直接原因。根据《企业职工伤亡事故分类标准》(GB 6441—86),直接导

致伤亡事故发生的机械、物质和环境的不安全状态,以及人的不安全行为,是事故的直接原因。

(2)间接原因。事故中属于技术和设计上的缺陷,教育培训不够、未经培训,缺乏或不懂安全操作技术知识,劳动组织不合理,对现场工作缺乏检查或指导错误,没有安全操作规程或不健全,没有或不认真实施事故防范措施,对事故隐患整改不力等原因,是事故的间接原因。

(3)主要原因。导致事故发生的主要因素,是事故的主要原因。

3)事故分析的步骤

(1)整理和阅读调查材料。

(2)根据《企业职工伤亡事故分类标准》(GB 6441—86)的内容进行分析:受伤部位;受伤性质;起因物;致害物;伤害方法;不安全状态;不安全行为。

(3)确定事故的直接原因。

(4)确定事故的间接原因。

(5)确定事故的责任者。在分析事故原因时,应根据调查所确认的事实,从直接原因入手,逐步深入间接原因,从而掌握事故的全部原因。通过对直接原因和间接原因的分析,确定事故中的直接责任者和领导责任者,再根据其在事故发生过程中的作用,确定主要责任者。

5.事故处理结案

1)事故责任分析

在查清伤亡事故原因后,必须对事故进行责任分析,目的在于使事故责任者、单位领导人和广大职工吸取教训,接受教育,改进工作。

责任分析可以通过事故调查所确认的事实,根据事故发生的直接和间接原因,按有关人员的职责、分工、工作状态和在具体事故中所起的作用,追究其所应负的责任;按照有关组织管理人员及生产技术因素,追究最初造成不安全状态的责任;按照有关技术规定的性质、明确程度、技术难度,追究属于明显违反技术规定的责任;不追究属于未知领域的责任。根据事故性质、事故后果、情节轻重、认识态度等,提出对事故责任者的处理意见。

确定责任者的原则:因设计上的错误和缺陷而发生的事故,由设计者负责;因施工、制造、安装和检修上的错误或缺陷而发生的事故,分别由施工、制造、安装、检修及检验者负责;因缺少安全规章制度而发生的事故,由生产组织者负责;

已发生事故未及时采取有效措施,致使类似事故重复发生的,由有关领导负责。

根据对事故应负责任的程度不同,事故责任者分为直接责任者、主要责任者、重要责任者和领导责任者。对事故责任者的处理,在以教育为主的同时,还必须按责任大小、情节轻重等,根据有关规定,分别给予经济处罚、行政处分,直至追究刑事责任。对事故责任者的处理意见形成之后,企业有关部门必须按照人事管理的权限尽快办理报批手续。

2)事故报告书

事故调查组在查清事实、分析原因的基础上,组织召开事故分析会,按照"四不放过"的原则,对事故原因进行全面调查分析,制定切实可行的防范措施,提出对事故有关责任人员的处理意见,填写"企业职工因工伤亡事故调查报告书",经调查组全体人员签字后报批。如调查组内部意见有分歧,应在弄清事实的基础上,对照法律法规进行研究,统一认识。对个别仍持有不同意见的,允许保留意见,并在签字时写明意见。

在报批"企业职工因工伤亡事故调查报告书"时,应将下列资料作为附件,一同上报。

(1)企业营业执照复印件。

(2)事故现场示意图。

(3)反映事故情况的相关照片。

(4)事故伤亡人员的相关医疗诊断书。

(5)负责本事故调查处理的政府主管部门要求提供的与本事故有关的其他材料。

3)事故结案

(1)事故调查处理结论,应经有关机关审批后,方可结案。伤亡事故处理工作一般应当在 90 d 内结案,特殊情况不得超过 180 d。

(2)事故案件的审批权限,同企业的隶属关系及人事管理权限一致。

(3)对事故责任者的处理,应根据其情节轻重和损失大小,谁有责任,主要责任,次要责任,重要责任,一般责任,还是领导责任等,按规定给予处分。

(4)企业接到政府机关的结案批复后,进行事故建档,并接受政府主管部门的行政处罚。事故档案登记应包括以下内容:

①员工重伤、死亡事故调查报告书,现场勘察资料(记录、图纸、照片);

②技术鉴定和试验报告;

③物证、人证调查材料；

④医疗部门对伤亡者的诊断结论及影印件；

⑤事故调查组人员的姓名、职务，并签字；

⑥企业或其主管部门对该事故所编写的结案报告；

⑦受处理人员的检查材料；

⑧有关部门对事故的结案批复等。

10.4.3　急救常识

紧急救护，是指在人体受到伤害急性发病时的救助保护行动。现场紧急救护是平时和战时医疗卫生部门的一项重要任务，也是现场人员救死扶伤的人道主义义务。紧急救护，对伤员在短时间内能得到初步的救护，转危为安，避免致残或不必要的生命损失具有重要作用。

在日常生活中，人体往往会因意外事故而受到不同程度的伤害。在没有医生的条件下，进行紧急救护，伤情较轻者能减轻痛苦，防止伤情加重，有利于伤员及时恢复；伤情较重者能争取治疗时间，挽救伤员生命。常见的现场紧急救护主要有4种情况：外伤止血，包扎，骨折固定和搬运以及呼吸心搏骤停的急救（即心肺复苏）。

1. 外伤止血

人体发生外伤出血，如不立即止血，在短时间内失血量过多，会引起失血性休克，甚至导致死亡。

1)外伤出血的判断

(1)内出血。

①从吐血、咳血、便血、尿中有血等症状中，可以判断胃肠、肺、肾或膀胱可能出血。

②根据有关症状判断，如出现面色苍白，出冷汗，四肢发冷，脉搏快而弱以及胸、腹部有肿胀疼痛等，这些是常见重要脏器如肝、脾、胃等的出血体征。

(2)外出血。

①动脉出血。血液呈鲜红色，为喷射状流出，失血量多，危害性大，如不立即止血会危及生命。

②静脉出血。血液呈暗红色，为非喷射状流出，如不及时止血，会危及生命。

③毛细血管出血。血液从伤口向外渗出，颜色从鲜红变暗红。

2）止血方法

（1）指压止血法。用手指压迫出血的血管上部（近心端），用力压向骨方，以达到止血目的。指压止血法适用于头部、颈部和四肢的动脉出血。

（2）屈肢加垫止血法。当前臂或小腿出血时，可在关节内放纱布垫、棉花团或毛巾、衣服等物品，屈曲关节，用三角巾做八字形固定，但有骨折或关节脱位者不能使用。

（3）橡皮止血带止血法。常用止血带是 1 m 左右长的橡皮管。掌心向上，止血带一端由虎口拿住，留出一寸左右，一手拉紧，绕肢体 2 圈，中指、食指将止血带末端夹住，顺着肢体用力拉下，压住"余头"，以免滑脱。

（4）绞紧止血法。把三角巾折成带形，打一个蝴蝶结，取一根小棒穿在带形内绞紧，将绞紧后的小棒插在两头小圈内固定。

2. 包扎

当人体受到外伤时，为了保护伤口，减少感染，压迫止血，固定骨折，减少疼痛，应及时进行包扎。

包扎的基本要求：动作要快，不要犹豫；敷盖要准，不要移动；动作要轻，保护伤口；包扎要牢，封闭要严。

常用的包扎器材：三角巾、绷带等。如果没有这些物品，可就地取材，如毛巾、衣帽、腰带等。

包扎方法：边要固定，角要拉紧，中心伸展，包扎贴实，要打方结，打结要牢，防止滑脱。

3. 骨折固定和搬运

骨头受到外力打击，发生完全或不完全断裂时，称骨折。骨折固定可以起止痛、制动、减轻伤员病痛、防止伤情加重、防止休克、保护伤口、防止感染、便于运送的作用。

1）骨折的判断

按骨折端是否与外界相通分为闭合性骨折，骨折端没刺出皮肤；开放性骨折，骨折端刺出皮肤。

2）骨折固定的材料

常用的材料有木制、铁制、塑料制夹板。临时夹板有木板、木棒、树枝、竹竿等。如无临时夹板,可固定于伤员躯干或健肢上。

3)骨折固定的方法要领

先止血,后包扎,再固定;夹板长短与肢体长短相称;骨折突出部位要加垫;先扎骨折上下两端,后固定两关节;四肢露指(趾);胸前挂标志;迅速送医院。

4)常见骨折固定的方法

(1)前臂骨折固定法。先将夹板放置在骨折前臂外侧,骨折突出部分要加垫,然后固定腕、肘两关节(腕部八字形固定),用三角巾将前臂悬挂于胸前,再用三角巾将伤肢固定于胸廓。前臂骨折无夹板三角巾固定:先用三角巾将伤肢悬挂于胸前,后用三角巾将伤肢固定于胸廓。

(2)上臂骨折固定法。先将夹板放置于骨折上臂外侧,骨折突出部分要加垫,然后固定肘、肩两关节,用三角巾将上臂悬挂于胸前,再用三角巾将伤肢固定于胸廓。上臂骨折无夹板三角巾固定:先用三角巾将伤肢固定于胸廓,后用三角巾将伤肢悬挂于胸前。

(3)锁骨骨折固定法。丁字夹板固定法:丁字夹板放置背后胂骨上,骨折处垫上棉垫,然后用三角巾绕肩两周结在板上,夹板端用三角巾固定好。三角巾固定法:挺胸,双肩向后,两侧腋下放置棉垫,用两块三角巾分别绕肩两周打结,然后将三角巾结在一起,前臂屈曲,用三角巾固定于胸前。

(4)小腿骨折固定法。先将夹板放置在骨折小腿外侧,骨折的突出部分要加垫,然后固定伤口上下两端,固定膝、踝两关节(八字固定踝关节),夹板顶端再固定。

(5)大腿骨折固定法。先将夹板放置骨折大腿外侧,骨折突出部分要加垫,然后固定伤口上、下两端,固定踝、膝关节,最后固定腰、髂、腋部。

5)骨折伤员的搬运

当发现有骨折伤员时,切记不可乱搬动,防止不合理的扶、拉、搬动而导致伤情加重或伤害神经。要设法保护受伤部位。需要搬运时,应用木板等硬物器抬运,让伤员平置,并保持平稳,减轻颠簸。

4.呼吸心搏骤停的紧急救护

某些原因致患者呼吸突然丧失,抽搐或昏迷;颈动脉、股动脉无搏动,胸廓无运动;瞳孔散大,对光线刺激无反应。这就是医生所称的死亡三大特征。

在进行复苏之前,必须先对病人的情况和昏迷原因进行初步检查。一方面,心肺复苏具有一定的侵犯性,盲目操作会对病人造成不必要的伤害;另一方面,抢救者在实施抢救前必须详细检查昏迷的原因,排除对抢救者可能有危险的因素,如为触电,则在抢救前首先切断电源等,如为外伤导致的昏迷,不应随意搬动病人,以免因不正确的搬动而加重颈部损伤,造成高位截瘫。

1)呼吸骤停的急救

(1)迅速解开衣服,清除口内物。

(2)患者须仰卧位,头尽量后仰。

(3)立即进行口对口人工呼吸。患者仰卧,护理人一手托起患者下颌,使其头部后仰,以解除舌下坠所致的呼吸道梗阻,保持呼吸道通畅;另一手捏紧患者鼻孔,以免吹气时气体从鼻逸出。然后,护理人深吸一口气,对准患者口用力吹入,直至胸部略有膨起。之后,护理人头稍侧转,并立即放松捏鼻孔的手,任患者自行呼吸,如此反复进行。成人每分钟吸气 12～16 次,吹气时间宜短,约占一次呼吸时间的 1/3。吹气若无反应,则须检查呼吸道是否通畅,吹气是否得当。如果患者牙关紧闭,护理人可改用口对鼻吹气,其方法与口对口人工呼吸基本相同。

2)心搏骤停的急救

对心搏骤停在 1 min 左右者,可拳击其胸骨中段一次,并马上进行不间断的胸外心脏按压。

胸外心脏按压术方法包括以下内容。

(1)患者应仰卧在硬板上,如系软床应加垫木板。

(2)护理人用一手掌根部放于患者胸骨下 2/3 处,另一手重叠压在上面,两臂伸直,依靠护理人身体重力向患者脊柱方向作垂直而有节律的挤压。挤压用力须适度,略带冲击性;使胸骨下陷 4 cm 后,随即放松,使胸骨复原,以利心脏舒张。按压次数:成人每分钟 60～80 次,直至心跳。按压时必须用手掌根部加压于胸骨下半段,对准脊柱挤压;不应将手掌平放,不应压心前区;按压与放松时间应大致相等。心脏按压时应同时施行有效的人工呼吸。

10.4.4　事故应急救援

1.事故应急救援的定义

事故应急救援,是指在发生事故时,采取的消除、减少事故危害和防止事故

恶化,最大限度降低事故损失的措施。

事故应急救援预案,又称应急预案、应急计划(方案),是根据预测危险源、危险目标可能发生事故的类别、危害程度,为使一旦发生事故时应当采取的应急救援行动及时、有效、有序,而事先制定的指导性文件,是事故救援系统的重要组成部分。

2. 事故应急救援的特点

应急工作涉及技术事故、自然灾害(引发)、城市生命线、重大工程、公共活动场所、公共交通、公共卫生和人为突发事件等多个公共安全领域,构成一个复杂的系统,具有不确定性、突发性、复杂性和后果、影响易猝变、激化、放大的特点。

1)事故的突发性

不确定性和突发性是各类公共安全事故、灾害与事件的共同特征,大部分事故都是突然爆发的,爆发前基本没有明显征兆,而且一旦发生,发展迅速,甚至失控。

2)应急活动的复杂性

应急活动的复杂性主要表现:事故、灾害或事件影响因素与演变规律的不确定性和不可预见的多变性;来自不同部门参与应急救援活动的单位,在信息沟通、行动协调与指挥、授权与职责、通信等方面的有效组织和管理,以及应急响应过程中公众的反应、恐慌心理、公众过激等突发行为复杂性等。

3)后果易猝变、激化和放大

公共安全事故、灾害与事件虽然是小概率事件,但后果一般比较严重,能造成广泛的公众影响。应急处理稍有不慎,就可能改变事故、灾害与事件的性质,使平稳、有序、和平状态向动态、混乱和冲突方面发展,引起事故、灾害与事件波及范围扩大,卷入人群数量增加和人员伤亡与财产损失后果加重。猝变、激化与放大造成的失控状态,不但迫使应急呼应升级,甚至可导致社会性危机出现,使公众立即陷入巨大的动荡与恐慌之中。

3. 事故应急管理的过程

尽管重大事故的发生具有突发性和偶然性,但重大事故的应急管理不只限于事故发生后的应急救援行动。应急管理是对重大事故的全过程管理,贯穿于事故发生前、中、后的各个过程,充分体现了"预防为主,常备不懈"的应急思想。

应急管理是一个动态的过程,包括预防、准备、响应和恢复 4 个阶段。尽管在实际情况中这些阶段往往是交叉的,但每一阶段都有明确的目标,而且每一阶段又是在前一阶段的基础之上,因而预防、准备、响应和恢复的相互关联,构成了重大事故应急管理的循环过程。

1)预防

在应急管理中预防有两层含义:一是事故的预防工作,即通过安全管理和安全技术等手段,尽可能地防止事故的发生,实现本质安全;二是在假定事故必然发生的前提下,通过预先采取的预防措施,达到降低或减缓事故的影响或后果的严重程度,如市政工程的安全规划、减少危险物品的存量、设置防护墙以及开展公众教育等。从长远看,低成本、高效率的预防措施是减少事故损失的关键。

2)准备

应急准备是应急管理过程中一个极其关键的过程。它是针对可能发生的事故,为迅速有效地开展应急行动而预先所做的各种准备,包括应急体系的建立、有关部门和人员职责的落实、预案的编制、应急队伍的建设、应急设备(设施)与物资的准备和维护、预案的演练、与外部应急力量的衔接等,其目标是保持重大事故应急救援所需的应急能力。

3)响应

应急响应是在事故发生后立即采取的应急与救援行动,包括事故的报警与通报、人员的紧急疏散、急救与医疗、消防和工程抢险措施、信息收集与应急决策和外部救援等。其目标是尽可能地抢救受害人员,保护可能受威胁的人群,尽可能控制并消除事故。

4)恢复

恢复工作应在事故发生后立即进行。首先应使事故影响区域恢复到相对安全的基本状态,然后逐步恢复到正常状态。要求立即进行的恢复工作包括事故损失评估、原因调查、清理废墟等。在短期恢复工作中,应注意避免出现新的紧急情况。长期恢复包括厂区重建和受影响区域的重新规划和发展。在长期恢复工作中,应汲取事故和应急救援的经验教训,开展进一步的预防工作和减灾行动。

4. 事故应急预案的分类

(1)总体预案是城市的整体预案,是在综合考虑各种主要突发公共事件危害

的基础上,从总体上阐述城市的应急方针、政策、应急组织结构、部门职责、应急行动的总体思路以及相应的资源准备、救援保障情况等。总体预案是综合、全面的预案,以场外指挥与集中指挥为主,侧重在应急救援活动的组织协调。

(2)专项预案主要针对某种具体的、特定类型突发公共事件的紧急情况,例如,危险物质泄漏、重大传染疾病流行、某一自然灾害出现等,采取综合性与专业性的减灾、防灾、救灾和灾后恢复行动,而制定的应急预案。专项预案是在综合预案的基础上充分考虑了某种特定危险的特点,对应急的形势、组织机构、应急行动等进行更具体的阐述,具有较强的针对性。

(3)现场预案是在专项预案的基础上,根据具体情况需要而编制的。它是针对特定的具体场所(即以现场为目标),通常是对该类型事故风险较大的场所或重要防护区域等制定的预案。

(4)单项预案是针对大型市政工程施工活动而制定的临时性应急救援行动方案。随着这些活动的结束,预案的有效性也随之终结。预案的内容主要是针对活动中可能出现的紧急情况,预先对相关应急机构的职责、任务和预防性措施做出的安排。

5. 应急预案的编制流程

(1)成立由各有关部门组成的预案编制小组,指定负责人。

(2)危险分析和应急能力评估。辨识可能发生的重大事故风险,并进行影响范围和后果分析(即危险识别、脆弱性分析和风险分析);分析应急资源需求,评估现有的应急能力。

(3)编制应急预案。根据危险分析和应急能力评估的结果,确定最佳的应急策略。

(4)应急预案的评审与发布。预案编制后应组织开展预案的评审工作,包括内部评审和外部评审,以确保应急预案的科学性、合理性以及与实际情况的符合性。预案经评审完善后,由主要负责人签署发布,并按规定报送上级有关部门备案。

(5)应急预案的实施。预案经批准发布后,应组织落实预案中的各项工作,如开展应急预案宣传、教育和培训,落实应急资源并定期检查,组织开展应急演习和训练,建立电子化的应急预案,对应急预案实施动态管理与更新,并不断完善。

6. 事故应急救援体系

1) 事故应急救援体系的基本构成

潜在的重大事故风险多种多样,所以每一类事故灾难的应急救援措施可能千差万别,但其基本应急模式是一致的。构建应急救援体系,应贯彻顶层设计和系统论的思想,以事件为中心,以功能为基础,分析和明确应急救援工作的各项需求,在应急能力评估和应急资源统筹安排的基础上,科学地建立规范化、标准化的应急救援体系,保障各级应急救援体系的统一和协调。

一个完整的应急体系应由组织体制、运作机制、法制基础和应急保障系统 4 部分构成。

(1)组织体制。组织体制建设中的管理机构是维持应急日常管理的负责部门;功能部门包括与应急活动有关的各类组织机构,如消防、医疗机构等;应急指挥是在应急预案启动后,负责应急救援活动场外与场内指挥系统;而救援队伍则由专业和志愿人员组成。

(2)运作机制。应急救援活动一般划分为应急准备、初级反应、扩大应急和应急恢复 4 个阶段,应急机制与这 4 个阶段的应急活动密切相关。应急运作机制主要由统一指挥、分级响应、属地为主和公众动员 4 个基本机制组成。

统一指挥是应急活动的基本原则。应急指挥一般可分为集中指挥与现场指挥,或场外指挥与场内指挥等。无论采用哪一种指挥系统,都必须实行统一指挥的模式,尽管应急救援活动涉及单位的行政级别高低和隶属关系不同,但都必须在应急指挥部的统一组织协调下行动,有令则行,有禁则止,统一号令,步调一致。

分级响应是指在初级响应到扩大应急的过程中实行的分级响应的机制。扩大或提高应急级别的主要依据是事故灾难的危害程度、影响范围和控制事故能力。影响范围和控制事态能力是"升级"的最基本条件。扩大应急救援主要是提高指挥级别、扩大应急范围等。

属地为主、强调"第一反应"的思想和以现场应急、现场指挥为主的原则。

公众动员机制是应急机制的基础,也是整个应急体系的基础。

(3)法制基础。法制建设是应急体系的基础和保障,也是开展各项应急活动的依据,与应急有关的法规可分为 4 个层次:由立法机关通过的法律,如紧急状态法、公民知情权法和紧急动员法等;由政府颁布的规章,如应急救援管理条例等;包括预案在内的以政府令形式颁布的政府法律、法规、规定等;与应急救援活动直接有关的标准或管理办法等。

（4）应急保障系统。列于应急保障系统第一位的是信息与通信系统,构筑集中管理的信息通信平台是应急体系最重要的基础建设。应急信息通信系统要保证所有预警、报警、警报、报告、指挥等活动的信息交流快速、顺畅、准确,以及信息资源共享;物资准备不但要保证有足够的资源,而且还要实现快速、及时供应到位;人力资源保障包括专业队伍的加强、志愿人员以及其他有关人员的培训教育;应急财务保障应建立专项应急科目,如应急基金等,以保障应急管理运行和应急反应中各项活动的开支。

2）事故应急救援体系响应机制

重大事故应急救援体系应根据事故的性质、严重程度、事态发展趋势和控制能力实行分级响应机制。对不同的响应级别,相应地明确事故的通报范围、应急中心的启动程度、应急力量的出动和设备、物资的调集规模、疏散的范围、应急总指挥的职位等。典型的响应级别通常可分为三级。

（1）一级紧急情况。必须利用所有有关部门及一切资源的紧急情况,或者需要各个部门同外部机构联合处理的各种紧急情况,通常要宣布进入紧急状态。在该级别中,做出主要决定的职责通常是紧急事务管理部门。现场指挥部可在现场做出保护生命和财产以及控制事态所必需的各种决定。解决整个紧急事件的决定,应该由紧急事务管理部门负责。

（2）二级紧急情况。需要两个或更多个部门响应的紧急情况。该事故的救援需要有关部门的协作,并且提供人员、设备或其他资源。该级响应需要成立现场指挥部来统一指挥现场的应急救援行动。

（3）三级紧急情况。能被一个部门正常可利用的资源处理的紧急情况。正常可利用的资源指在该部门权力范围内通常可以利用的应急资源,包括人力和物力等。必要时,该部门可以建立一个现场指挥部,所需的后勤支持、人员或其他资源增援由本部门负责解决。

3）事故应急救援体系响应程序

事故应急救援系统的应急响应程度按过程可分为接警与响应级别确定、应急启动、救援行动、应急恢复和应急结束等几个过程。

（1）接警与响应级别确定。接到事故报警后,按照工作程序,对警情做出判断,初步确定相应的响应级别。如果事故不足以启动应急救援体系的最低响应级别,响应关闭。

（2）应急启动。应急响应级别确定后,按所确定的响应级别启动应急程序,如通知应急中心有关人员到位、开通信息与通信网络、通知调配救援所需的应急资源(包括应急队伍和物资、装备等)、成立现场指挥部等。

(3)救援行动。有关应急队伍进入事故现场后,迅速开展事故侦测、警戒、疏散,人员救助、工程抢险等有关应急救援工作,专家组为救援决策提供建议和技术支持。当事态超出响应级别无法得到有效控制时,向应急中心请求实施更高级别的应急响应。

(4)应急恢复。救援行动结束后,进入临时应急恢复阶段。该阶段主要包括现场清理、人员清点和撤离、警戒解除、善后处理和事故调查等。

(5)应急结束。执行应急关闭程序,由事故总指挥宣布应急结束。

4)现场指挥系统的组织结构

重大事故的现场情况往往十分复杂,且汇集了各方面的应急力量与大量的资源,应急救援行动的组织、指挥和管理成为重大事故应急工作所面临的一个严峻挑战。

现场应急指挥系统的结构应当在紧急事件发生前建立。预先对指挥结构达成一致意见,将有助于保证应急各方明确各自的职责,并在应急救援过程中更好地履行职责。现场指挥系统模块化的结构由指挥、行动、策划、后勤以及资金/行政 5 个核心应急响应职能组成。

(1)事故指挥官。

事故指挥官负责现场应急响应所有的工作,包括确定事故目标及实现目标的策略,批准实施书面或口头的事故行动计划,高效地调配现场资源,落实保障人员安全与健康的措施,管理现场所有的应急行动。事故指挥官可将应急过程中的安全问题、信息收集与发布以及与应急各方的通信联络分别指定相应的负责人,如安全负责人、信息负责人和联络负责人,各负责人直接向事故应急处理指挥官汇报。

(2)行动部。

行动部负责所有主要的应急行动,包括消防与抢险、人员搜救、医疗救治、疏散与安置等。所有的战术行动都依据事故行动计划来完成。

(3)策划部。

策划部负责收集、评价、分析及发布事故相关的战术信息,准备和起草事故行动计划,并对有关的信息进行归档。

（4）后勤部。

后勤部负责为事故的应急响应提供设备、物资、人员、运输、服务等。

（5）资金/行政部。

资金/行政部负责跟踪事故的所用费用并进行评估，承担其他职能未涉及的管理职责。

第 11 章　市政工程收尾管理

11.1　竣工验收概述

11.1.1　市政工程质量验收

市政工程质量验收是竣工验收的一个重要环节,是保证项目工程质量达到设计要求的使用功能和生产价值,实现投资的经济效益和社会效益的关键。质量验收的过程是国家有关部门按照市政工程项目的质量评定标准和验收规范对已完成项目的工程实体质量、施工工艺、隐蔽工程、外在质量的综合评价过程。

11.1.2　市政工程项目竣工验收依据

市政工程项目竣工验收的主要依据包括以下几方面。

1. 上级部门批准的设计文件、施工图纸和说明书

主要内容包括可行性研究报告、设计施工图和各种与工程项目相关的法律文件。

2. 发包人和承包人签订的施工合同

发包人和承包人签订的施工合同包括施工承包方的工作内容和履约责任,含施工过程中的变更通知书等。发包人和承包人在项目竣工验收时必须依照施工合同约定执行,否则应承担相应的法律责任。

3. 设备技术说明书

包括发包人供应的设备和由承包人采购的设备,都应符合设计标准要求。设备技术说明书是设备安装、维护、质量验收的主要依据。

4. 国家规定的竣工验收规范和质量检验标准

项目竣工验收必须依法办事,由于市政工程往往规模较大,涉及的专业较多,相应的验收规范和标准也较多,主要包括市政工程施工及验收规范、市政工

程质量检验评定标准等。

从国外引进技术和引进设备的项目和外资工程也应依据我国有关法律规定提交竣工文件。

11.1.3 市政工程项目施工质量验收标准

市政工程项目涉及的专业类别多,相应的施工质量验收标准也要分门别类,总体来说,应遵循以下几点要求。

(1)施工承包方已按批准的设计文件和施工合同的约定按时按量完成施工任务。施工项目质量验收标准必须依法进行,工程发包人与承包人签署的施工合同具有相应的法律效力。《建设工程施工合同(示范文本)》通用条款明文规定:工程质量应达到协议书约定的质量标准,质量标准的评定以国家或行业的质量检验评定标准为依据。因承包人原因工程质量达不到约定的质量标准,承包人承担违约责任。所以承包人在交付验收之前应对工程项目组织自检,及时整修不合格产品,达到竣工条件方可上报验收。

(2)工程竣工资料齐全,符合验收条件。《建设工程文件归档规范(2019 年版)》(GB/T 50328—2014)规定:

①归档的纸质工程文件应为原件;

②工程文件的内容及其深度应符合国家现行有关工程勘察、设计、施工、监理等标准的规定;

③工程文件的内容必须真实、准确,应与工程实际相符合;

④工程文件应字迹清楚,图样清晰,图表整洁,签字盖章手续应完备;

⑤归档的建设工程电子文件应采用电子签名等手段,所载内容应真实和可靠;

⑥存储移交电子档案的载体应经过检测,应无病毒、无数据读写故障,并应确保接收方能通过适当设备读出数据。

(3)单位工程质量应达到竣工验收的合格标准。单位工程包含的项目质量应符合《建筑工程施工质量验收统一标准》(GB 50300—2013)的相关规定,对于不合格项目进行整改,方可交付验收。

(4)施工过程中使用的主要建筑材料、设备应提交相应的产品合格证书和抽检报告。

(5)建设项目的子项工程均能满足生产要求,可以交付使用。

(6)建设项目的子项工程包括全部生产性工程和辅助配套工艺均达到质量

验收的合格标准,满足投产需要。

11.1.4　市政工程施工质量检查评定验收的基本内容和方法

施工质量验收是工程质量控制的关键,市政工程项目包含的专业分工类别较多,对工程质量验收进行科学的划分是十分必要的。按照项目各部分工程的规模和使用功能,可将质量验收划分为单位工程、分部工程和分项工程。项目的单位工程及各分部分项工程都应进行抽检试验,达到验收要求。

市政工程施工质量检查评定验收的基本内容和实施要点包括以下方面。

(1)施工材料(设备)的检验。包括项目施工过程中使用的原材料、成品、半成品和生产设备的检验。

(2)工程文件资料的检验。包括施工过程中的所有技术文件资料,含施工合同、材料产品的查验资料和抽检报告、生产设备的合格证书、施工自检资料、质量评定资料等。

(3)各单位及分部分项工程的外观质量验收。

11.1.5　竣工验收的准备工作

市政工程竣工验收是项目实施过程中的最后一个环节,为保证竣工验收的有效进行,参照施工竣工的验收依据和标准,应做好竣工验收前的各项准备工作。

项目经理部是整个工程管理的总负责人,承担项目竣工验收前的各项准备工作,也称作项目收尾管理。由于市政工程往往规模较大,参与的专业分工也较多,项目收尾工作应当有组织、有计划地对工程实体发包人、承包人和其他项目参与者进行职责分工,制定项目竣工计划,有序地落实竣工验收前的各项收尾工作。项目竣工计划依竣工验收依据和评定标准大致有以下两方面的内容。

1. 项目工程实体收尾

项目工程实体收尾是针对现场的管理工作,主要由项目经理组成领导班子对施工现场实体工程进行收尾管理。

(1)仔细核对施工图纸、合同与项目完成内容,做到无遗漏、无丢失,特别是一些零碎、容易让人忽视的项目应定期检查。

（2）做好现场维护工作。对于已经竣工完成的成品应进行有效的保护，做好项目设施的试车调试工作，清理现场各种临时设施和暂设工程，做好各种物资的回收和转移工作。

（3）组织竣工自查工作。为保证项目工程能够顺利通过竣工验收，工程承包方应在收尾阶段组织自查，及时发现缺失进行整改。

2. 竣工验收资料的整理

竣工验收资料是项目施工竣工验收的依据，是工程实施情况的重要记录。由项目经理组织各个专业技术负责人，由内业技术人员按照《建设工程文件归档规范（2019 年版）》（GB/T 50328—2014）有关规定负责技术档案资料的收集整理工作。市政工程竣工验收资料主要包含工程项目的开工、竣工报告；分项、分部工程和单位工程技术人员名单；图纸会审和设计交底记录；设计变更通知单；技术变更核实单；工程质量事故发生后调查和处理资料；测量观测记录；材料、设备、构件的质量合格资料；试验、自检报告；隐蔽验收记录及施工日志；竣工图；质量检验评定资料；工程竣工验收资料等。

11.1.6　质量不合格的处理

市政工程竣工验收前应保证各项工程质量符合验收标准，当项目工程质量不符合要求时，应做如下几点处理。

（1）对于一些不能满足验收标准或者与相关要求有偏差，但通过返修或更换可以满足要求的子项目，在施工单位进行返修或更换设备后，应对其进行重新验收检查。

（2）因为工程设计文件在标准规范要求的参考值基础上往往留有安全余量，所以经有资质的检测单位鉴定达不到设计要求但经原设计单位核算满足生产安全和使用功能的项目，应予以验收。

（3）经返工或加固的工程，虽然改变外形尺寸，影响一些次要的使用功能，但从经济层面考虑，在不影响其使用要求的前提下，可按技术处理方案和协商文件进行验收。

（4）经返工或加固后仍然不能满足生产使用要求的工程严禁验收。

11.2 竣工验收程序

11.2.1 施工单位竣工自检

施工单位依据制定的项目竣工计划,在确认已按照签署的合同文件完成全部项目工程,已具备申请竣工验收资格的情况下,应先组织内部自检工作,以确保能够及时发现问题并进行整改,不影响竣工验收的后续工作。按照项目工程的规模及承包形式,市政工程竣工验收自检的一般形式如下。

(1)若项目是承包人独立承包的,竣工自检应由项目经理部组织各专业技术负责人依照法律对工程施工质量、设备安装、材料安全、内业资料等方面的要求进行检查核对,做好质量评定记录和自检报告。

(2)若项目实行总分包模式管理,各分包人与总包人在法律上承担质量连带责任。应先由分包人组织内部对分包工程进行自检,做好自检报告并连同全部施工技术资料提交于总包人复检验收。

11.2.2 施工单位提交工程竣工报验单

《中华人民共和国建筑法》第三十条规定:"国家推行建筑工程监理制度。"建筑工程监理应当依照法律、行政法规及有关的技术标准、设计文件和建筑工程承包合同,对承包单位在施工质量、建设工期和建设资金使用等方面,代表建设单位实施监督。《建设工程质量管理条例》第三十七条规定:"未经监理工程师签字,建筑材料、建筑构配件和设备不得在工程上使用或者安装,施工单位不得进行下一道工序的施工。未经总监理工程师签字,建设单位不拨付工程款,不进行竣工验收。"

监理公司受发包人委托,依法对项目的施工过程进行监管,当施工单位完成自检程序后,承包人应向监理公司提交工程竣工报验单,由监理公司组织竣工预验收,审查项目是否符合正式竣工验收条件。

11.2.3 监理单位做现场预检

监理单位收到承包方提交的工程竣工报验单后,应根据验收法律法规、设计文件和施工合同的规定对项目工程进行预验收,对施工单位提交的技术资料和

施工管理资料进行审查。《建设工程监理规范》(GB/T 50319—2013)明文规定总监理工程师在竣工验收阶段应"审核签认分部工程和单位工程质量检验评定资料,审查承包单位的竣工申请,组织监理人员对待验收的工程项目进行质量检查,参与工程项目的竣工验收"。承包人递交的"工程竣工报验单"必须由总监理工程师签署。监理人员在对施工项目进行预验收时,如果发现存有问题或者与验收规范存有偏差,应及时知会施工单位及时整改,进行返工或加固处理。整改完成后,总监理工程师在工程竣工报验单上签字并提出工程质量评估报告,未经总监理工程师签字不得组织竣工验收。

11.2.4 正式验收的人员组成

项目工程经过承包方内部自检,监理方预检并在"工程竣工报验单"上签字,工程质量评估报告确认合格后,承包人填写"竣工工程申请验收报告"给发包人,申请正式验收。发包人接到承包人的验收申请,应落实相关工程参与单位组成验收委员会或验收小组,确定验收方案,拟定验收时间等。正式验收的人员组成包括勘察、设计、发包方、总承包单位和分包单位、施工图审查机构及监理、规划、公安消防、环保、档案等部门的负责人。

11.2.5 竣工验收的步骤

为了保证市政工程竣工验收有序进行,按照项目工程的划分标准,竣工验收的步骤一般分为以下 3 个阶段。

1. 单位工程竣工验收

单位工程是单项工程的组成部分,是具有独立的设计文件,具备独立施工条件并能形成独立使用功能,但竣工后不能独立发挥生产能力或使用效益的工程。单位工程以专业划分,以公路工程为例,一个标段工程为单项工程,而每个标段的路基工程、路面工程就是单位工程。市政工程项目往往规模大,涉及专业分工多,将一些大型的、技术较为复杂的工程项目划分为几个单位工程,以单位工程为对象签订独立的施工合同,按照工序进行分阶段验收。当单位工程完工达到竣工条件后,承包人可按照合同约定先行交工验收,保证整个工程项目顺利进行。

2. 单项工程竣工验收

单项工程是工程项目的组成部分,是独立设计,独立施工,竣工后可以独立发挥生产能力和工程效益的工程。单项工程竣工验收以单项工程为独立个体，承包方在已按照施工合同完成负责承担的所有项目并经过项目部自检、监理单位预检合格后，向发包人申请正式交工验收，发包人应按照约定的程序及时组织相关部门进行正式验收工作。若一个单项工程实行总分包模式，当分包人已按计划完成承担项目并达到验收标准时，也可申请单独交工验收，但验收时必须有总包人在场。

3. 全部工程竣工验收

全部工程竣工验收是指整个工程项目依照设计文件和合同约定完成全部任务，已经达到竣工验收标准，由发包人组织项目参与各方（设计、施工、监理和建设单位负责人）进行工程的全面验收。全部工程竣工验收是对整个工程项目的综合评价，往往是在单位工程、单项工程竣工验收的基础上进行的，对于已经交验的单位工程和单项工程原则上不再进行重复验收，但其验收报告应作为审查内容在全部工程验收中备注说明。

11.2.6　竣工验收质量核定

竣工验收质量核定是城市建设机关的工程质量监督部门按照设计文件的要求和相关工程质量检验评定规范或标准对竣工工程的质量等级进行核定的行为，是工程竣工验收阶段的重要步骤。

1. 竣工验收质量核定的方法和步骤

（1）单位工程完成之后，施工单位应按照国家检验评定标准的规定进行自验，符合有关规范、设计文件和合同要求的质量标准后，提交建设单位。

（2）建设单位组织设计、监理、施工等单位，对工程质量评出等级，并向有关的监督机构申报竣工工程质量核定。

（3）监督机构在受理了竣工工程质量核定后，按照相关工程质量检验评定规范或标准进行核定，经核定合格或优良的工程，发给合格证书，并说明其质量等级。工程交付使用后，如工程质量出现永久缺陷等严重问题，监督机构将收回合格证书，并予以公布。

（4）经监督机构核定不合格的单位工程，不发给合格证书，不准投入使用，责任单位在规定期限返修后，再重新进行申报、核定。

（5）在核定中，如施工单位资料不能说明结构安全或不能保证使用功能的，由施工单位委托法定监测单位进行检测，并由监督机构对隐瞒事故者进行依法

处理。

2.市政工程的质量等级评定

同一检查项目中的合格点(组数)市政工程的质量评定分为"合格"和"优良"两种,其评定标准的主要依据为合格率:

$$合格率=\frac{同一检查项目中的合格点(组数)}{同一检查项目中的应检点(组数)}\times100\% \qquad (11\text{-}1)$$

质量不符合规定的单位工程经返修后应重新评定质量等级,经加固而改变结构外形或造成永久缺陷(但不影响其使用效果)的工程,一律不得评为优良。

11.3 竣工验收组织与内容

11.3.1 竣工验收组织

市政工程竣工验收是由发包方负责组织的,发包人接到承包人提交的竣工验收申请报告后,应依照当地建设行政监管部门印发的表式,签署同意竣工验收件,及时将"工程验收告知单"提交有关单位进行验收工作。如果超出约定时间不进行竣工验收或无提出修改意见,则视为竣工验收通过。

参与正式验收工作的人员包括项目工程涉及的各个单位,包括设计、施工、监理、建设单位和国家相关监管部门(规划、消防、环保、统计、质检)等。各个单位应派出总负责人和代表组成验收委员会或验收小组到现场参加验收活动,必要时还要邀请有关专家组成专家组对各个专业项目进行审查。

11.3.2 竣工验收的内容

竣工验收是验收委员会或验收小组对工程项目进行综合评价,包括对各单位工程、单项工程资料和质量的审查,还应对整体全部工程项目进行验收核定。市政工程竣工验收的主要内容有以下几点。

(1)审查工程项目各个环节(单位工程、单项工程)的竣工验收情况。

(2)听取设计、施工、监理等各个单位的工作报告。

(3)对工程技术档案资料进行审查,包括材料、构件和设备的质量合格证明,自检、预检资料,以及隐蔽工程记录、验收报告和竣工图等。

(4)实地考察,对工程项目进行全面质量验收,包括设计、施工、设备安装调试、消防安全等方面。

竣工验收委员会在验收完成后,确认工程项目符合交工验收的要求,应完成竣工验收会议纪要并签署"工程竣工验收报告",对遗漏问题提出整改意见。

11.4 工程移交与保修

11.4.1 工程项目的移交

市政工程项目的移交是指施工项目已全部按照国家或地方建设行政主管部门的规定完成竣工验收,承包人已对验收过程中提出的问题进行整改并验收合格后,由承包人编制工程移交表格向发包人交付工程项目所有权的过程。工程项目的移交包括两个部分:工程实体的移交和工程资料的移交。

1. 工程实体的移交

工程项目经验收合格后,承包人应按工程建设管理办法(或与业主约定的交工方式)移交市政工程项目。工程实体移交的主要内容包括以下几项。

(1)承包方实施承包的全部实体工程。

(2)工程项目的全部附属设施,包括各房门钥匙、设备使用密码、工具及备用品等。

(3)与工程项目实物配套的相关附件、备用件及资料等。对于一些施工工艺比较复杂的项目和设备,应对移交方进行专业使用培训,移交培训教程和维修保养说明书。

2. 工程资料的移交

工程资料文档是市政工程项目的永久性技术资料,是整个施工过程的重要记录。在工程竣工验收后,承包方应按照《建设工程文件归档规范(2019 年版)》(GB/T 50328—2014)的规定,对工程文档进行分类组卷,编制移交清单移交发包人签认后完成交接。工程文件移交的主要内容如下。

(1)工程项目的指导性文件,如可行性研究报告、招投标文档、设计图纸、施工组织设计、设计交底记录等。

(2)施工过程的记录性文件,如施工日志、测量记录、自检验收记录、设计及技术变更等。

(3)施工过程的质量保证性文件,如各种材料、设备、构件的质量合格证

明等。

（4）对产品的评定文件，如各分项、分部质量检验评定资料。

（5）工程竣工验收资料等。

11.4.2　工程项目的保修

施工项目回访保修是我国工程建设的一项基本法律制度，《建设工程质量管理条例》规定，建设工程实行质量保修制度。承包人在市政工程竣工验收之前，与发包人签订质量保修书，工程在交付使用后，承包人在规定的保修期（缺陷责任期）内，对工程项目进行回访，对施工造成的质量问题进行保修，直到工程保修期结束为止。工程项目的保修包括回访和保修两个部分。

1. 工程项目的回访

1）回访计划的主要内容

为了有效进行工程项目的质量管理，及时了解项目在使用过程中出现的问题，由承包人组成项目回访小组，编制项目回访工作计划，适时地对用户进行回访，做好回访记录，对回访过程中反馈的问题及时整改。项目回访工作计划主要包括以下几方面。

（1）主管回访保修的部门。

（2）执行回访保修工作的单位及人员组成。

（3）回访的主要内容及方式、回访时间安排。

（4）回访工程记录，主要包括：①工程项目在使用过程中出现的问题；②使用单位或用户对工程项目提出的意见；③针对出现的问题应采取的措施或改进的对策；④回访管理部门的检查验证。

2）回访的方式

回访的工作方式可以是灵活多样的，包括电话询问、登门座谈、例行回访等方式。市政工程项目回访工作方式一般采用以下几种。

（1）例行性回访。

按照回访工作计划，在项目保修期内定期进行回访，一般周期为半年或一年一次。

（2）季节性回访。

主要针对分项工程出现季节性变化的部位进行回访，如雨季回访屋面、墙面

346

工程的渗水情况,冬季回访采暖系统等。

(3)技术性回访。

主要针对工程项目中采用的新材料、新技术、新工艺、新设备在使用过程中的技术性能和稳定性。

(4)保修期满前的回访。

这种回访一般是在保修即将届满之前进行。

2. 工程项目的保修

工程项目自交付使用之日起,在工程保修期内,承包方对工程产品的质量与维修承担法律责任。《建设工程质量管理条例》第三十九条规定:"建设工程实行质量保修制度。建设工程承包单位在向建设单位提交工程竣工验收报告时,应当向建设单位出具质量保修书。质量保修书中应当明确建设工程的保修范围、保修期限和保修责任等。"

根据《建设工程质量管理条例》第四十条规定,在正常使用条件下,工程项目的最低保修期限为:

①基础设施工程、房屋建筑的地基基础工程和主体结构工程,为设计文件规定的该工程的合理使用年限;

②屋面防水工程、有防水要求的卫生间、房间和外墙面的防渗漏,为 5 年;

③供热与供冷系统,为 2 个采暖期、供冷期;

④电气管线、给排水管道、设备安装和装修工程,为 2 年;

⑤其他项目的保修期限由发包方与承包方约定。

参 考 文 献

[1] 北京兴宏程培训学校.市政工程管理与实务[M].北京:北京科学技术出版社,2011.

[2] 李世华.市政工程安全管理[M].北京:中国建筑工业出版社,2006.

[3] 工程建设施工监理便携系列手册编委会.市政工程施工监理便携手册[M].北京:中国建材工业出版社,2005.

[4] 戴成元.市政工程施工质量检验速学手册[M].北京:中国电力出版社,2009.

[5] 董铁山,董久樟.燃气热力管道工程——市政工程施工技术问答[M].北京:中国电力出版社,2005.

[6] 樊琳娟.市政工程概论[M].北京:人民交通出版社,2010.

[7] 郭丽峰.园林工程施工便携手册——市政工程施工便携系列手册[M].北京:中国电力出版社,2006.

[8] 郭智多.市政工程现场监理工程师手册[M].北京:中国计划出版社,2005.

[9] 黄兴安.市政工程施工组织设计实例应用手册[M].北京:中国建筑工业出版社,2001.

[10] 阚柯.市政工程测量与施工放线一本通[M].北京:中国建材工业出版社,2009.

[11] 李爱华.市政工程测量放线[M].北京:中国建筑工业出版社,2006.

[12] 李士轩.市政工程施工技术资料手册[M].北京:中国建筑工业出版社,2001.

[13] 李世华.市政工程安全管理(市政施工专业)[M].北京:建筑工业出版社,2006.

[14] 李志鹏,关颂伟,李云青.给水排水工程(市政工程施工技术问答)[M].北京:中国电力出版社,2006.

[15] 廖品槐.路桥工程监理(市政工程专业适用)[M].北京:建筑工业出版社,2006.

[16] 林致福,王云江.市政工程测量[M].北京:中国建筑工业出版社,2003.

［17］ 刘俊良.市政工程施工项目与设施管理［M］.北京:化学工业出版社,2004.

［18］ 刘兴昌.市政工程规划［M］.北京:中国建筑工业出版社,2006.

［19］ 马玫.市政工程基础(市政施工专业)［M］.北京:中国建筑工业出版社,2006.

［20］ 梅月植.市政工程质量监督手册［M］.北京:中国建筑工业出版社,2001.

［21］ 宁长慧.给水排水工程施工便携手册——市政工程施工便携系列手册［M］.北京:中国电力出版社,2006.

［22］ 盛雷鸣.市政工程建设法律问题研究［M］.北京:法律出版社,2008.

［23］ 王广.市政工程质量检查验收一本通［M］.北京:中国建材工业出版社,2005.

［24］ 吴伟民.市政工程施工技术［M］.北京:中国水利水电出版社,2008.

［25］ 徐行军.市政工程施工组织与管理［M］.厦门:厦门大学出版社,2013.

［26］ 杨岚.市政工程基础［M］.北京:化学工业出版社,2009.

［27］ 杨志鸣.市政工程施工安全技术操作手册［M］.上海:同济大学出版社,2006.

［28］ 张彬.市政工程施工禁忌［M］.北京:中国建筑工业出版社,2010.

［29］ 张迪.市政工程安全员培训教材［M］.北京:中国建材工业出版社,2010.

［30］ 郑大为.毕业就当施工员:市政工程［M］.哈尔滨:哈尔滨工业大学出版社,2011.

［31］ 陈世和,张所明,宛玲,等.城市生活垃圾堆肥处理的微生物特性研究［J］.上海环境科学,1989,8(8):17-21.

后　　记

　　在市政工程施工的过程中,为保证工程施工的质量,必须要严格按照工程的要求开展科学施工,同时还要采用合理科学的施工方法,以此来保证市政工程施工的安全性以及可靠性,为进一步提高市政工程的社会效益以及经济效益做出更多的贡献。同时,在市政工程施工时还要积极提高施工人员的责任意识,督促其严格按照施工规范进行施工,保证市政工程建设质量。另外,由于市政工程项目施工的特点和特殊性,安全管理的影响因素较多,需要市政工程项目施工安全管理提升整体人员安全意识,建立安全管理制度,统一安全管理标准,规范安全管理内容、安全管理工作过程和安全管理标准,从而提升项目整体安全管理水平。